家庭农场畜禽兽医手册系列丛书

家庭农场

肉兔
兽医手册

◎ 顾宪锐　主编

U0232274

中国农业科学技术出版社

图书在版编目（CIP）数据

家庭农场肉兔兽医手册／顾宪锐主编．—北京：中国农业科学技术出版社，2015.1

（家庭农场畜禽兽医手册系列丛书）

ISBN 978 - 7 - 5116 - 1933 - 4

Ⅰ.①家… Ⅱ.①顾… Ⅲ.①肉用型 - 兔病 - 防治 - 手册 Ⅳ.①S858.299 - 62

中国版本图书馆 CIP 数据核字（2014）第 283035 号

责任编辑	胡晓蕾
责任校对	贾晓红

出 版 者	中国农业科学技术出版社
	北京市中关村南大街 12 号　邮编：100081
电　　话	（010）82109705（编辑室）　（010）82109703（发行部）
	（010）82109709（读者服务部）
传　　真	（010）82106625
网　　址	http://www.castp.cn
经 销 者	各地新华书店
印 刷 者	北京昌联印刷有限公司
开　　本	850mm ×1 168mm　1/32
印　　张	9.5　彩插　4 面
字　　数	240 千字
版　　次	2015 年 1 月第 1 版　2015 年 1 月第 1 次印刷
定　　价	29.80 元

内容提要

　　为推动我国家庭农场肉兔养殖业的稳定持续快速发展，河北保定职业技术学院顾宪锐主编了《家庭农场肉兔兽医手册》一书。本书重点介绍了肉兔的有关知识、肉兔家庭农场的疾病诊疗技术、兔场兽医用药、兔场的防疫保健措施、常见传染病防控技术、常见寄生虫病防治技术、常见营养代谢病防治技术、常见中毒病防治技术、常见普通病防治技术和肉兔的类症鉴别十个方面的内容。本书内容丰富，安全实用，可操作性强，适用于养兔生产一线的兽医技术人员阅读，也适用于养兔场场主及从事养兔生产的管理人员阅读，并可作为农村函授及科技培训、农业院校畜牧兽医专业师生的辅助教材和参考用书。

前　言

我国的肉兔养殖是传统的养殖项目，有着悠久的历史和广泛的群众基础。肉兔生产也发展迅猛，使我国成为世界肉兔生产大国和兔肉主要输出国。兔肉具有"三高三低"（高蛋白、高赖氨酸、高消化率和低脂肪、低胆固醇、低热能），肉质细嫩，味美香浓，营养丰富，久食不腻等优点，是肥胖人群和心血管病患者的理想食品。一些国家妇女把兔肉称为"美容肉"、"健美肉"和"益智肉"；兔的粪尿可作为肥料和饲料；兔头、兔脚、兔骨等均可加工成饲料；兔的内脏可提炼出几十种高级药品。肉兔养殖可成为广大农民发家致富的好门路、农民增收的好途径和农民发展经济的好手段。肉兔以食草为主（40%～50%），生长速度快（70～90天出栏），饲料报酬高（3～3.5∶1），繁殖力强（每只成年母兔年出栏商品肉兔可达50只以上），这些优势预示着肉兔产业具有广阔的发展前景，是一项符合我国国情、适合民意的养殖产业。

随着国民经济的快速发展和人们生活水平的不断提高，我国对畜产品的需求越来越多。兔肉因其特点，成为人们追捧的对象，需求量日益增长，这大大促进了肉兔养殖业的发展。从事肉兔养殖的家庭农场也逐渐增多起来，为了有效地预防、诊断和治疗兔病，使兔的发病率和死亡率控制在最小程度，以促进养兔业健康稳定持续发展，根据我国当前家庭农场养兔生产实际需要，编写了《家庭农场肉兔兽医手册》一书。

1

本书重点介绍了肉兔的有关知识、肉兔家庭农场的疾病诊疗技术、兔场兽医用药、兔场的防疫保健措施、常见传染病防控技术、常见寄生虫病防治技术、常见营养代谢病防治技术、常见中毒病防治技术、常见普通病防治技术和肉兔的类症鉴别十个方面的内容。本书内容丰富，安全实用，可操作性强，适用于养兔生产一线的兽医技术人员阅读，也适用于养兔场场主及从事养兔生产的管理人员阅读，并可作为农村函授及科技培训、农业院校畜牧兽医专业师生的辅助教材和参考用书。

　　由于编者知识和专业经验的局限，书中疏漏甚至不科学之处在所难免，敬请有关专家、广大同仁和读者不吝赐教，给予批评指正，以便今后不断改进和完善。

编者

2014 年 09 月于保定

目　　录

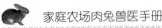

第一章

有关知识

第一节　兔的生物学特性

家兔属于哺乳纲、啮齿目、兔科、草食性哺乳动物。

一、外形特征

兔的外形特征可以反映出其本身的生长发育、健康状况及生产性能等。因此，外貌体型是体质的外在表现。兔的外貌一般可分为头部、颈部、躯干部和四肢部四大部分。头小偏长，背部弯曲呈弓形，腹部柔软、大于胸部，前肢较短，后肢长而有力，不仅脚趾着地，而且脚掌也着地，后脚更为明显。全身除眼上方、鼻尖、腹股沟和公兔的阴囊等少部分外，其余各部都由被毛覆盖。不同的品种各自具有特定的外貌特征，所以可根据外貌体型进行选种。

二、生活习性

（一）昼伏夜出，夜晚采食

家兔在白天表现安静，除喂食时间外，常常闭目睡眠（嗜眠性）；而在夜间十分活跃，晚上所采食的饲料占全天的75%左右，饮水占全天的60%左右。若使其仰卧，顺毛向抚摸其胸腹部并按摩太阳穴时，可使其进入睡眠状态。这就是在饲养管理时需要白天创造安静的环境条件，晚上加喂夜料或饲草的道理。正如人们常说："马无夜草不肥，兔不吃夜草不壮"；民间有"夜添草料快长膘"的说法。

（二）合群性差，争斗性强

兔子性格孤僻，喜欢独居，如果群养，不论公母或同性别的成年兔子经常会发生争斗和咬伤，特别是公兔之间或新组建的兔群体之间格斗尤为严重，但60日龄以前的仔兔喜欢群居。所以，2月龄以上的兔子应分笼饲养，最好是1兔1笼。

（三）胆小怕惊，喜欢安静

兔子具有胆小怕惊的特性，突然的惊吓和强烈的噪声都会引起兔子精神不安，在笼中昂首四顾，坐卧不安，到处奔跑乱撞，同时尖叫跺脚。引起食欲减退，母兔流产，哺乳母兔拒绝哺乳，甚至发生吞食仔兔或咬死仔兔的现象；幼兔出现消化不良、腹泻、肚胀和生长迟缓等不良状况，也容易诱发其他疾病。故有"一次惊吓，三天不长"的说法。因此，在建造兔舍时一定要考虑到其周围环境的安静和安全程度，尽可能保持兔笼舍及其附近的安静。在饲养管理中要轻手轻脚，尤其要避免发生异常声响。

（四）视觉退化，嗅觉发达

兔的视觉迟钝，在管理时不必注意人的服装颜色。但兔的嗅觉却特别发达，能嗅到饲料是否新鲜，仔兔身上是否有异味。腐败有异味的饲料，兔是不采食的。管理上，在寄养仔兔时，要往仔兔身上涂抹些哺乳母兔的尿，或用母兔窝边草擦拭，或整窝仔兔及母兔的身上，都喷洒些醋等统一气味的东西，让母兔无法区分其他母兔的仔兔。

（五）怕热厌湿，喜干爱洁

家兔的被毛较发达，汗腺很不发达，仅在唇边及腹股沟部有少量分布，主要靠呼吸散热，散发的热量是有限的，所以兔子怕热；尤其在潮湿炎热的环境下散热更加困难，潮湿容易诱发多种疾病（如螨虫、真菌病、肠炎、球虫病、脚皮炎等），甚至大批死亡，因此兔子厌湿；兔子喜欢干燥，因为干燥有利于健康；兔子喜欢清洁，厌恶污浊，污浊环境使兔子感到不舒适，容易发生疾病。污浊环境包括空气污浊、笼具污浊、饲料和饮水污染等。污浊环境会导致兔子发生呼吸道疾病、消化道疾病、皮肤病等。所以养兔要遵循干燥、清洁、凉爽、通风的原则，做好兔场兔舍的设计和饲养管理工作。

三、采食习性

（一）草食性

兔是草食性动物。家兔是以植物的块根、茎、叶、种子为喜食的食物，而对鱼粉、骨粉等有异味的动物性饲料不感兴趣。兔子喜欢吃多叶性饲料和颗粒料。因此，养兔应以草食为主，配合日粮制成颗粒料最为适宜。配合日粮中动物性饲料的比例不宜过大，一般应控制在5%以内，且要搅拌均匀，否则影响兔子的食欲。

（二）啃食性

兔子的啃食性，即啮齿行为。兔子经常啃咬食盆、门柜、笼具等硬物。因此，在饲养中应经常喂些坚硬的农作物茎秆，让其啃咬。在兔笼建造材料和设计上要注意坚固而耐用，以防咬坏。

（三）食粪性

兔有吞食自己粪便的习性。正常的兔粪便有两种类型：一种是通常看到的圆形颗粒硬粪，为正常粪便，是消化正常的象征，在白天排泄；一种是暗色成串的小球状粪便，表面附着少量黏液内含流质物，即软粪，来源于盲肠，含有丰富的营养物质，在晚上排出。软粪一排出就被兔子直接在肛门外吃掉。所以，一般情况下很少发现有软粪的存在。只有当兔生病的情况下才停止食粪。根据这一特点，应勤观察兔子粪便的变化情况，以判断兔子是否健康。

（四）挑食性

兔子常常在饲料中挑选自己喜食的饲料，如植物嫩叶、嫩芽、种子，而对不喜欢的饲料，往往用前爪在饲槽里扒来扒去，将饲料扒出食槽外，造成浪费。根据这一特性，兔场负责人一定要做到饲料原料稳定，配合比例稳定，搅拌均匀，饲养人员稳定，饲喂时间稳定，饲喂颗粒饲料，选用带倒沿的食槽。

（五）惯食性

兔子对采食的时间与采食饲料的性质，会逐渐形成一种习惯。若突然变换采食时间、突然更换饲料，兔子则表现采食减少，甚至拒食。或采食量没有变化，但容易出现消化不良、粪便变形和腹泻等不良现象。了解这一特性，一般不要轻易地改变饲喂时间和饲料原料及配合比例，做到饲料原料稳定、饲料配方稳定、饲喂时间稳定和饲养人员稳定，再加上环境稳定，可减少兔子消化道疾病的发生。如果确实要有改变，应逐渐过渡，过渡时间以 7～10 天为宜，逐渐习惯采食。

四、其他特性

（一）消化特性

（1）消化生理特点　兔的盲肠特别发达，是一个很粗的盲囊，长达50cm，在所有家畜中，兔子的盲肠比例为最大。它的末端比较细，称为蚓突，内有大量微生物和原生动物繁殖。盲肠容积约为消化道容积的42%，其功能类似于反刍动物的瘤胃。回肠与盲肠相接处形成一个长径约3cm、短径约2cm膨大厚壁的圆形球囊，即圆小囊，是兔特有的。圆小囊内壁呈六角形蜂窝状，里面充满着淋巴组织，其黏膜可不断地分泌碱性液体，中和盲肠中微生物分解纤维素所产生的各种有机酸，维持肠道的正常酸碱度，有利于粗纤维的消化吸收。饲料经过小肠的消化和吸收，剩下的碱性食糜和不能分解的纤维素进入大肠，在结肠和直肠的作用下形成粪球，经肛门排出体外。

（2）较强的粗纤维消化能力 兔子依靠其盲肠等胃肠道中的微生物对粗纤维具有一定的消化率，而适量的粗纤维对兔子的消化过程也是必不可少的，可保持消化物的稠度，有助于食物与消化液混合，形成硬粪。当饲料中粗纤维含量过低时，向盲肠的输送物增多，盲肠因此缺乏供给微生物生长的养料，使一部分有害菌增殖，导致兔子消化紊乱，食欲下降，诱发肠炎，引起腹泻，重者死亡；但饲料中粗纤维过高时，可消化吸收的营养物质减少，影响兔子的生长速度。兔对粗饲料的消化率仅次于牛、羊，一般为 65% ~75%。一般饲料中粗纤维含量以 12% ~14% 为宜。

（二）生长特性

兔子早期生长发育快，生产周期短。仔兔出生时，全身裸露无毛、眼睛紧闭、耳闭塞无孔，趾趾相连，不能自由活动。出生后 3 ~4 日即开始长毛，4 ~8 日脚趾开始分开，6 ~8 日耳出现小孔与外界相通，10 ~12 日眼睛睁开，15 ~16 日出巢进行活动并随母兔试吃饲料，21 日左右即能正常吃料，30 日左右被毛形成、断奶。肉兔初生重 50g 为例，10 日龄体重可增加 2.2 倍，20 日龄体重可增加 4 倍，30 日龄体重可增加 10 倍，60 日龄体重可增加 32 ~36 倍，90 日龄体重可增加 50 倍，即 1 月龄体重达 500g 以上，2 月龄体重达 1 600 ~1 800g，3 月龄体重达 2 500g 以上。

（三）繁殖特性

（1）繁殖力强 兔子性成熟早（小型品种 4 ~5 月龄、中型品种 5 ~6 月龄、大型品种 6 ~7 月龄性成熟，体成熟年龄约比性成熟推迟 1 个月，公兔的性成熟年龄比母兔稍晚 1 个月），妊娠期短（30 ~31 天），一年四季均可繁殖，一年多胎，一胎多仔。在工厂化生产条件下，1 只母兔一年可繁殖 7 ~8 胎，每胎产仔8 ~9 只，成活 6 ~7 只，一年可育成 50 ~60 只仔兔。

（2）双子宫动物 母兔有两个完全分离的子宫，为双子宫类型。左右子宫有各自的子宫颈，共同开口于一个阴道。两个子宫颈间有间膜固定，不会发生像其他家畜那样在受精后受精卵由一个子宫角向另一个子宫角移行。产道较短，有利于分娩。在人工授精时输精管不能插得过深，否则易造成单侧子宫受孕。如果兔子剖腹产，需要分别切开两个子宫取出胎儿。

（3）刺激性排卵　卵巢内发育成熟的卵泡，必须经过交配刺激后 10～12 小时才能排出，如无外界刺激则逐渐被机体吸收。实践证明，采取强制交配的方法或给母兔注射人绒毛膜促性腺激素，也可促使母兔排卵。

（4）假妊娠　母兔在受性刺激后排卵而未受精，但仍出现乳腺膨胀分泌乳汁，衔草筑窝，不接受公兔交配等妊娠反应症状，称为假妊娠，也称为假孕。假妊娠的持续时间为 16～17 天，由于没有胎盘，黄体退化，孕酮分泌减少，从而终止假孕现象。在生产实践中可以利用复配的方法进行配种即可防止假孕现象，发现假孕时立即进行配种能容易准胎。

（5）公兔腹股沟管不封闭　公兔的睾丸在大约 12 周左右从腹腔下降到阴囊，腹股沟管宽短，终生不封闭，睾丸可以自由地下降到阴囊或缩回腹腔。

第二节　肉兔疾病发生的基本规律

一、疾病发生的病因

疾病是在一定条件下致病原因与机体相互作用而产生的一个损伤与抗损伤的复杂斗争过程。肉兔疾病发生的病因大致可分为外因和内因两大类。

（一）疾病发生的外因
是指肉兔周围环境中的各种致病因素。

（1）生物性致病因素　包括各种病原微生物（如细菌、病毒、真菌、螺旋体、霉菌等）和寄生虫（如原虫、蠕虫等），主要引起传染病、寄生虫病、某些中毒病及肿瘤等。生物性致病因素是人及动物疾的一大类主要病因。

（2）化学性致病因素　主要有强酸、强碱、重金属盐类、农药、化学毒物、氨气、一氧化碳、硫化氢等化学物质，可引起中毒性疾病。

（3）物理性致病因素　指炎热、寒冷、电流、光照、噪声、气压、湿度和放射线等诸多因素，有些可直接致病，有些可促使其他疾病的发生。如炎热而潮湿的环境容易引起中暑；高温可引起烧伤；强烈的阳光长时间照射可导致日射病；寒冷低温除了可造成冻伤外还可降低动物机体的抵抗力而促使感冒和肺炎的发生等。

（4）机械性致病因素　是指机械力的作用。大多数情况下这种病因来自外界，如各种打击、碰撞、扭曲、刺戳、爪抓啃咬等可引起挫伤、扭伤、创伤、关节脱位、骨折等。个别的机械力是来自体内，如体内的肿瘤、寄生虫、结石、毛球和其他异物等，可因其对局部组织器官造成的刺激、压迫和阻塞等而造成损害。

（5）营养性因素　机体的正常生命活动需要有充足的、合理的营养物质来保障。机体必需营养物质的缺乏或过剩，包括维持生命活动的一些基本物质（如氧、水等）、各种营养物质（如糖、脂肪、蛋白质、维生素、无机盐等）和矿物质（包括微量元素）等缺乏时，可引起各种营养缺乏症，可由营养物质摄入不足或消化吸收不良引起。氧是机体不可缺少的物质，机体如果缺氧可引起极严重的后果，严重的缺氧可在短时间内引起机体死亡。

（6）应激因素在疾病发生上的意义也日益受到重视。应激因素包括追赶、捕捉、转群、打针、参观、饲料变动、拥挤、温度过高或过低、湿度过大或过小等，都可以造成肉兔处于紧张状态。可引起多种疾病，如撞死、外伤、食欲下降、消化不良等。

（二）疾病发生的内因

肉兔疾病发生的内因一般是指兔机体防御机能的降低、遗传免疫特性的改变以及机体对致病因素的易感性等。

（1）机体防御机能的降低　是指机体的皮肤、黏膜、骨骼、肌肉等的屏障机能受损或消弱；或机体内的吞噬作用和杀菌作用的能力减弱；或机体的肝脏和肾脏等解毒机能障碍；或呼吸道黏膜上皮的纤毛、胃肠道和肾脏等排出各种异物及有害物质的作用受损时，从而容易促进各种相应疾病的发生。

（2）遗传免疫特性的改变　是指机体免疫机能障碍（如抗体生成不足、细胞免疫缺陷等）和免疫反应异常；遗传物质的改变可以直接引起遗传性疾病，如遗传性代谢病、遗传性畸形等。

（3）机体对致病因素的易感性　是指机体对外界致病因素的抵抗力和感受性不尽相同。影响机体反应性的因素主要包括有种属、品种或品系、个体、年龄、性别等。

二、兔场疾病的类型及特征

根据肉兔疾病发生的病因可将其分为传染病、寄生虫病、营养代谢病、中毒性疾病和普通病。

（一）传染病及其特征

凡是由病原微生物感染动物引起，具有一定的潜伏期和临诊表现，并具有传染性的疾病，统称为动物传染病。常见的肉兔传染病有病毒性传染病、细菌性传染病和真菌性传染病3大类。

1. 传染病的特征

肉兔家庭农场的传染病也具有一般动物传染病的基本特征，

其特征如下。

①传染病是在一定环境条件下由病原微生物与机体相互作用所引起的。每一种传染病都有其特异的致病微生物存在，如兔瘟是由兔瘟病毒引起的，没有兔瘟病毒就不会发生兔瘟。

②传染病具有传染性和流行性。从被感染动物体内排出的病原体侵入另一有易感性的动物体内，能引起同样症状的疾病。当一定的环境条件适宜时，在一定时间内，某一地区易感动物群中可能有许多动物被感染，致使传染病蔓延散播，形成流行。

③被感染的机体发生特异性反应。包括产生特异性抗体和变态反应等。

④耐过动物能获得特异性免疫。耐过传染病后，在大多数情况下均能产生特异性免疫，使机体在一定时期内或终生不再患该种传染病。

⑤具有特征性的临诊表现。大多数传染病都具有各自特定的潜伏期、特征性的症状和病理变化及病程经过。

⑥具有一定的流行规律。传染病在动物群体中流行时都有一定的时限，而且许多传染病都表现出明显的季节性和周期性。

以上这些特征是区别传染病与非传染病的重要特征。

2. 传染病的病程

传染病的病程在大多数情况下具有明显的规律性，大致可以分为潜伏期、前驱期、明显期和转归期4个时期。

（1）潜伏期 是指从病原体侵入机体并进行繁殖时起，直到疾病的最初临诊症状开始出现的一段时间。潜伏期中的动物也是重要的传染来源。

（2）前驱期 是指从出现疾病的最初临诊症状至特征性临诊症状刚一出现的一段时间，是疾病的征兆阶段，其特点是临诊症状开始表现出来，如体温升高、食欲减退、精神异常等，但其特征性症状尚不明显。

（4）转归期　是疾病发展的最后阶段，包括死亡转归和恢复健康。机体健康恢复后在一定时期内对该病的再次发生具有一定的免疫性，有的传染病在恢复后的一定时间内还存在带菌（毒）排菌（毒）现象。

3. 传染病流行过程的要素

兔的传染病在兔群体中蔓延传播流行，必须具备3个相互连接的基本环节，即传染源、传播途径和易感动物，这3个环节只有同时存在并相互联系时，才会造成传染病的发生和蔓延。如果了解并掌握了传染病的流行过程的基本条件、影响因素，采取有效的控制措施，就能减少和控制传染病的发生。

（1）传染源　传染源就是受感染的动物，包括患病动物和病原携带者，病原体能在其中寄居、生长、繁殖，并能排出体外，因而具有传染性。

①患病动物。患病动物是重要的传染源。前驱期和明显期的患病动物因能排出病原体且具有症状，尤其是在急性过程或者病程转剧阶段可排出大量毒力强大的病原体，因此作为传染源的作用也最大。潜伏期和恢复期的患病动物是否具有传染源的作用，则随病种不同而异。各种传染病的患病动物隔离期就是根据传染期的长短来制定的。为了控制传染源，对患病动物原则上应隔离至传染期终了为止。

②病原携带者。病原携带者是指外表无症状，但携带并排出病原体的动物。病原携带者排出病原体的数量一般不如患病动物，但因缺乏症状不易被发现，有时可成为十分重要和危险的传染源。消灭和防止引入病原携带者是传染病防制中主要工作之一。病原携带者一般分为潜伏期病原携带者、恢复期病原携带者

和健康病原携带者三类。

（2）传播途径　病原体由传染源排出后，经一定的方式再侵入其他易感动物所经历的路径称为传播途径。研究传染病的传播途径目的在于切断病原体继续传播，防止易感动物受到感染。传播途径以传播方式来表现，传播方式是指病原体由传染源排出后，经一定的传播途径再侵入其他易感动物所表现的形式，可分为两大类，即水平传播和垂直传播。

①水平传播。即指传染病在群体之间或个体之间以横向方式传播，包括直接接触传播和间接接触传播两种方式。

直接接触传播：指病原体通过被感染的动物与易感动物直接接触（包括交配、舔咬等）、不需要任何外界条件因素的参与而引起的传播方式。其流行特点是一个接一个发生，形成明显的连锁状，这种传播方式一般不易形成广泛的流行。

间接接触传播：指病原体通过传播媒介使易感动物发生传染的方式，传播媒介包括空气、饲料、水、土壤、器械、节肢动物、野生动物、人、体温计、注射针头以及其他器械等。

大多数传染病是以间接接触为主要传播方式，同时也可以通过直接接触传播。两种方式都能传播的传染病称为接触性传染病。

②垂直传播。是指从亲代到其子代之间的纵向传播形式，传播途径通常有：胎盘传播、经卵传播和产道传播。

（3）易感动物　易感动物是指对于某种传染病病原体的感受性较大的动物。动物易感性的高低虽与病原体的种类和毒力有关，但主要还是由动物的遗传特征、特异免疫状态等因素决定的。气候、饲料、饲养管理、卫生条件等外界环境条件都可能直接影响到动物群体的易感性和病原体的传播。

（4）疫源地和自然疫源地

①疫源地。有传染源及其排出的病原体存在的地区称为疫源

地。疫源地的含义要比传染源的含义广泛得多，它除包括传染源之外，还包括被污染的物体、房舍、牧地、活动场所，以及这个范围内怀疑有被传染的可疑动物群和储存宿主等。在防疫方面，对于传染源采取隔离、治疗或捕杀处理；而对于疫源地则除以上措施外，还应包括污染环境的消毒，杜绝各种传播媒介，防止易感动物感染等一系列综合措施。目的在于阻止疫源地内传染病的蔓延和杜绝向外散播，防止新疫源地的出现，保护广大的受威胁区和安全区。

②疫点、疫区。根据疫源地范围的大小，可分别将其称为疫点或疫区。通常将范围小的疫源地或单个传染源所构成的疫源地称为疫点。若干个疫源地连成片且范围较大时称为疫区，但疫点与疫区的划分不是绝对的。

③自然疫源地。有些病原体在自然条件下，即使没有人类或动物的参与，也可以通过传播媒介（主要是吸血昆虫）感染宿主（主要是野生脊椎动物）造成流行，并且长期在自然界循环延续其后代。人和动物疫病的感染和流行，对其在自然界的保存来说不是必要的，这种现象称为自然疫源性。具有自然疫源性的疾病，称为自然疫源性疾病。存在自然疫源性疾病的地方称为自然疫源地，即某些可引起人畜传染病的病原体在自然界的野生动物中长期存在和循环的地区。

（二）寄生虫病及其特征

由各种寄生虫侵入机体内部或侵害体表而引起的一类疾病，称之为寄生虫病。常见的肉兔寄生虫病有原虫病、蠕虫病和节肢动物病3大类。

1. 寄生虫与宿主

（1）寄生虫　是指暂时或永久地在宿主体内或体表，并从宿主身上取得它们所需要的营养物质的动物。

（2）宿主　凡是体内或体表有寄生虫暂时或长期寄生的动

物都称为宿主。

2. 寄生虫的发育史

寄生虫生长、发育和繁殖的一个完整循环过程，叫做寄生虫的发育史或生活史。它包括了寄生虫的感染与传播。可分为两种类型：一种是不需要中间宿主的发育史，又称直接发育型；一种是需要中间宿主的发育史，又称间接发育型。

3. 内寄生虫与外寄生虫

从寄生部位来分，寄生在宿主体内的寄生虫称之为内寄生虫；寄生在宿主体表的寄生虫称之为外寄生虫。

4. 寄生虫的危害

（1）寄生虫对宿主的具体危害

①掠夺宿主营养。消化道寄生虫多数以宿主体内的消化或半消化的食物为食；有的寄生虫还可直接吸取宿主血液、淋巴液作为营养；有的寄生虫则可破坏红细胞或其他组织细胞，以血红蛋白、组织液等作为自己的食物；寄生虫在宿主体内生长、发育及大量繁殖，所需要的营养物质绝大部分来自宿主，从而造成宿主的营养不良、生长缓慢、消瘦、贫血、抵抗力下降和生产性能降低等。

②机械性损伤。寄生虫侵入宿主机体之后，在移行过程中和到达特定寄生部位后的机械性刺激，可使宿主的组织、脏器受到不同程度的损伤。如创伤、发炎、出血、堵塞、挤压、萎缩、穿孔和破裂等。

③虫体毒素和免疫损伤作用。寄生虫在寄生生活期间排出的代谢产物、分泌的物质及虫体崩解后的物质对宿主是有害的，可引起宿主体局部或全身性的中毒或免疫病理反应，导致宿主组织及机能的损害。

④继发感染。某些寄生虫侵入宿主体时，可以把一些其他病原体（细菌、病毒等）一同携带入体内；另外，寄生虫感染宿

主体后，破坏了机体组织屏障，降低了抵抗力，也使得宿主易继发感染其他一些疾病。

（2）寄生虫对宿主群体具体危害

①造成动物死亡。在畜禽养殖中，有些寄生虫可以引起畜禽的大批死亡，如不采取防治措施，可以给养殖业造成毁灭性打击。如兔球虫病。

②影响养殖业的经济效益。大多数寄生虫病虽然不引起畜禽的大批死亡，但会严重影响畜禽的饲料转化率、影响其生产性能、降低畜禽产品的品质，造成重大经济损失。如兔螨病。

③危害人类健康。有些寄生虫不仅能感染动物，还可以感染人，如弓形虫等，可危害人类健康。

（三）营养代谢病及其特征

肉兔利用外部的蛋白质、碳水化合物、脂肪、维生素、矿物质和水方能进行生命活动所必需的生理生化反应，任何一种物质的不足或过量都会对肉兔产生不利的影响，从而引起营养代谢病。

1. 营养代谢病的病因

（1）营养物质供给不足或摄入不足　日粮供给不足，或日粮中缺乏某种必需的营养物质，其中以蛋白质（特别是必需氨基酸）、维生素、常量元素和微量元素的缺乏更为常见；另外，食欲降低或废绝也可引起营养物质摄入的不足。

（2）营养物质消化、吸收不良　兔的胃肠道、肝脏及胰腺等功能障碍时，不仅影响营养物质的消化吸收，而且还影响营养物质在动物体内的合成代谢。

（3）营养物质的需要量增加

①生理性需要增多。如公兔配种时、母兔妊娠期、幼兔生长期等，其所需要的营养物质会大量增加。

②疾病时消耗增多。如发生疾病时，对维生素需要量增多及

体内营养消耗也增多。

③饲料中抗营养物质的影响。饲料中的抗营养物质增多，如蛋白质抑制剂，能降低蛋白质的消化和代谢的利用；植酸、草酸、硫葡糖苷等，能降低矿物质的溶解利用；脂氧合酶抗维生素 E、维生素 K 等；硫胺素酶抗维生素 B_1（硫胺素）、烟酸、吡哆醇等，均能使某些维生素失去功效或增加其需要量，从而造成相对地不足。

（4）营养物质的平衡失调　因某些营养物质过量会干扰另外一些营养物质的消化、吸收与利用，甚至还会造成中毒。

（5）动物体功能衰退　机体年老和久病，使其某些器官功能衰退，从而降低其对营养物质的吸收与利用的能力，从而导致营养的缺乏。

2. 营养代谢病的特征

（1）群发性　多见于日粮的配合不当、过量的使用饲料添加剂或者使用的饲料质量存在严重问题，导致兔子机体吸收的营养物质不能满足生长发育和生产性能的需要，引起代谢紊乱而发病。一般在一个养殖场会成群发病，症状基本相同或相似。有的还会出现地区性的、多种动物的群发。

（2）无传染性　营养代谢病无传染性。体温一般为正常或偏低，兔群体之间不发生接触传染，这是营养代谢病早期发病时区别于与其他传染性疾病的一个显著特点。

（3）多与不同生理阶段或生产性能相关　有些营养代谢病多发生在不同的生理、生产阶段。如缺铁性贫血主要发生于仔兔；低血钙性瘫痪多见于哺乳母兔。

（4）发病缓慢、病程较长　营养代谢病发病缓慢，从病因作用到出现临诊症状，往往需要数周、数月，有的可能长期不出现临诊症状而成为隐性型。

（5）无特征性临诊症状　病兔大多表现有精神不振、食欲不佳、消化障碍、生长发育迟缓或停止、贫血、异嗜、生产性能下降、生殖功能紊乱等临诊症状，容易与一般的营养不良、寄生虫病或一般中毒病相混淆。

只要改变了营养和机体的代谢状况后，就能预防或治疗该病。另外，通过对饲料或土壤或水源检验和分析，一般可查明病因。

（四）中毒性疾病及其特征

凡是在一定条件下，一定数量的某种物质（固体、液体、气体）以一定的途径进入动物机体，通过物理及化学作用，干扰和破坏机体正常生理功能，对动物机体呈现毒害影响，而造成机体组织器官功能障碍、器官病变，乃至危害生命的物质，统称为毒物。由活的生物有机体产生的一类特殊毒物称为毒素，是毒物的一种特殊类型，如植物毒素、细菌毒素、真菌毒素、动物毒素等。由毒物引起的相应病理过程，称为中毒；由毒物引起的疾病称为中毒病。

1. 中毒性疾病的病因

（1）饲料加工、贮存不当　饲料调制或贮存不当均可能产生有毒物质，当大量或长期食入，可引起中毒。如添加的维生素和微量元素及药物过量或配比不当，或者在加工时温度过高、时间过长，贮存过程中霉败变质。

（2）农药污染　动物不论误食、误用农药或喂给施用过农药的农副产品而不注意残毒期，都可引起中毒。

（3）药物使用不科学　用药过量，给药速度过快，长期用药，药物配伍不当时，可引起中毒。

（4）有毒植物中毒　多数有毒植物往往具有一种令动物厌恶的气味或含有很高的刺激性液汁，正常动物会拒食这些植物，但当其他牧草缺乏的时候，动物常因饥饿而采食，经大量或长期采食后，可发生急性、慢性中毒病。也有可能含有剧毒的有毒植物夹杂在饲草中，无法选择而采食，或被误割而喂食等，都可引起中毒。

（5）工业污染、矿物和金属毒物 工业"三废"（废水、废气、废渣）的大量产生和排放而污染环境，或"三废"未处理或处理不好，污染饲草和饮水常引起畜禽甚至人中毒。

（6）其他因素 有毒气体、动物毒中毒、军用毒剂中毒时有发生。铅是应用广泛、容易污染，且无生物学价值的金属物质，常引起牛、家禽和鸟类发生中毒。

（7）恶意投毒 多因个人成见或破坏活动而造成动物中毒事件。

2. 中毒性疾病的发病特征

（1）群体发生且发病急、死亡率高 同笼舍饲喂或采食相同饲料的兔采食后相继或同时发病，且出现相似临诊症状，体温一般正常或偏低；同时常常表现为食欲较好、体型较大、采食量多的个体兔最先发病，且病情严重。

（2）无接触传染病史 病兔之间不发生接触性传染，这是中毒病与传染病的明显区别。通过更换饲料临诊症状可以得到减缓。

（3）最先表现的是消化系统的临诊症状 一般发病后最先表现的是消化系统的临诊症状，如流涎、呕吐，咀嚼或吞咽困难，拒食，腹泻且粪便中混有黏液、脓血等；而后则随病情的发展，因毒物不同其他系统也出现临诊症状，如神经系统临诊症状（兴奋症状如不安、肌肉痉挛或僵直、眼球震颤、咬牙，或抑制症状如沉郁、昏迷或昏睡等，或兴奋与抑制交替出现）、呼吸系统临诊症状（张口呼吸、窒息等）、泌尿系统临诊症状（少尿或多尿、尿色的改变如红尿等）和心血管系统临诊症状（心跳加快或减慢、血液颜色黯黑或鲜红等）。

（五）普通病及其特征

普通病是由一般性致病因素引起的没有传染性的一类疾病，也称非传染性疾病。临诊上，比较重要和常见的普通病有产科病、内科病、外科病、营养代谢病和中毒病，而后两种疾病由于对养殖业的危害越来越大，逐渐地被单独来叙述，本书就是单独列出来的。普通病的最大特征是没有传染性，多数是个体发病。

三、肉兔疾病发生的特点

第一，兔子个体小、抗病力差，易患病，治疗不及时则死亡率高。因此，在生产中必须贯彻"预防为主"的方针，同时早发现、早诊断、早治疗。

第二，单个肉兔经济价值较低，如果患病进行治疗，多数情况下治疗效果差。有的虽能治愈，但治疗成本相对较高。因此，养兔必须坚持"预防为主，防重于治"的方针。

第三，肉兔腹壁肌肉较薄，且腹壁紧贴着地面，若所在环境温度低，导致腹壁着凉。肠管受到冷刺激后，肠蠕动加快，特别容易引起消化功能紊乱，引起腹泻，继而导致大肠杆菌、魏氏梭菌等疾病的发生，为此应保持肉兔所在环境温度的相对稳定。

第四，肉兔属于小型草食动物，拥有类似于牛、羊等反刍动物瘤胃功能的盲肠，对饲草、饲料的消化主要靠盲肠微生物的发酵来完成。因此，保护盲肠内相对恒定的微生物区系，是降低消化道疾病发生率的关键之一。为此，生产中要坚持"定时、定量、定质，更换饲料要逐步进行"的原则。同时，治疗疾病时慎用抗生素。如果长期口服大量抗生素，就会杀死或破坏兔子盲肠中的微生物区系，导致消化紊乱。这一特点要求我们在预防、治疗肉兔疾病中要注意抗生素的种类，使用一种新的抗生素要先做小群试验，同时给药方式以注射方式为宜，也要注意用药时间、剂量等。

第五，大兔耐寒怕热，小兔怕冷。高温季节要注意防止大兔发生中暑，小兔要保持适宜的温度。

第六，肉兔抗应激能力差，气候、环境、饲料配方、饲喂量等突然变化，往往极易导致肉兔发生疾病。因此，在生产实践中的各个环节，要尽量减少各种应激，以保障肉兔群体的健康。

第二章

肉兔家庭农场的疾病诊疗技术

第一节　肉兔疾病诊断技术

肉兔得了疾病，首先要进行诊断。肉兔疾病诊断技术包括临床诊断技术、流行病学诊断技术、病理学诊断技术、治疗观察诊断技术、实验室诊断技术和综合诊断技术。

一、临床诊断技术

临床诊断是疾病诊断工作中最常见和首先使用的一些诊断技术。它是利用人们的感觉器官或借助一些最简单的诊断器材（如体温计、听诊器等）直接对病兔进行诊断。对于肉兔某些具有特征性症状表现的典型病例，经过仔细的临床诊断，一般不难做出诊断。临床诊断技术的基本方法包括问诊、视诊、触诊、听诊、叩诊和嗅诊；临床诊断技术的基本内容包括群体检查和个体检查。

（一）临床诊断技术的基本方法

1. 问诊

是以询问的方式向饲养管理人员或防疫员等调查了解与发病有关的情况和经过，一般在做其他检查之前进行，也可贯穿于其他检查的过程之中。问诊内容主要包括以下几个方面。

（1）病史　包括既往病史和现有病史。了解患兔以往的健康状况，以前是否发生过类似疾病，如何处置的，效果如何？本次疾病发生的时间、发病经过、主要表现，采取过什么措施，用过什么药物以及效果等。

（2）周围兔只或本场其他兔群体的健康状况 了解同一兔群体中有多少兔先后或同时发生过类似疾病，邻舍及附近场、区兔群体最近是否也有过类似疾病的发生等。

（3）饲养管理及预防用药情况 主要了解饲料的种类、来源、质量、饲喂量及最近是否有什么变化，饲养人员是否有顶班现象，笼舍的卫生状况，管理制度；接种疫苗的种类、来源，接种时间和接种方法，以及其他预防药物的使用情况等。

问诊时的语言要通俗，所问内容应根据具体情况而定，既要全面、又要有重点。对问诊所掌握的情况，要实事求是地记录下来，不能随意发挥。

2. 视诊

主要是用肉眼直接观察病兔目前的状态和各种异常现象。通过视诊可以发现许多有意义的症状，为进一步诊断检查提供线索。视诊的内容很多，一般包括体形外貌、体格发育、营养状况、精神状态、运动姿势及被毛、皮肤和可视黏膜的变化等；还要注意某些生理活动是否正常，如有无喘气、咳嗽、流涎及异常的采食、咀嚼、吞咽和排泄动作等；也要留意粪便和尿液的性状、数量等。

视诊的方法虽然简单，但要想客观而全面地收集症状，并能进行综合分析和判断，必须具有敏锐的观察力和准确的判断力，要求兽医工作者应加强临床实践锻炼和善于进行总结。

3. 触诊

是用手触摸按压病兔被检查的部位而进行疾病诊断的一种方法。通过触诊可以判断被检查器官和组织的状态，确定病变的位置、形态、大小、质地、温度、敏感性和移动性等。

触诊分浅部触诊和深部触诊。浅部触诊主要用于检查体表和浅在部位器官组织的功能状态，如检查体表温度、湿度，皮肤及皮下组织厚度、弹性、硬度，肌肉紧张性及局部肿物的性状等。检查者常以手掌的掌面或背面接触或按压被检查部位皮肤，或按一定顺序触摸，对可疑部位或患部肿物用手指按压或揉捏，根据手感和检查时病兔的反应进行判断。深部触诊常用于体腔内器官的检查，常用像肉兔妊娠检查的方法，触摸腹部。有时还可借助器械进行间接接触，如用探针对某些创伤进行探诊检查等。

4. 听诊

是通过听觉辨别患病动物及其体内某些器官活动过程中所产生的各种声音，根据声音及其性质的变化推断体内器官功能状态和病理变化的一种诊断方法。临床上常用于心脏、肺脏和胃肠的检查，如听诊心脏的搏动音，可知其频率、强度、节律及有无杂音；听诊肺部可知呼吸数、呼吸节律、肺泡呼吸音的强弱及是否有啰音和摩擦音等；听诊腹部可知胃肠是否蠕动及蠕动的强弱等。

5. 叩诊

是对患病肉兔体表某一部位进行叩击，根据所产生声音的特性来推断叩击部位组织器官有无病理变化的一种诊断方法，可用于胸、腹部脏器的检查。叩诊时所产生声音的性质主要取决于叩诊部位有无气体或液体，以及其量的多少，还与叩诊部位组织的厚度、弹性等有关。如叩击腹部有鼓音，则系胃肠严重臌气。

6. 嗅诊

是利用嗅觉辨别患病动物的排泄物、分泌物、呼出气体以及兔舍和饲料等的气味，借以推断疾病的方法。嗅诊在兽医临床诊断中有时具有重要意义，如当病兔呼出的气体有烂苹果味（酮味），可能患有妊娠毒血症；病兔腹泻时排出的恶臭水样粪便，提示患有魏氏梭菌病等。

（二）临床诊断技术的基本内容

1. 群体检查

就是对可疑发病兔群体进行群体观察，以了解兔群体状况、兔笼舍环境、发病率、采食饮水情况，粪尿变化等，寻找典型病症与典型病例，进一步提示个体检查的重点。

（1）食欲检查　兔有夜食的习惯，夜间采食的饲料和饮水量约占全日粮的60%以上，故清晨检查食欲情况尤为重要。食欲的好坏与饲料的性质、种类以及是否突然变换有关系。健康肉兔一般食欲旺盛，喂料时非常活跃，有急于采食的表现，对经常采食的饲料，嗅闻后立即采食。如果变换饲料，先要嗅闻一阵，再少量尝食。对正常喂量的饲料，一般在1~2小时内采食完毕。食欲降低是病兔首先表现出来的重要症状之一，特别是胃肠道各种疾病均有食欲不振的表现。吃食不定，多为慢性消化器官疾病；食欲废绝见于各种严重的疾病；微量元素或维生素缺乏时肉兔表现异嗜，舔食粪、尿、被毛或母兔吞食仔兔；如在疾病过程中饮水逐渐恢复，则为基本的好转现象；若饮水量大大增加，提示肉兔体温升高或食盐中毒。

（2）粪便检查　粪便检查是诊断肉兔疾病的重要内容之一。肉兔每天的排粪量约为体重的3%，正常的肉兔粪便大小一致，表面光滑，略呈黑褐色。如粪便干、硬、小或粪量减少甚至停止排粪，提示消化不良或便秘；粪便变形，但性质没有变化，提示饲养管理不当；粪便变稀，成堆呈酱色，提示饲料等有毒；粪便稀且带有黏液、奇臭，提示细菌性疾病，如大肠杆菌病、沙门氏菌病、产气荚膜梭菌病等；粪便变性，带有黏液呈顽固性腹泻，提示寄生虫病，如球虫病。

（3）尿液检查　健康兔每天排尿量约为体重的5%，pH值一般为8.2。尿色常与饲料种类有关，幼兔的尿液多为无色尿，不含任何沉淀物；成年兔的尿液多呈柠檬、琥珀或红棕色。排尿次数增多，甚至出现尿频和尿淋漓，尿中带血，尿液有氨味，提示膀胱炎、尿结石；排尿次数减少，尿色深、相对密度大、沉渣增多提示急性肾炎、下痢；尿液呈酱油色，提示豆状囊尾蚴病、肝片吸虫病、肝硬化等；长期血尿但无疼痛感，提示肾母细胞瘤；排尿疼痛提示尿路炎症；尿闭提示膀胱麻痹、括约肌麻痹、尿道结石；尿失禁提示腰脊柱损伤或括约肌麻痹；茶色尿提示肝脏损伤性疾病，如肝片吸虫病、豆状囊尾蚴病等；乳白色尿提示腹腔结核病、肿瘤等；尿中带脓提示肾盂肾炎、肾积脓等。

2. 个体检查

个体检查是对一个发病个体进行的临床诊断检查。个体检查包括一般检查和系统检查。

（1）一般检查　是指应用临床诊断技术的基本方法，对肉兔疾病有一个初步认识和判断，再结合其他诊断方法，尽快做出确诊。主要包括个体发育和营养状况检查、姿势检查、精神状态检查、皮肤和被毛检查、可视黏膜检查、生理指标检查等。

①个体发育和营养状况检查。体质和营养是肉兔健康好坏及疾病过程的具体表现。体质良好的肉兔，体躯各部发育匀称，肌肉结实；发育不良的肉兔，则表现躯体矮小，结构不匀称，在幼兔阶段发育迟缓或发育停滞。营养良好的肉兔，表现肌肉丰满，被毛光滑，骨骼棱角不突出；营养不良的肉兔，则表现消瘦，被毛粗乱，无光泽，皮肤缺乏弹性，骨骼外露明显。一般健康的、发育良好的家兔，在肩部、背部或后躯看不出任何骨质突起，同时触摸这些区域的肌肉有坚实感。宽而深的胸、宽的背和腰是家兔发育良好和体质强壮的标志。胸愈宽愈深，其肺脏和心脏的发育就愈良好。而窄胸兔的体质则一般较弱，容易患病。这类兔可能患有寄生虫病或慢性消耗性疾病，如球虫病、豆状囊尾蚴病、肝片吸虫病、结核病、慢性巴氏杆菌病等。

②姿势检查。健康兔的姿势自然，动作灵活而协调。蹲伏

时，前肢伸直并互相平行，后肢自然地置于体下，后肢部位起了支持大部分体重的作用。走动时轻快敏捷。除采食外，兔大部分时间都在休息和假眠。夏天常倒卧、伏卧和伸长四肢；冷天常蹲伏，全身呈蜷缩状态。休息时处于完全醒觉状态，眼张开，呼吸动作明显。假眠时则眼半闭，呼吸动作较轻缓，稍有动静，就睁眼警觉；完全睡眠时，呼吸微弱，同时双眼全闭。如出现异常姿势（反常的站立、伏卧、运动姿势），则反映兔的中枢神经系统有疾患或功能障碍，也可能存在外周神经的损害以及骨骼、肌肉和内脏器官的疾病。如站立时，两脚频频交换负重，提示疖螨或脚皮炎；歪头提示巴氏杆菌性中耳炎、兔脑炎原虫病、葡萄球菌病、耳螨病、维生素 A 缺乏症、维生素 E 缺乏症、李氏杆菌病、链霉素中毒、遗传性疾病等；转圈提示李氏杆菌病；前肢拖着后肢提示背部骨折、后肢骨折或产后瘫痪；频频舔舐肛门，提示蛲虫病；如回头顾腹，可能是腹痛、便秘、肠套叠、肠痉挛等。

③精神状态检查。肉兔的精神状态是衡量中枢神经功能的标志，可根据其对外界刺激的反应能力及行为表现而做出判断。健康肉兔经常保持机警，稍有声响或有人接近兔笼时，立刻抬头并两耳竖立，转动耳壳，小心地分辨外界的情况。受惊时，公兔和母兔会用一个或两个后肢在笼底上跺脚，在笼中蹿跑。妊娠母兔不如幼兔或成年公兔容易发生兴奋，不易受外界嘈杂所干扰，表现得更驯服。但带着新生仔兔的母兔就变得具有攻击性，若母兔正在产仔时会发生吃仔。家兔的听觉和嗅觉特别灵敏。当中枢神经功能发生障碍时，由于兴奋与抑制过程的平衡遭受破坏，在临诊中就表现为过度兴奋或抑制。如中耳炎（斜颈）、急性病毒性出血症（兔瘟）、中毒病、寄生虫病等，都可能出现神经症状。精神抑制是指肉兔对外界刺激的反应性减弱或消失，按其表现程度不同分为沉郁（眼半闭，反应迟钝，见于传染病或中毒病）、昏睡（陷入睡眠状态、躺卧）和昏迷（卧地不起，角膜与瞳孔

反射消失，肢体松弛，呼吸、心律不齐），见于严重中毒及危重病例的濒死期等。

④皮肤和被毛检查。皮肤检查要注意皮肤的颜色、温度、湿度及弹性是否正常，另外要查看有无外伤、肿胀等现象。健康肉兔的皮肤结实致密有弹性，皮温 33.5～36℃；被毛浓密、柔软、平滑、有光泽、生长牢固，并随季节进行换毛。如果被毛粗糙、蓬乱，过于柔软和稀疏，缺乏光泽，提示营养不良或慢性消耗性疾病；鼻端、两耳背及边缘、爪等处被毛脱落，并有麸皮样的结痂物，提示疥螨病；家兔每年秋季发生的脱毛过程一般从肩前部开始，并向下跨过腹侧，向腹部发展，直到最后长出新的被毛为止。如果秋季换毛后，被毛仍发黄发暗无光泽，就是营养不良或患病的标志；腹部、背部或其他部位皮肤形成脓肿，提示葡萄球菌病；母兔乳头周围皮肤呈暗紫色或脓肿，提示乳房炎；公兔睾丸皮肤有糠麸样皮屑，肛门周围及外生殖器官的皮肤有结痂，提示梅毒；阴囊水肿，包皮、尿道、阴囊出现丘疹，提示兔痘；母兔流产，并从阴道内流出红褐色的分泌物，提示李氏杆菌病；口腔、下颌部及胸前部皮肤坏死并有恶臭，提示坏死杆菌病或外伤。

触摸耳朵可以了解皮温的变化。健康肉兔的耳色粉红，耳温度正常。如耳色呈灰白色说明体虚血亏；如耳色过红，手感发烫，说明发热；如耳色青紫，耳温度过低，则有重症可疑；如耳廓内有黄褐色结痂积垢，可能是中耳炎；如耳廓皮肤脱毛，有皮屑且有溃烂结痂，可能是耳癣。

⑤可视黏膜检查。肉兔的可视黏膜包括眼结膜、鼻腔黏膜、口腔黏膜和阴道黏膜。正常黏膜呈粉红色，表面湿润。最易检查的是眼结膜，可用左手固定头部，右手的食指、拇指同时拨开眼睑即可观察。结膜呈弥漫性潮红，是充血现象，提示某些热性病和传染病，如中暑、结膜炎、脑充血等；结膜苍白，是贫血象

征，多见于长期营养不良、寄生虫病及慢性消耗性疾病等；结膜黄染，是胆色素将结膜染黄的结果，提示各种肝脏疾病、小肠黏膜卡他及寄生虫病（如肝片吸虫病、豆状囊尾蚴病等）；结膜发绀，呈蓝紫色，是高度缺氧所致，提示肺炎、中毒病、心力衰竭等。

同时还要注意观察眼睑有无肿胀、外伤，眼裂周围有无分泌物及分泌物的性状（浆液性、黏液性或脓性），并注意角膜有无损伤、混浊或形成角膜云翳，观察瞳孔的大小变化。健康肉兔眼睛圆而明亮，活泼有神，眼角干净无脓性分泌物。如眼睛流泪或有黏液、脓性分泌物，精神萎靡，提示慢性巴氏杆菌病、结膜炎。

⑥生理指标检查。体温、脉搏、呼吸数是兔生命活动的重要生理指标，临床上测定这些指标，为分析病情提供重要依据。

体温检查：将兔抱住，把体温表放在兔前腿或后腿窝处夹住，停3分钟后取出、读数；也可用手将兔固定，或用布袋装住，将其臀尾部露出，将兽用体温表（在体温表的尾部拴一带防脱夹的细绳）水银柱甩至35℃以下，再涂上消毒的润滑油，缓慢插入肛门内3.5~8cm，保持3~5分钟后，取出，清洁，读数记录。用酒精棉球消毒，将水银柱甩至35℃以下，备用。肉兔的正常体温为38.5~39.5℃，一般相差0.5℃。测温对肉兔疾病的早期诊断和群体检查具有重要意义。高于正常体温3℃，为发高热。出现高热时，提示急性全身性疾病；无热或微热多为普通病；大失血或中毒以及濒死前的衰竭，往往体温低于正常值，预后不良。

脉搏检查：脉搏检查位置在肉兔左前肢腋下，肱骨内侧的桡动脉，用食指和中指稍微触摸即可体会到，查每分钟跳动次数。也可直接用手触摸心跳。健康成年兔的脉搏为80~100次/分，强弱中等；幼兔的脉搏为100~160次/分，脉搏力量较强；老年兔的脉搏为 70～90 次/分，脉搏力量较弱。脉搏加快提示热性病或心脏疾病；脉搏减少提示中毒性疾病以及衰竭；热天比冷天稍快，运动及捕捉时增快。

呼吸数检查：健康兔的呼吸数为 40～60 次/分钟，幼兔为 60～70 次/分钟。呼吸数增加，见于某些呼吸道疾病，如肺炎、巴氏杆菌病等；呼吸数减少，见于中毒病、瘫痪等。

注意事项：在进行三大生理指标检查时，尽可能保持肉兔在自然状态下计数。如果肉兔受到惊扰，需要等待恢复平静后再测定。

（2）系统检查　在一般检查的基础上，找出重点进行系统检查。系统检查包括以下内容。

①消化系统检查。肉兔消化系统疾病在养兔生产中占疾病发生率的 60% 左右，严重制约养兔生产的发展，特别是新养兔场的发病率更高，所以，对消化系统的检查显得更为重要。检查的内容有口腔黏膜是否有炎症、有无流口水、唇周围颜面部是否洁净、采食姿势和食欲是否正常，腹围是否增大、俯卧姿势是否有异常，粪便性状、颜色、气味是否正常等。

检查口腔时，用木棒或开口器使兔的嘴巴张开。健康肉兔的口腔黏膜粉红色，唇周围颜面部洁净。若有口水流出，唇周围颜面部潮湿、污秽，可能是口炎、传染性口炎、中暑、中毒等疾病；同时不敢采食或采食困难，提示是口炎、传染性口炎。

肉兔腹部检查主要靠视诊和触诊。视诊主要观察腹部形态和腹围大小，若腹部容积增大，提示怀孕、积气、积食、积液；积食多在胃内；积气是腹部上方膨大，腹壁紧张，叩诊发出鼓音；积液的表现是腹部两侧下方膨大，触诊有波动；腹部局限性隆凸，见于腹壁水肿或脓肿；若腹部容积缩小，体质衰弱，提示营养不良及慢性下痢；当便秘或胃肠内有异物（毛球）时，于腹部可以摸到硬固的粪块或异物。

健康肉兔粪便形状呈球形或椭圆形。若粪球时大时小，有时破碎，被毛粗乱，体况消瘦，可能是球虫病、豆状囊尾蚴病及其他寄生虫病；若粪便干小发黏，有时呈串珠状，可能是热性病或饲料中粗纤维质量有问题；若粪便中夹有黏液（像脓鼻涕一样），可能是大肠杆菌病；若粪便呈水样，盲肠拉空（无内容物），可能是急性胃肠炎、魏氏梭菌病、沙门氏菌病等；若粪便内有消化不全的物质，与饲料颜色一样，可能是消化不良或伤食；若粪便呈绿色，可能是绿脓杆菌病。总之，消化道疾病的症状主要表现在粪便上，只要发现粪便不正常首先考虑的是消化道疾病。

②呼吸系统检查。肉兔呼吸系统的疾病在养兔生产中占疾病发生率的20%左右，除导致生产力降低外还常常引起死亡，所以呼吸系统的检查也十分重要。检查的内容有呼吸方式检查、上呼吸道检查和胸部检查。

呼吸方式检查：健康肉兔呼吸有节律，用力均匀平稳，胸腹式呼吸。当腹部有病时，如腹膜炎、胃鼓胀、肠臌气等，常会出现胸式呼吸；当胸部有病时，如胸膜炎、肺水肿等，常会出现腹式呼吸。当肉兔出现慢性鼻炎时，可引起上呼吸道狭窄而出现呼气性呼吸困难；当患肺气肿时，可见呼气性呼吸困难；当患胸膜炎时，吸气和呼气都会发生困难，称混合性呼吸困难。如果胸部一侧患病，如肋骨骨折时，患侧的胸部起伏运动就会显著减弱或停止，而造成呼吸不均匀。

上呼吸道检查：主要是肉兔鼻腔分泌物检查和咳嗽检查。

肉兔鼻腔分泌物的检查主要检查的是分泌物的量、颜色、稠度和气味，是一侧性还是两侧性的。健康肉兔鼻端、鼻孔周围干燥而洁净。如鼻孔周围不洁净，被分泌物污染，肯定患有呼吸道疾病。若分泌物清亮（清鼻涕），可能是感冒；若分泌物发黄浓稠，可能是肺炎。从鼻分泌物分离培养细菌，常可分离到多杀性巴氏杆菌、支气管败血波氏杆菌和金黄色葡萄球菌等多种细菌。

咳嗽检查可直接听取咳嗽的声音、观察咳嗽的表现或用人工诱咳法（用手指按压患兔的喉头及第一、第二气管软骨），还可结合胸部听诊，查明肺、支气管和胸膜的机能状态。咳嗽是呼吸道或胸膜受到炎症及其他异物刺激所引起的，是动物的一种保护性反射，借以排出呼吸道内的分泌物或异物。

健康肉兔偶尔也会有一两声咳嗽，如出现频繁或连续性咳嗽则是一种病态，病变多在上呼吸道，如发生在喉炎、气管炎时。咳嗽时应注意其性质、频次和强度。

干咳声音短而清脆，表明呼吸道内没有或仅有少量黏稠分泌物，见于急性喉炎的初期、慢性支气管炎、肺结核等；湿咳的声音长而低沉，表示呼吸道内分泌物较多而且稀薄，见于支气管炎、支气管肺炎及肺脓肿等。咳嗽按频次可分为单咳、频咳、周期性咳嗽和经常性咳嗽等。单咳每次只咳一两声，常出现在清晨、进食后或运动后，见于轻度的气管炎和肺部疾病；频咳是指咳嗽频繁、剧烈且连续不断，严重时呈痉挛性咳嗽，见于急性喉炎、支气管炎和肺炎等；周期性咳嗽是指反复发作，见于慢性支气管炎、肺结核、肺线虫病等；经常性咳嗽则表明为长时期（数周或数月）持续性咳嗽，见于慢性支气管炎、肺气肿、肺结核等。如果咳嗽突然发作、剧烈而痛苦并连续不断，表示呼吸道内有异物，见于异物性肺炎等。

胸部检查：当肉兔出现呼气性呼吸困难或混合性呼吸困难时，更应注意胸肺部的检查，首先应对胸廓的形状和肋骨起伏状态进行全面的观察。胸廓的畸形或肋骨的损伤等都可以破坏正常的呼吸机能，其次要对胸部异常变化进行触诊，要注意胸部的温度，有无肿胀、是否疼痛等情况。

③泌尿生殖系统检查。包括尿液检查和生殖器官检查。

尿液检查：尿液检查是诊断泌尿器官疾病常用的方法。正常尿液为淡黄色，外观稍混浊，一旦出现异常，需考虑是否泌尿系统出现疾患。如频频排少量的尿，这是膀胱及尿道黏膜受到刺激的结果，见于膀胱炎及阴道炎。在急性肾炎、下痢、热性病或饮水减少时，则排尿次数及尿量减少。有时给某些药物也能引起尿色的变化，如口服双黄连后尿液颜色变黄。

生殖器官检查：检查公兔的睾丸、阴茎及包皮；母兔检查外阴部分。如果发现外生殖器的皮肤和黏膜发生水疱性炎症，有结节和粉红色溃疡，提示密螺旋体病；如阴囊水肿，包皮、尿道、阴唇出现丘疹，提示兔痘；患李氏杆菌病时可见母兔流产，并从阴道内流出红褐色的分泌物；患葡萄球菌病时也可致外生殖器炎症；患巴氏杆菌病时，也会有生殖器官感染。

④神经系统检查。包括精神状态检查和运动功能检查。

精神状态检查：肉兔中枢神经系统功能紊乱，会使兴奋与抑制的动态平衡遭到破坏，表现兴奋不安或沉郁、昏迷。兴奋表现为狂躁、不安、惊恐、蹦跳或做转圈运动，偏颈痉挛。如患中耳炎（斜颈）、急性病毒性出血症（兔瘟）、中毒病、寄生虫病等，都可以出现神经症状。精神抑制是指肉兔对外界刺激的反应性减弱或消失，按其表现程度不同分为沉郁（眼半闭，反应迟钝，见于传染病、中毒病或中瘫）、昏睡（陷入睡眠状态、躺卧）和昏迷（卧地不起，角膜与瞳孔反射消失，肢体松弛，呼吸、心跳节律不齐，见于严重中毒濒死期）等。

运动机能检查：健康肉兔应经常保持运动的协调性。一旦中枢神经受损，可出现如下表现：共济失调提示小脑疾病；运动麻痹提示脊髓损伤造成的截瘫或偏瘫；痉挛、肌肉不能随意收缩提示中毒。痉挛涉及广大肌肉群时叫抽搐；全身阵发性痉挛伴有意识消失称为癫痫。

二、流行病学诊断技术

流行病学诊断是在流行病学调查的基础上进行的，通过询问疫情、座谈、查阅记录、现场察看和临床检查等，取得第一手资料，然后进行归纳整理、分析判断，从而可以初步明确所发生的疾病是普通病还是传染病，是单纯一种疾病还是混合感染、继发感染，为确诊提供依据和线索。同时，通过流行病学诊断可以了解疾病发生的经过，弄清传染源、易感动物、传播途径、影响因素、传播范围，以及发病率、死亡率等，为拟定防治措施提供依据。

（一）疾病的发生情况

了解最初发病时间和兔舍，传播蔓延速度和范围，发病兔的数量、性别、年龄、症状表现，发病率和死亡率以及剖检变化等，疾病是急性还是慢性，最先发病死亡的是仔兔、青年兔还是老龄兔，是散发性还是流行性，是白天死亡多还是夜间死亡多等。如仅为母兔发病尤其是妊娠、哺乳及假妊娠的，提示妊娠毒血症；外生殖器有病变，且多为繁殖兔（包括母兔、公兔），提示兔患有密螺旋体病、外生殖道炎症等；发病率、死亡率高，年龄多在3月龄以上，提示兔瘟；断奶前后兔腹泻的，提示为大肠杆菌病。

（二）病因调查

了解本地或本场过去是否发生过类似疾病，流行情况如何，是否做过确诊，采取过何种防治措施，效果如何。本次发病前是否从外地引进种兔或商品兔，新购兔进场是否检疫和隔离；饲料原料、配方及饲养管理最近是否有较大调换，包括饲料的种类、来源、贮存、调制、饲喂方式等，同时注意饲养人员是否调换；饲料质量怎样，是否发霉变质；如果是购买的饲料，了解厂家的饲料配方、原料是否变化；当地气候是否突变，兔舍的温度、湿度和通风情况如何，附近有无工矿废水和毒气排放；兔场的鼠害情况和卫生状况好坏；兔场是否养狗、猫等动物；最近是否进行过杀虫、灭鼠或消毒工作，用过什么药物等。收皮、收毛等商贩是否进入过兔舍等。

（三）防疫用药情况

了解本场兔群体常用何种疫苗，免疫程序是否合理，免疫效果如何；兔群体是否按程序给药进行药物预防，常用什么药物，用量多少，如何使用；是否驱虫，用什么药，上次驱虫到现在多长时间了？饲料中用了哪些饲料添加剂，什么时候开始，使用了多长时间，效果如何。常见的有兔瘟免疫程序不当或疫苗问题导致兔瘟发生。未进行小试就大面积使用厂家推荐的饲料添加剂导致消化道疾病发生。

（四）疾病的发展情况和防治效果

了解疾病初期表现与中期、后期的表现是否有差异，一般病程多长，结局如何，是否使用过什么药物或疫苗进行防治，剂量多少，使用多长时间，效果如何等。

三、病理学诊断技术

病理学诊断技术是对病死兔或濒死期捕杀的肉兔进行剖检，用肉眼或显微镜检查器官及其组织细胞的病变。病死肉兔机体多呈现一定的病变，可作为诊断的依据之一。如发生急性病毒性出血病、A型魏氏梭菌病、兔黏液瘤病时，通过剖检常可以确诊。但急性病例往往缺乏特征性病变，因此应尽可能多剖检几例，并选择症状较典型的病例。有些传染病除肉眼检查外，还需采集病料送实验室做病理组织学检查才能确诊。

（一）病理剖检的注意事项

1. 剖检场所的选择

为了便于消毒和防止病原的扩散，剖检最好在实验室或剖检室内进行。实验室或剖检室应设在远离兔舍、饲料仓库及水源的地方，并在兔场的下风向处。尸体可放在大小合适的搪瓷盘内。如条件不允可，需在室外剖检时，要选择离兔舍较远、地势较高而又干燥的偏僻地点，并挖深达 1.5m 左右的土坑，待剖检完毕后将尸体和被污染的垫物及剖检地点的表面土层等一起投入坑内，再撒些生石灰或喷洒消毒液，然后用土掩埋，坑旁的地面也应注意消毒。有条件的也可焚烧处理。

2. 剖检器械及药品的准备

最常用的剖检器械有解剖刀、外科剪、镊子、骨钳和骨剪以及隔离衣、橡皮手套、胶靴等。分离细菌，需准备灭菌培养皿、灭菌试管、培养基、接种棒、酒精灯、载玻片等。还需准备一些消毒剂，如 0.1% 新洁尔灭溶液或 3% 来苏尔溶液；为了预防人员的受伤感染，还应准备 3% 碘酊、70% 酒精、棉花、纱布等。固定病料还应准备盛有 10% 甲醛溶液或 95% 乙醇的玻璃瓶。

3. 剖检人员的防护

剖检人员可根据条件穿着隔离衣、戴橡皮手套、穿胶靴等，以防感染。剖检传染病的尸体后，应将器械、衣物等先用消毒液消毒，再用清水洗净，胶皮手套消毒后，要用清水冲洗、擦干、撒上滑石粉。金属器械消毒后要擦干，以免生锈。

4. 剖检记录

尸体剖检的记录，是死亡报告的主要依据，也是进行综合分析研究的原始材料。记录的内容力求完整详细，要能如实反映尸体的各项病理变化，因此，记录最好在检查病变过程中进行，不具备某些条件时，可在剖检结束后及时补记。对病变的形态、位置、性质变化等，要客观地用描述的语言来说明，不要用诊断术语或名词来代替。

在进行尸体剖检时，应特别注意对尸体的消毒和无菌操作，以便对特殊的病例可以采取病料送实验室诊断。

（二）病理剖检技术

肉兔病死后，应立即进行剖检，以便更清楚地了解病情，查明死因，做出正确诊断，采取积极的防治措施，避免更大的损失。

1. 剖检方法

先对病死兔进行观察，主要检查天然孔、被毛、皮肤和营养状况有无异常。然后将尸体浸在消毒水里浸湿被毛，以免剖检时造成被毛尘土飞扬。再将兔尸体取仰卧姿势置于搪瓷盘内或解剖台上，分别固定四肢。

2. 剖检程序

（1）剥皮　从下颌中部起沿胸、腹中线至耻骨联合处切开或剪开皮肤，再沿中线切口向每条腿切开或剪开，然后仔细分离皮肤，检查皮下有无出血及其他病变。

（2）打开腹腔　在耻骨联合处前方不远处切开或剪开腹壁，切口大小以可插进中指和食指或镊子为宜，用中指和食指或镊子撑起腹壁，沿腹白线至剑状软骨处切开或剪开腹壁（防止伤及肠管），然后从耻骨前沿至腰区剪开两侧腹壁，便可将腹腔打开，即暴露腹腔器官。

（3）检查腹腔　打开腹腔后，检查腹水的颜色、量的多少和清浊度；顺次检查腹膜、肝脏、胆囊、胃、脾脏、肠道、胰腺、肠系膜、淋巴结、圆小囊、肾脏、肾上腺、膀胱和生殖器官等。

（4）打开胸腔　用骨剪沿胸骨两侧剪断肋骨，去除胸骨和前部胸壁，即暴露胸腔器官，观察胸腔渗出液的有无、多少及性状，并可直接涂片检查或做细菌分离培养。依次检查心、肺、胸膜、肋骨、胸腺、淋巴结和大血管等。

（5）寻找气管　从咽部至胸前找出气管剪开，检查气管有无出血现象。

（6）检查口腔、鼻腔和脑　打开口腔、鼻腔，检查口腔黏膜、鼻腔黏膜。打开颅腔时，在枕骨与第一颈椎的关节处断头，将头放在解剖盘中，从两内眼角连线以及两内眼角至枕骨大孔连线形成的三角区，沿三角线锯开或剪开颅顶，除去头盖骨，用镊子提起脑膜剪开，即可检查颅腔液体的数量、颜色及脑膜状况，切开脑膜可检查脑实质的病变。

（7）内脏检查　外观检查完毕，再切开内脏，逐一检查。

四、治疗观察诊断技术

有时候虽然经过某些项目的检验，仍未能对疫病做出确诊，在实验室确诊之前，可根据临诊症状和病理变化先做出初步诊断，进行治疗处理，对治疗效果进行观察，这也是一种重要的诊断手段。如治疗效果明显，也可作为确诊依据之一。

五、实验室诊断技术

通过临诊检查、流行病学检查、病理剖检检查仍难以确诊的疾病，应进一步做实验室诊断。实验室诊断通常包括常规检验、微生物学检验、寄生虫病学检验等，通过实验室检验可以对疾病做出准确诊断。对普通病，一般只进行常规检查；对于某些传染病和寄生虫病，则应做病原检查；如疑似中毒病，有条件时可进行毒物检测。

六、综合诊断技术

根据临诊检查、流行病学调查、病理剖检、治疗观察和实验室检查等的资料，进行综合分析，最终做出诊断。根据诊断结果，选择相应的治疗药物和方法，以达到治愈疾病的目的，同时做好今后肉兔疾病的防控工作。需要指出的是，在肉兔疾病的诊断过程中，需要具有丰富的兽医和畜牧知识以及实践经验，同时还要具备在众多信息中敏锐地找出主要矛盾的能力。在疾病的具体诊断过程中，如果善于抓住带有特征性的临床表现、流行特点或病理变化等，就可以迅速地做出较为准确的诊断。因此，要求兔场兽医工作者，要不断地加强业务的学习，虚心地向有经验的专家请教，在实践过程中还要勤于思考，这样就可在发生疾病时及时做出诊断。

第二节　肉兔疾病治疗技术

一、抱兔技术与保定技术

兔子虽然是杂食性动物，但也曾经发生过许多咬伤人的事件，俗话说"兔子急了也咬人"。为了便于诊疗的实施和保护施术人员的安全，在对肉兔进行诊疗时，要抱兔或对肉兔进行保定。如果方法得当，就可保证人兔的安全，使肉兔感到安全、舒适，将应激反应降到最低限度。

（一）抱兔技术

1. 正确的抱兔方法

一手将两耳轻轻地握在手心，抓住颈部皮肤（越多越好），将兔提起，另一手托住其臀部，使兔的大部分重量放在该手上，这样既不伤害兔，又避免兔挠人。具体应用如下。

（1）抱仔兔　仔兔的个体小，体重轻，爪子不会抓伤人，可以直接抓其颈背部的皮肤，或围绕颈、胸、腹部，大把抓起。注意抓仔兔时，动作要轻，掉不了就行，不可握捏太紧。仔兔离开产仔箱后即需保暖，离开时间越短越好，放回后立即用兔毛盖住保暖，以防感冒。

（2）抱幼兔　一手从兔的前方缓缓接近，先进行抚摸，消除其恐惧感，待静伏后，将两耳往后顺，大把抓起两耳及颈肩部皮肤，另一只手托住后肢及臀部以支持其体重，使兔的身体保持平衡。

（3）抱中兔或成年兔　方法同抱幼兔。但由于体重较大，需要两手配合。

（4）徒手搬运　手的虎口朝向兔头方向，大把抓住两耳和颈肩部皮肤，兔头置于另一手上臂与胸间，遮住双眼，用前臂夹住兔体，手置于兔的股后部支持体重。搬运中，保持舒适，使兔安定。

2. 错误的抱兔方法

（1）抓两耳　兔耳神经、血管密布，极易受伤；耳是软骨不能承悬全身重量，受刺激后挣扎易损伤耳、颈、腰。

（2）抓后肢　倒提悬空，导致极度恐惧，拼命挣扎，常导致后肢骨折，腰、颈损伤，脑充血。

（3）抓腰部　损伤皮下组织，使腹部紧张，损伤腰部及内脏，甚至伤及肋弓。有时会造成孕兔流产。

注意事项：家兔是小型草食动物，性情温顺，不攻击人，但行动敏捷，被毛光滑，具有防御天性，也会用牙和爪进行防卫，稍有不慎，会被兔抓伤或咬伤。家兔胆小怕惊，在捕捉、搬运和保定时会挣扎，方法不当，易造成兔和人的损伤。

（二）保定技术

1. 徒手保定法

（1）仰卧保定　一手抓起两耳及肩部皮肤，另一手抓住臀部皮肤和尾巴，使腹部向上。适用于眼、腹、乳房、四肢的检查。

（2）俯卧保定　与徒手搬运兔的抱兔方法相似，将兔的口、鼻从上臂部露出。适用于口、鼻的采样。

（3）侧卧保定　一手抓住两耳及颈肩部皮肤，一手捉住两后肢跗部，两手拉紧，将兔侧卧保定在台上（图5-1）。

2. 器械保定法

（1）包布保定　用边长1m的正方形或正三角形包布，其中一角缝上两根30~40cm长的带子。把包布展开，将兔的身体置包布中心，把包布折起，包裹兔体，露出兔耳及头部，最后用带子围绕兔的身体并打结固定。适用于头部检查、胃管投药、耳缘静脉注射、经口给药等。

（2）手术台保定　四肢分开，仰卧于手术台上，分别固定兔头和四肢。适用于兔的阉割术、乳房疾病治疗及腹部手术等。

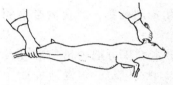

5-1　侧卧保定法

5-2　台架保定法

（3）保定筒、保定箱保定　保定筒分为筒身和前套两个部分，将兔从筒身后部塞入，兔头在筒身前部口露出时，迅速抓住两耳，将前套推进筒身，两者合拢卡住兔颈。保定箱分为箱体和箱盖两部分，箱盖上挖有一个半圆形缺口，将兔放入箱内，拉出兔头，盖上箱盖，使兔头卡在箱外。适用于头部疾病、耳缘静脉注射及内服药物。

（4）台架保定　台架的式样、大小与猫的台架相似，夹颈孔的位置略低于猫的台架夹颈孔（图5-2）。

3. 化学保定法

主要是应用镇静剂和肌松剂，如静松灵、速眠新、戊巴比妥钠等使家兔安静。

二、给药技术

（一）口服给药

1. 自由采食法

适用于毒性小、适口性好、无不良异味的药物，或兔患病较轻、尚有食欲或饮欲时。

（1）方法　把粉剂或水剂药物加入饲料或饮水中，让其自行采食。

（2）注意事项　药物必须均匀地混于饲料或饮水中。本法多用于大群预防性给药或驱虫。

2. 灌服法

适用于药量小、有异味的片（丸）剂药物，或食欲废绝的病兔。

（1）方法　经口灌药时，如果是水剂，可把少量药液吸入到注射器中，把注射器（针头取掉）伸入口角，缓慢地推动注射器活塞，注入药液，使病兔自行吞咽；对于片剂药物，要先研成粉状，把药物放入匙柄内（汤匙倒执），一手抓住耳部及颈部皮肤把兔提起，另一手执汤勺从一侧口角把药放入嘴内，取出汤勺，让兔只自由咀嚼后再把兔放下。如果药量较多，药物放入嘴内后再灌少量饮水。

（2）注意事项　灌服药时要观察兔只吞咽与否，不能强行灌服，否则易灌入气管内，造成异物性肺炎。

3. 胃管给药法

一些有异味、毒性较大的药品或病兔拒食时采用此法。

（1）方法　首先做好保定并用开口器控制口腔活动。简单的方法是在家兔门齿后缘放置一块宽约2cm、中央带有一个直径约为0.6cm孔的小木板，使口腔张开。然后把涂上润滑油的胃管（可使用婴儿用8号鼻饲管或人用导尿管）通过木板上小孔，小心地向着口腔咽部插入，直到引起吞咽反射时，再及时把胃管插入食管，并继续插到胃内。借助呼吸运动时空气相应通过的状况而判定胃管是否真正到达胃中。在导管的游离端接上注射器，注入药液，最后用水冲净。为了避免管内剩余的水流入而造成可能的误咽，当抽出导管时，空注射器仍应连在上面。胶囊或丸剂还可用小动物投药枪投入。

（2）注意事项 插入正确时，兔不挣扎，无呼吸困难表现；或者将胃管一端插入水中，未见有气泡冒出，即表明导管已插入胃内，此时将药液灌入。如误入气管，则应迅速拔出重插，否则会造成异物性肺炎，甚至造成兔只的死亡。

（二）注射给药

1. 皮下注射

主要用于疫苗注射和无刺激性或刺激性较小的药物。

（1）注射部位 多在耳根后的颈部皮肤处。

（2）注射方法 注射部位用70%酒精棉球消毒后，用左手拇指和食指将皮肤提起，使成皱褶，右手持注射器几乎与兔的身体保持水平，将针头迅速刺入皮下约1.5cm，缓慢地将药液注射进去。注射完毕后，将针头拔出，用酒精棉球按压消毒片刻。

（3）注意事项 宜用短针头，以防刺入肌肉内。如果注射正确，可见局部皮肤稍微隆起。

2. 肌内注射

适用于多种药物，但不适用于强刺激性药物（如氯化钙等）。

（1）注射部位 多选在臀肌和大腿部肌肉。

（2）注射方法 注射部位用70%酒精棉球消毒后，用左手固定注射部位的皮肤，右手持注射器，使针头与皮肤呈45°～60°角，迅速刺入1～2cm深度，回抽注射器无回血后，慢慢注入药液。注射完毕后，将针头拔出，用酒精棉球按压消毒片刻。

（3）注意事项 一定要保定好兔只，防止乱动，以免针头在肌肉内移动伤到大血管、神经和骨骼；当针头刺入后，要稍微回抽，如无回血才能注射，否则针尖部位应适当调整。

3. 静脉注射

刺激性强、不宜做皮下或肌内注射的药物，或多用于病情严重时补液。

（1）注射部位　一般在耳缘静脉进行，也有的采用头静脉。

（2）注射方法　将兔只保定确实，耳部的注射部位除毛，用70%酒精棉球消毒后，准备做无菌注射。注射者用左手拇指与无名指及小指相对，捏住兔的耳尖部，以食指和中指夹住并压迫静脉向心端，使其充血怒张。静脉不明显时，可用手指弹击耳壳数下，或用酒精棉球反复涂擦刺激静脉处皮肤。将针头以15°角刺入血管，然后使针头与血管平行向血管内送入适当深度，回抽活塞见血，推药无阻力，皮肤不隆起，为静脉刺入正确，缓慢注射药物。注射完毕，拔出针头，用酒精棉球按压注射部位1~2分钟，以免出血。

（3）注意事项　一定要排净注射器内的气泡，否则会因栓塞而造成死亡；第一次注射，先从耳尖部分开始，渐次向耳根部分移动，就不会因初次注射而造成血管损伤或阻塞，而影响以后的注射；油类药剂不能静脉注射；注射钙剂时注射速度要慢；药量多时要加温；如发现耳壳皮下隆起小泡，或感觉注射有阻力，则说明没有注入血管内，应拔出针头，重新注射。

4. 腹腔注射

多在静脉注射困难或肉兔心力衰竭时选用。

（1）注射部位　部位选在脐部后方、偏离腹中线左侧3mm的腹底壁处。

（2）注射方法　注射部位剪毛后，消毒，抬高家兔的后躯，向着脊柱方向，针头与腹壁呈60°角，刺入腹腔。回抽活塞不见气泡、液体、血液和肠内容物后注入药液。刺入不宜过深，以免伤到内脏。怀疑肝脏、肾脏或脾脏肿大时，注射要特别小心，防止刺伤这些器官。

（3）注意事项　注射最好是在肉兔的胃和膀胱空虚时进行；1次补液量一般为50~300ml，但药液不能有较强的刺激性；针头长度一般以 2.5cm 为宜；药液温度应与兔体温相近。

（三）灌肠给药

适用于发生便秘、毛球病等，有时口服给药的效果不好时，可选用灌肠给药。

（1）方法　一人将兔在桌上蹲卧保定，或侧卧保定，提起尾巴，露出肛门。另一人用一条口径适中的橡皮管（可用人用导尿管），在前端涂上润滑剂，缓慢地插入肛门，到达一定深度约 7 ~ 10cm 时，把吸有药液的注射器与导管接上，把药液注入直肠内。药液完全灌注后，拔出橡皮管，捏住肛门 5 分钟左右，然后放开，任其自然排便。

（2）灌肠目的　灌肠的目的不同，有时是为了排出粪便，有时是为了取得其他治疗效果，如营养灌肠、麻醉灌肠等，这时候药液要在肠内保留吸收，所以需用少量溶液并采取低压力缓慢法注入。

（3）注意事项　药液温度应接近兔体温。

（四）体外给药

即将药物用于体表皮肤和黏膜等，常用于患部的清洗、消毒和杀虫等，以防治局部感染性疾病和外寄生虫病。通常可分为以下几种用药方法：清洗、点眼、涂擦、喷洒、药浴。

（1）清洗　是将药物配制成适当浓度的水溶液，用来清洗眼睛、鼻腔、口腔、阴道和耳道等处的黏膜或皮肤患部及创面。操作时，适当保定兔，用注射器、洗疮器或吸液球等吸取药液冲洗局部即可，也可用镊子夹持棉球、敷料块等蘸取药液擦洗局部。常用的药物有生理盐水、0.1% 高锰酸钾溶液、0.1% 新洁尔灭溶液、0.3% ~ 1% 过氧化氢溶液（双氧水）等。

（2）点眼　即将眼药水或眼药混悬液等挤（或滴）入眼结膜囊内。主要用于治疗结膜炎、角膜炎、白内障等眼病。操作时令助手保定好兔，使头稍偏斜，患眼朝上；操作者一手提起偏内眼角处的上眼睑或皮肤，另一手将药物点入眼睑与眼球之间或瞬膜与眼球之间，随后使眼睑闭合，轻轻活动上下眼睑，使药物在眼内均匀分布。眼药水滴入后不要立即松开右手，否则药液会被挤压并经鼻泪管开口而流失。点眼的次数一般每隔 2～4 小时 1 次。

（3）涂擦　就是将某种药膏或溶液剂均匀涂抹于患部皮肤、黏膜或创面上。主要用于治疗皮肤或黏膜的各种炎症、损伤、局部感染及疥癣、毛癣菌等。

（4）喷撒（洒）　是将某些喷剂或粉剂喷洒或撒布于患部皮肤、黏膜或创面上。除用于治疗局部炎症、损伤、感染及疥癣外，还用于防治兔虱、跳蚤、疥螨、蜱等体外寄生虫病。

（5）药浴　是将某些药物配制成一定浓度的溶液或混悬液，将兔浸入其中片刻，或用其给兔洗浴。该方法主要用于防治兔的各种体表或体外寄生虫病。药浴时应注意使全身被毛均匀浸透，但要避免使药液进入眼睛内或耳朵内，进入后应及时冲洗或吸干。天气较凉时还应注意保暖，使兔子身体尽快干燥，防止感冒。更要预防兔子饮用药液。

第三章

兔场兽医用药

第一节 兔的用药特点

在单胃动物中，兔盲肠的容积最大。在庞大的盲肠内，微生物对食物残渣进行消化，同时，盲肠为微生物的活动提供适宜的条件。初生仔兔在未吃奶前，胃肠道内无菌，吃奶而没有睁眼的兔胃肠道内的细菌很少。仔兔睁眼后，盲肠和结肠开始出现大量的微生物。兔盲肠内环境与反刍动物瘤胃有十分相似之处，有利于微生物的活动。兔肠道中的微生物区系对大部分抗生素都很敏感，如果饲喂抗生素，微生物区系将被改变，有利于大肠杆菌和梭菌的繁殖，产生对肠道内壁有害的毒素，最终导致肠炎和肠源性毒血症等。导致副作用的抗生素包括林可霉素、氨苄西林、普鲁卡因青霉素、头孢菌素Ⅳ、红霉素、氯林可霉素、泰乐菌素和甲硝唑等。但土霉素例外，它们被当作促生长剂使用，磺胺类药物被用来控制球虫病。任何情况下都不能用莫能菌素饲喂兔子，就算莫能菌素浓度再低，对兔子的毒性也很大。为维持兔的胃肠道微生物区系正常，可以使用一些有益菌来预防和控制胃肠道疾病。

第二节 兔场兽医用药基本知识

一、药物与毒物的概念

（一）药物

药物是指用于预防、治疗、诊断疾病，或者有目的地调节生理机能的物质。应用于动物的药物统称为兽药。主要包括血清制品、疫苗、诊断制品、微生态制剂、中药材、中成药、化学药品、抗生素、生化药品、放射性药品及外用杀虫剂、消毒剂等。兽药的使用对象为家畜、家禽、宠物、野生动物、水产动物、蜂和蚕等。

（二）毒物

毒物是指对动物机体产生损害作用的物质。药物超过一定剂量或用法不当，对动物能产生毒害作用，所以在药物与毒物之间并没有绝对的界限，它们的区别仅在于剂量的差别。药物长期使用或剂量过大，有可能成为毒物。

二、药物的制剂与剂型

（一）药物的制剂

根据药典、药品规范或处方手册等收载的处方制成具有一定浓度和规格的便于使用的制品，称为制剂。如片剂中的恩诺沙星片、注射剂中的注射用青霉素钠等。

（二）药物的剂型

药物原料来自植物、动物、矿物、化学合成和生物合成等，这些药物原料一般均不能直接用于动物疾病的治疗或预防，必须进行加工制成安全、稳定和便于应用的形式，称为药物剂型。兽医临诊常用的兽药剂型一般分为液体剂型、半固体剂型和固体剂型三类。

三、兽用处方药与兽用非处方药

为保障用药安全和动物性食品安全，实行兽用处方药和非处方药分类管理制度。

（一）兽用处方药

是指凭兽医的处方才能购买和使用的兽药。因此，未经兽医开具处方，任何人不得销售、购买和使用兽用处方药。

（二）兽用非处方药

是指由国务院兽医行政管理部门公布的、不需要凭兽医处方就可以自行购买并按照说明书使用的兽药。

对兽用处方药和兽用非处方药的标签和说明书，管理部门有特殊的要求和规定。通过兽医开具处方后购买和使用兽药，可以防止滥用兽药（特别是抗生素和合成抗菌药），避免或减少动物性食品中的兽药残留问题，达到保障动物用药规范、安全有效的目的。

四、药物的用药剂量

药物剂量可以按成年动物个体的用量来表示。有些药物也常按动物每千克体重来表示，临用时需要根据动物体重来计算。除了动物体重、病情外，动物的种类、年龄、给药途径对药物用量有很大影响。一般可参考表2-1、表2-2折算酌定剂量。

表2-1 不同年龄兔用药剂量比例

兔年龄	药物剂量比例	兔年龄	药物剂量比例
6月龄以上	i	1~3月龄	1/4~1/3
3~6月龄	1/3~1/2	1月龄以下	1/16~1/9

表2-2 不同给药途径用药剂量比例

给药途径	药物剂量比例	给药途径	药物剂量比例
口服	1	静脉注射	1/4 ~ 1/3
皮下或肌内注射	1/3 ~ 1/2	直肠给药	1.5 ~ 2

兔病用药与人病用药有许多相似之处，确定肉兔药物用量时和人病用药一样，一般按体重计算。肉兔体重是人体重的1/20。理论上说用药量也应该是人用药量的1/20，但肉兔是草食动物，实际上口服药物的剂量应适当大一些。如果以成年人用药量为1，则肉兔口服药量为1/6 ~ 1/3。

五、药物剂量的计量单位

一般固体药物用重量表示，液体药物用容量表示。中西药物剂量的计量单位见表2-3。

表2-3 药物剂量的计量单位

类别	单位及表示方法	说明
重量单位	千克、克、毫克、微克：为固体、半固体剂型药物的常用剂量单位。其中以"克"作为基本单位或主单位	1kg = 1 000g； 1g = 1 000mg； 1mg = 1 000μg
容量单位	升、毫升：为液体剂型药物的常用剂量单位。其中以"毫升"作为基本单位或主单位	1L = 1 000ml
浓度单位	100份液体或固体物质中所含药物的份数	100ml溶液中含有药物若干克（g/100ml） 100g制剂中含有药物若干克（g/100g） 100ml溶液中含有药物若干ml（ml/100ml）
比例浓度	1:x：指1g固体中或1ml液体药物加溶剂配成xml溶液。如1:2 000的洗必泰溶液	如溶剂的种类未指明时，都是指的蒸馏水

（续表）

类别	单位及表示方法	说明
其他	单位、国际单位：有些抗生素、激素、维生素、抗毒素（抗毒血清）、疫苗等的常用剂量单位	这些药物需经生物检定其作用强弱，同时与标准品比较，以确定检品药物一定量中含有多少效价单位。凡是按国际协议的标准检品测得的效价单位，均称为国际单位

六、用药次数与间隔

少数药物一次用药即可达到治疗目的，如泻药、麻醉药。但对多数药物来说，必须重复给药才能奏效。为了维持药物在体内的有效浓度，获得疗效，而同时又不致出现毒性反应，就需要注意给药次数与重复给药的间隔时间。大多数普通药，1日可给药2~3次，直至达到治疗目的。抗菌药物必须在一定期限内连续给药，这个期限称为疗程。例如，磺胺类药物一般以3~4天为一个疗程。各种药物重复给药的间隔时间不同，需要参考药物的半衰期而定。当一个疗程不能奏效时，应分析原因，决定是否再用一个疗程，或是改变方案，更换药物。毒性大的药物如某些寄生虫药，往往短时间内只用药一两次，再重复给药需经数日、数周甚至更长时间。"休药期"是指畜禽停止给药到允许屠宰或允许它们的产品（乳、蛋）上市的间隔时间。规定休药期是为了避免畜禽产品中药物的超量残留危害食用者的健康。

第三节　药物的合理使用

一、合理用药

（一）合理用药的含义

合理用药是指以现代的、系统的医药知识，在了解疾病和药物的基础上，安全、有效、适时、简便、经济地使用药物，以达到最大疗效和最小的不良反应。

（二）合理用药的基本原则

（1）正确的诊断和明确的用药指征　任何药物合理应用的先决条件是正确的诊断，对动物发病的原因、病理学过程要有充分的了解，才能对因、对症用药，否则非但无益，还可能影响诊断，耽误疾病的治疗。每种疾病都有其特定的病理学过程和临诊症状，用药必须对症下药。例如动物腹泻可由多种原因引起，细菌、病毒、原虫等均可引起腹泻，有些腹泻还可能由于饲养管理不当引起，所以不能凡是腹泻都使用抗菌药，首先要做出正确的诊断，要针对患病动物的具体疾病指征，选用药效可靠、安全、给药方便、价廉易得的药物。反对滥用药物，尤其不能滥用抗菌药物。

（2）熟悉药物在靶动物的药动学特征　药物的作用或效应，取决于作用靶位的浓度，每种药物有其特定的药动学特征，只有熟悉药物在靶动物的药动学特征及其影响因素，才能做到正确选药并制定合理的给药方案，达到预期的治疗效果。

（3）预期药物的治疗作用与不良反应　临诊使用药物防治疾病时，可能产生多种药理效应，大多数药物在发挥治疗作用的同时，都存在程度不同的不良反应，这就是药物作用的两重性。合理的用药必须根据病理过程的需要，结合药物的药动学、药效学特征，发挥药物的最佳疗效，一般药物的疗效是可以预期的。同样，药物的不良反应如一般的副作用和毒性反应也是可预期的，药物在发挥治疗作用的同时就会产生，应该把不良反应尽量减少或消除。例如，反刍动物用赛拉嗪后可产生大量的唾液分泌，因此要做好必要的预防措施，用药前可使用阿托品抑制唾液分泌。但阿托品在发挥抑制唾液分泌的治疗作用同时，又可产生抑制胃肠蠕动的副作用，由于胃蠕动停止可引起瘤胃臌胀，因此需预先给制酵药防止发酵。当然，有些不良反应如变态反应、特异性反应等不可预期的，可根据患病动物反应的情况，采取必要的防治措施。

（4）制定合理的给药方案 给药方案包括给药剂量、途径、频率（间隔时间）和疗程。在确定治疗药物后，首先确定用药剂量，一般按《中华人民共和国兽药典兽药使用指南（化学药品卷)》规定的剂量用药，兽医师可根据患病动物情况在规定范围内作必要的调整。剂量的频率是由药物的药动学、药效学和经证实的药物维持有效作用的时间决定的，每种药物或制剂有其特定的作用时间。药物的给药途径主要决定于制剂。但是，选择给药途径还受疾病类型、程度和用药目的的限制，如利多卡因在非静脉注射给药时，对控制室性心律不齐是无效的。多数疾病必须反复多次给药一定时期才能达到治疗效果，不能在动物体温下降或病情好转时就停止给药，这样往往会引起疾病复发或诱导产生耐药性，给后来的治疗带来更大的困难，其危害是十分严重的。

（5）合理的联合用药 两种以上药物在同一时间里合用可以不互相影响，但是在许多情况下两药合用总有一药或两药作用受到影响，其结果可能有：比预期的作用更强（协同作用）；减弱一药或两药的作用（颉颃作用）；产生意外的毒性反应。药物的相互作用，可发生在药物吸收前、体内转运过程、生化转化过程及排泄过程中。当两药互相无影响时，其合用后的药物作用可以预知，不会有问题。若存在相互作用则应注意利用协同作用提高疗效，尽量避免出现颉颃作用或产生毒性反应。在确定诊断以后，兽医师的任务就是选择最有效、安全的药物进行治疗。一般情况下，应避免同时使用多种药物（尤其是抗菌药物），因为多种药物治疗极大地增加了药物相互作用的概率，也给患病动物增加了危险。除了具有确实的协同作用的联合用药外，要慎重使用固定剂量的联合用药（如某些复方制剂），因为它使兽医师失去了根据动物病情需要去调整药物剂量的机会。

（6）正确处理对因治疗与对症治疗的关系　一般用药首先要考虑对因治疗，但也要重视对症治疗，两者巧妙地结合将能取得更好的疗效。我国传统中医理论对此有精辟的论述："治病必求其本，急则治其标，缓则治其本"。

（7）避免动物源性食品中的兽药残留　食品动物用药后，药物的原形或其代谢产物和有关杂质可能蓄积、残存在动物的组织、器官或食用产品（如蛋、奶）中，这样便造成了兽药在动物性食品中的残留（简称兽药残留）。兽药残留对人类的潜在危害作用正在被逐步认识，把兽药残留减到最低限度直到消除，保证动物性食品的安全，是兽医师用药应该遵循的重要原则。

①做好使用兽药的登记工作。避免兽药残留必须从源头抓起，严格执行兽药使用的登记制度，兽医师及养殖人员必须对使用兽药的品种、剂型、剂量、给药途径、疗程或添加时间等进行登记，以备检查。

②严格遵守休药期规定。根据调查，兽药残留产生的主要原因是没有遵守休药期的规定，所以，严格执行休药期规定是减少兽药残留的关键措施。使用兽药必须遵守《兽药使用指南》的有关规定，严格执行休药期，以保证动物性产品没有兽药残留超标。

③避免标签外用药。药物的标签外应用，是指在标签说明以外的任何应用，包括种属、适应证、给药途径、剂量和疗程。一般情况下，食品动物禁止标签外用药，因为任何标签外用药均可能改变药物在体内的动力学过程，使食品动物出现药物残留。在某些特殊情况下需要标签外用药时，必须采取适当的措施避免动物产品的兽药残留，兽医师应熟悉药物在动物体内的组织分布和消除的资料，采取超长的休药期，以保证消费者的安全。

④严禁非法使用违禁药物。为了保证动物性产品的安全，近

年来，各国都对食品动物禁用药物品种作了明确的规定，我国兽药管理部门也规定了禁用药物清单。兽医师和食品动物饲养场均应严格执行这些规定。

二、抗微生物药物的合理使用

（一）抗微生物药物

抗微生物药物是指对细菌、真菌、支原体和病毒等病原微生物具有抑制或杀灭作用的化学物质，包括抗生素和化学合成抗菌药。

1. 抗生素的分类

（1）主要作用于革兰氏阳性菌的抗生素

①青霉素类。青霉素G、氨苄青霉素钠、阿莫西林等。

②头孢菌素类（先锋霉素类）。头孢氨苄、头孢噻吩等。

③β-内酰胺类（β-内酰胺酶抑制剂）。如克拉维酸、硫霉素等。

④大环内酯类。如红霉素、泰乐菌素等。

（2）主要作用于革兰氏阴性菌的抗生素

①氨基糖苷类。链霉素、庆大霉素、卡那霉素、新霉素等。

②多黏菌素类。多黏菌素B、多黏菌素E等。

（3）广谱抗生素 四环素类。广谱抗菌素抗菌谱广，对革兰氏阳性菌和阴性菌有效；对支原体、螺旋体、立克次氏体和某些原虫有效。小剂量抑菌，大剂量杀菌。

2. 化学合成抗菌药

（1）磺胺药和抗菌增效剂

①磺胺药。优点是高效、长效、低毒，与抗菌增效剂合用，能扩大抗菌范围，提高磺胺药的疗效。作用机理是通过干扰细菌的叶酸代谢起抑菌作用。

②抗菌增效剂。抗菌谱与磺胺药相似，抗菌作用较强，能增

强磺胺药和多种抗生素的疗效，抗菌增效剂由此得名。与磺胺药合用使磺胺药的抗菌效力增强几倍乃至几十倍，由抑菌作用变为杀菌作用；能扩大磺胺药的抗菌范围（对磺胺药产生耐药性的菌株也有效）。抗菌增效剂与四环素、青霉素、庆大霉素、卡那霉素等合用，也有增效作用。

（2）喹诺酮类 喹诺酮类药物是一类人工合成的抗菌药，是近年来研究开发的新领域。作用机理是抑制细菌 DNA 回旋酶，干扰细菌 DNA 的合成。

①第一代产品。萘啶酸，其抗菌作用仅限于大多数肠杆菌科细菌。

②第二代产品。吡哌酸，对革兰氏阴性菌的活性高于萘啶酸，抗菌作用强于氨苄青霉素，对金黄色葡萄球菌也有效，且与庆大霉素、氨苄青霉素、青霉素 G 有协同作用。

③第三代产品。氟喹诺酮类，主要有诺氟沙星、培氟沙星、环丙沙星、恩诺沙星、氧氟沙星、诺美沙星、单诺沙星等。它们对大多数肠杆菌科细菌、绿脓杆菌、革兰氏阳性菌等有较强的抗菌作用。具有抗菌谱广，杀菌力强，与其他抗菌药无交叉耐药性，具有疗效高、不良反应少等优点。

（3）其他合成抗菌药

①硝基呋喃类。主要是痢特灵。本类药是人工合成的广谱抗菌药，对大多数革兰氏阳性菌和革兰氏阴性菌、某些真菌和原虫均有效，低浓度抑菌，高浓度杀菌。其抗菌作用是干扰细菌体内的氧化还原酶系统，使细菌代谢紊乱。痢特灵有基因毒性，国家已禁用。

②喹噁啉类。本类药是人工合成的新型抗菌药，抗菌谱广。其抗菌机理可能与抑制细菌的 DNA 合成有关。常使用的药物有喹乙醇、痢菌净（乙酰甲喹）。

（二）常用抗微生物药物的合理使用

①青霉素类与氨基糖苷类有协同作用，但剂量要基本平衡；与四环素类、磺胺类、大环内酯类有颉颃作用；青霉素不可内服，因易被胃酸破坏；青霉素忌青贮饲料、酒糟（酸性太强）。

②氨基糖苷类与青霉素类有协同作用；TMP 可增强本品的作用，与 DVD 配伍比 TMP 好一些；与多黏菌素类、其他氨基糖苷类有颉颃作用；脱水、肾肿时慎用；硫酸新霉素不可注射给药，肌内注射链霉素易造成肉兔休克；链霉素忌青贮饲料、酒糟（酸性太强）；庆大霉素与碳酸氢钠联用，碳酸氢钠碱化尿液使庆大霉素毒性增加。

③四环素类与同类药、非同类药（泰妙菌素、泰乐菌素）有协同作用；TMP 可增强本品的作用；四环素与庆大霉素合用可增强对绿脓杆菌的杀灭作用；适量硫酸钠（1∶1）有利于本品的吸收；含有较多钙和镁的饲料，如黄豆、黑豆、饼粕、石粉、骨粉、贝壳粉、石膏等不利于本品吸收；含三价离子的配合饲料不利于本品的吸收；碱性电解质不利于本品吸收。

④硫氰酸红霉素与 SM_2（或 SD、SMM）、TMP 的复方制剂比泰乐菌素的复方制剂效果好；碳酸氢钠有利于本品吸收；与林可霉素、四环素有颉颃作用。

⑤林可霉素口服补液盐、适量维生素可减少本品副作用；与四环素或诺氟沙星有协同作用。

⑥磺胺类与 TMP、DVD 有协同作用，与土霉素有协同作用；碱性电解质可减少肾毒性；与酸性药物、普鲁卡因、氯化铵有颉颃作用；与青霉素类有颉颃作用；忌含硫的饲料添加剂，如人工盐、硫酸镁、硫酸钠、石膏等加重磺胺类药物对血液的毒性。

⑦喹诺酮类与青霉素类、氨基糖苷类、TMP、林可霉素有协同作用；与利福平、氨茶碱有颉颃作用；配合饲料干扰本品吸收。

三、抗寄生虫药物的合理使用

抗寄生虫药是指能驱除、杀灭寄生虫或抑制动物体内外寄生虫的生长和繁殖的药物。

（一）抗寄生虫药的分类

根据药物抗虫作用和寄生虫分类，可以将抗寄生虫药分为抗蠕虫药、抗原虫药和杀虫药。

（1）抗蠕虫药　抗蠕虫药是指对动物寄生的蠕虫有驱除、杀灭或抑制活性的药物。根据寄生于动物体内蠕虫的种类，抗蠕虫药又可分为抗线虫药、抗吸虫药、抗绦虫药和抗血吸虫药，但这种分法也是相对的。有些药物兼有多种作用，如吡喹酮具有抗绦虫和抗吸虫作用，苯丙咪唑类具有抗线虫、抗吸虫和抗绦虫作用。

（2）抗原虫药　畜禽原虫病是由单细胞原生动物所引起的一类寄生虫病。此类疾病以鸡、兔、牛和羊的球虫病危害最大，不仅流行广，而且还可以造成大批畜禽死亡；其次，还有锥虫病和梨形虫病。根据原虫的种类，抗原虫药可分为抗球虫药、抗锥虫药、抗梨形虫药。

（3）杀虫药　杀虫药系指能杀灭节肢昆虫，主要是螨、蜱、虱、蚤、蝇、蚊等体外寄生虫，从而防治由这些体外寄生虫所引起的畜禽皮肤病的一类药物。国内目前应用的主要是有机磷类、拟除虫菊酯及其他杀虫药等。另外，阿维菌素类近来亦广泛用于驱除动物体表寄生虫。

（二）合理使用抗球虫药

在肉兔寄生虫病中危害最大的是球虫病，所以重点注意抗球虫药的合理使用。具体见表2－4。

表 2 - 4　抗球虫药及其使用方法一览表

类别	药名	使用方法浓度（mg/kg）	用法	停药期（天）	备注
离子载体类	莫能菌素	100~120	混饲	3	不与磺胺类及赤霉素合用
	拉沙菌素	75~125	混饲	3	
	盐霉素	50~60	混饲	5	
	那拉霉素	50~70	混饲		
	马杜拉霉素	5	混饲	5	
	塞杜霉素	25	混饲		
	海南霉素钠	5~7.5	混饲	7	
磺胺类	磺胺喹噁啉钠	150~250	饮水	10	与 TMP、DVD 合用
	磺胺二甲氧嘧啶	125	饮水 6 天	5	
	磺胺氯吡嗪钠	300	饮水 3 天	4	
	磺胺六甲氧嘧啶	125	混饲		
酰胺类	球痢灵	125~250	混饲	0~5	有抑制生长作用
吡啶类	氯羟吡啶	125~250	混饲	7	
喹啉类	丁氧喹啉	82.5	混饲	0	
	乙羟喹啉	30	混饲	0	
	甲苄氧喹啉	20	混饲	0	
胍类	氯苯胍	30~60	混饲	7	
抗硫胺素类	盐酸氨丙啉	100~250	饮水	7	
抗硫胺类	二甲硫胺	62	混饲	3	
均苯脲类	尼卡巴嗪	125	混饲	9	25g 尼卡巴嗪 + 1.6g 乙氧酰胺苯甲酯
均三嗪类	地克珠利	1/0.5	混饲/饮水		
	妥曲珠利	25	饮水	8	
植物碱类	常山酮	3	混饲	5	

四、禁用药物

为了保证我国出口兔肉的卫生质量和食用安全，促进兔肉出口，国家质量监督检验检疫总局和对外贸易经济合作部根据《中国动物及动物源食品中残留物监控计划》的有关规定，发布了出口兔肉《禁用药物名录（List of Drugs prohibited）》。要求所有出口企业所属养殖场在饲养肉兔过程中严格按照《禁用药物名录》执行用药，严禁使用禁用药物。

（一）兽药类（Animal Drugs）

（1）己烯雌酚及其衍生物，二苯乙烯类　如己烯雌酚。

Stilbenes and its derivatives：Diethylstibestrol.

（2）甲状腺抑制剂类　如甲巯咪唑。

Antithyroid agents：Thiamazole.

（3）类固醇激素类　如雌二醇、睾酮、孕激素。

Steroid hormones：Oestrol，Testosterone，Progesterone.

（4）二羟基苯甲酸内酯类　如玉米赤霉醇。

Resorcyclic acid lactones：Zeranol.

（5）β-肾上腺激动剂　如克伦特罗、沙丁胺醇、西马特罗、特布他林、莱克多巴胺。

β-agonists：Clenbuterol，Salbutamol，Cimaterol，Terbutalline，Ractopamin.

（6）氨基甲酸酯类　如甲萘威。

Carbamates：Carbaryl.

（7）抗菌素类　二甲硝咪唑、呋喃唑酮、甲硝唑、洛硝达唑、氯霉素、泰乐菌素、杆菌肽。

Antibiotics：Dimetridazole，Furazolidone，Metronidazole，Ronidazole，Chloramphenicol，Tylosinum，Bacitracin.

（8）其他类　氯丙嗪、秋水仙碱、氨苯砜、二氯二甲吡啶

（氯羟吡啶）、磺胺喹噁啉。

Others：Chlorprornazine，Colchicine，Dapsone，Anticoccidials（Clopidol），Sulfaquinoxaline.

（二）农药（Pesticides）类

（1）有机氯类　六六六、滴滴涕、六氯苯、多氯联苯。

Ocs：BHC，DDT，Hexachlorobenzene，PCBs.

（2）有机磷类　二嗪农、皮蝇磷、毒死蜱、敌敌畏、敌百虫、蝇毒磷。

Ops：Diazinon，Fenchlorphos，Chlorpyrifos，Dichlorvos，Trichlorfon，Coumaphos.

五、肉兔饲养允许使用的药物和常备药物

（一）肉兔饲养允许使用的抗菌药、抗寄生虫药及使用规定

具体见表2-5。

表2-5　肉兔饲养允许使用的抗菌药、抗寄生虫药及使用规定

药品名称	作用与用途	用法与用量（用量以有效成分计）	休药期（天）
注射用氨苄西林钠	抗生素类药，用于治疗青霉素敏感的革兰氏阳性菌和革兰氏阴性菌感染	皮下注射，25mg/千克体重，2次/天	不少于14
注射用盐酸土霉素	抗生素类药，用于革兰氏阳性、阴性细菌和支原体感染	肌内注射，15mg/千克体重，2次/天	不少于14
注射用硫酸链霉素	抗生素类药，用于革兰氏阴性菌和结核杆菌感染	肌内注射，15mg/千克体重，1次/天	不少于14
硫酸庆大霉素注射液	抗生素类药，用于革兰氏阳性和阴性细菌感染	肌内注射，4mg/千克体重，1次/天	不少于14

（续表）

药品名称	作用与用途	用法与用量（用量以有效成分计）	休药期（天）
硫酸新霉素可溶性粉	抗生素类药，用于革兰氏阴性菌所致的胃肠道感染	饮水，200～800mg/L	不少于14
注射用硫酸卡那霉素	抗生素类药，用于败血症和泌尿道、呼吸道感染	肌内注射，一次量，15mg/千克体重，2次/天	不少于14
恩诺沙星注射液	抗菌药，用于防治兔的细菌性疾病	肌内注射，一次量，2.5mg/千克体重，1～2次/天，连用2～3天	不少于14
替米考星注射液	抗菌药，用于兔的呼吸道疾病	皮下注射，一次量，10mg/千克体重	不少于14
黄霉素预混剂	抗生素类药，用于促进兔生长	混饲，2～4g/吨饲料	0
盐酸氯苯胍片	抗寄生虫药，用于预防兔球虫病	内服，一次量，10～15mg/千克体重	7
盐酸氯苯胍预混剂	抗寄生虫药，用于预防兔球虫病	混饲，100～250g/吨饲料	7
拉沙洛西钠预混剂	抗寄生虫药，用于预防兔球虫病	混饲，113g/吨饲料	不少于14
伊维菌素注射液	抗生素类药，对线虫、昆虫和螨均有驱杀作用，用于治疗兔胃肠道各种寄生虫病和兔螨病	皮下注射，200～400微克/千克体重	28
地克珠利预混剂	抗寄生虫药，用于预防兔球虫病	混饲，2～5mg/吨饲料	不少于14

注：引自无公害食品肉兔饲养兽药使用准则（NY5130—2002）。

（二）肉兔饲养允许使用的常备药物

具体见表2-6。

表 2-6　肉兔饲养允许使用的常备药物

类别	药物名称	剂型	剂量	使用方法
青霉素类	氨苄青霉素	注射剂	每千克体重 50～100mg	肌内注射，3～4 次/天
		粉针剂	每千克体重 50～70mg/天	口服或混料，1 次/天
	阿莫西林	注射剂	每千克体重 50～100mg	肌内注射，3～4 次/天；慎用
		粉散剂	每千克体重 40～80mg	口服或混料，1 次/天；慎用
头孢类	头孢拉定	可溶性粉	每千克体重 25～50mg	口服，3～4 次/天
大环内酯类	5% 硫氰酸红霉素	可溶性粉	每升水 1～1.5g	饮水，1 次/天
	琥乙红霉素	粉散剂	每千克体重 15～25mg	口服，2 次/天
	罗红霉素	粉散剂	每千克体重 2.5～5mg	口服，2 次/天
	阿奇霉素	粉散剂	每千克体重 5～10mg	口服，1 次/天
林可胺洁霉素类	盐酸林可霉素	粉散剂	每千克体重 30～60mg/天	口服，分 1～2 次
	盐酸克林霉素	注射剂	每千克体重 25～40mg/天	肌内注射或静脉注射，分 2～4 次
		粉散剂	每千克体重 10～20mg/天	口服，分 1～2 次
	磷霉素钙	粉散剂	每千克体重 50～100mg/天	口服，分 1～2 次
氨基糖苷类	硫酸庆大霉素	注射剂	每千克体重 40mg	肌内注射，2 次/天
	硫酸阿米卡星（丁胺卡那霉素）	注射剂	每千克体重每天 4～8mg（4 000～8 000 单位）	肌内注射，分 1～2 次
	硫酸新霉素	粉散剂	每千克体重 25～50mg/天	口服，1～2 次
四环素类	盐酸多四环素	粉散剂	每千克体重 2.2～4.4mg	口服，1 次/天
	强力霉素	粉散剂	每千克体重 2mg	口服，2 次/天
	灰黄霉素	粉散剂	每千克体重 25～50mg	口服，1 次/天，连服 1～2 周
抗霉菌类	制霉菌素	粉散剂	成年兔，10 单位/次	口服，2 次/天
	达克宁	软膏	软膏	外用，涂于患处
	克霉唑	软膏	软膏	外用，涂于患处

家庭农场肉兔兽医手册

（续表）

类别	药物名称	剂型	剂量	使用方法
合成类	盐酸环丙沙星	粉散剂	每千克体重50mg	混饮
			每千克体重100mg	混饲
	恩诺沙星	粉散剂	每千克体重50mg	混饮
			每千克体重100mg	混饲
	盐酸左旋氧氟沙星	粉散剂	每千克体重50mg	混饮
			每千克体重100mg	混饲
	盐酸沙拉沙星	粉散剂	每千克体重50mg	混饮
			每千克体重100mg	混饲
磺胺类	磺胺嘧啶（SD）磺胺甲基异口恶唑	粉散剂 注射液	首次量：每千克体重0.2~0.3g，维持量减半	肌内注射、静脉注射或口服，2次/天，症状消失后再连用2~3天，应用时配小苏打
	磺胺二甲嘧啶 磺胺-5-甲氧嘧啶 磺胺-6-甲氧嘧啶	粉散剂 注射液	首次量：每千克体重0.1g，维持量减半	肌内注射、静脉注射或口服，2次/天，症状消失后再连用2~3天，应用时配小苏打
	复方新诺明 复方敌菌净	粉散剂	每千克体重25~30mg	口服，1~2次/天
	盐霉素	预混剂	每千克体重50~60mg	混饲；毒性强，搅拌均匀
	二硝托胺预混剂	预混剂	每吨饲料125g	混饲
	磺胺氯吡嗪钠	预混剂	每吨饲料600mg	混饲
	磺胺喹口恶啉钠	可溶性粉	每升水50~300mg	饮水，连续饮用不超过5天
抗球虫、寄生虫类	地克珠利	预混剂	每吨饲料1g	混饲，容易产生耐药性
	妥曲珠利溶液	溶液	每吨饲料10~15g	混饲，连用2天
	海南霉素	预混剂	每吨饲料5~7.5g	混饲
	丙硫苯咪唑	粉散剂	每千克体重10~20mg	1次口服
	盐酸左旋咪唑	粉散剂	每千克体重10~15mg	1次口服
	吡喹酮	粉散剂	每千克体重20~25mg	1次口服
	敌百虫	溶液	1%~2%水溶液	外用涂擦，1~2次/天
	伊维菌素	注射剂	每千克体重0.2mg	1次皮下注射或口服
	阿维菌素	注射剂	每千克体重0.2mg	1次皮下注射或口服

（续表）

类别		药物名称	剂型	剂量	使用方法
解热镇痛化痰激素类	解热镇痛类	扑热息痛	粉散剂	每千克体重 20~30mg/次	口服，2~3 次/天
		阿司匹林	粉散剂	每千克体重 60~100mg	口服，3 次/天
	化痰类	盐酸溴己新	粉散剂	每千克体重 6~12mg	口服，2 次/天
	激素类	醋酸地塞米松	注射剂	0.1~0.3ml/次	肌内注射，1 次/天
			粉散剂	0.25mg/次	口服，1 次/天
消毒类	环境、兔舍、用具、笼具消毒类	来苏尔	乳剂	3%~5% 水乳剂	地面、墙壁喷洒消毒
				5%~10% 水乳剂	兔排泄物消毒
		火碱	溶液	2%~4% 水溶液	兔舍、地面、墙壁、用具、车辆等消毒
		生石灰	分散剂	10%~20% 石灰乳	喷洒地面、墙壁、排泄物
		季铵盐	溶液	0.4%~0.8%	设备、房舍、手术器械、车辆消毒、人员喷雾或洗手、带兔消毒
		戊二醛	溶液	0.01% 水溶液	建筑物消毒
				0.15%~2% 水溶液	消毒器械等
		石炭酸	溶液	0.05%~1.0%	兔舍、非金属设备、消毒池
		次氯酸钠	粉散剂	0.3% 水溶液	带兔喷雾消毒
				1.5% 水溶液	地面、墙壁、用具消毒
		漂白粉	粉散剂	每升水 6~10g	混匀 30 分钟后，饮水
				10%~20% 水溶液	地面、墙壁、用具消毒
		高锰酸钾 + 福尔马林	粉散剂、溶液	7g：14ml/立方米	兔舍熏蒸消毒
		二氯异氰尿酸钠	粉散剂	1：400 水溶液	地面、笼具消毒
				1：3 000 水溶液	饮水
		过氧乙酸	溶液	0.05%~0.5% 水溶液	地面、兔舍消毒
器具消毒、清创类		高锰酸钾	粉散剂	0.1%~0.2% 水溶液	用具消毒或洗涤创口
注射部位消毒类		碘酊	溶液	2%~5%	注射部位消毒
		酒精	溶液	70%~75%	注射部位消毒

（续表）

类别		药物名称	剂型	剂量	使用方法
消毒类	皮肤、黏膜、创伤、五官炎症类	龙胆紫水溶液	溶液	1%～2%水溶液	皮肤、黏膜、化脓创消毒
		硼酸	溶液	2%～3%水溶液	眼睛、口腔、耳炎的冲洗
		新洁尔灭	溶液	0.01%～0.05%水溶液	冲洗黏膜、深部感染创和手的消毒
				0.1%水溶液	浸泡消毒器械
		洗必泰	溶液	0.05%水溶液	消毒手、皮肤、黏膜和冲洗创口
其他类	注射类	催产素注射液	注射剂	每千克体重2～3单位	1次皮下注射或肌内注射
		维生素 K_3 注射液	注射剂	每千克体重1ml	肌内注射，2次/天
		止血敏注射液	注射剂	每千克体重0.5ml	1次肌内注射
		复方氨基比林注射液	注射剂	每千克体重1.5～2ml	1次肌内注射
		柴胡注射液	注射剂	每千克体重1ml	1次肌内注射
		25%氯丙嗪注射液	注射剂	每千克体重0.12ml	1次肌内注射
		25%尼可刹米注射液	注射剂	成年兔0.5～1ml	1次静脉注射
		1%亚甲蓝注射液	注射剂	每千克体重2ml	1次静脉注射
		0.5%硫酸阿托品注射液	注射剂	每千克体重0.5ml	1次肌内注射
	口服类	液体石蜡	溶液	5～15ml/次	口服，1～2次/天
		口服补液盐	粉散剂	2～6g/次	口服，1～2次/天
		鱼肝油	溶液	1～2ml	口服，2次/天
		复合维生素B	粉散剂	10～20mg/次	口服，1次/天

第四节　药物的采购与保管

一、药物的采购

药物的采购主要考察以下4个内容。

第一，应选择"证照"齐全的生产厂家，尤其是必须有《营业执照》、《生产经营许可证》、《产品批准文号》、《GMP 证书》等资料，选择具有法人资格、管理水平高、产品质量优并稳定、信誉高、合法生产经营的生产厂家。

第二，产品包装完好，计量准确，符合兽药的质量标准，生产日期、质量到期时间准确无误，一般有效期为 2 年。

第三，标注的兽药名称、性状等是否吻合。

第四，特别要注意辨别药品的名称。一个药品可有通用名、化学名、商品名，但最常用的是通用名和商品名。对于一种药品，通用名是全世界通用的。也就是说，一种药品只对应一个通用名，而商品名因生产厂家不同而异。采购时，不能只记住商品名，还要学会并记住通用名。一般商品名在药品包装上最醒目，而通用名的字体较小。如果只记住商品名，当在使用不同的商品名药品时，可能会因不同商品名的同一药物而重复用药，造成药物中毒。首先，要记住药品的通用名，因为它是唯一的。在采购药品时，只需将药品的通用名说出即可。

二、药物的保管

药物的保管与药物的治疗关系极大。但往往被忽视，造成药物的变质、失效，贻误病情，甚至会引起意外发生。因此，在药物保管中必须根据药物的特性，做好分类存放，同时还要采取不同的保存方法。

易潮解的药物应放在密封口瓶内，放在干燥处保存；易光化的药物除密封外应置于有色瓶中，在暗处保存；易氧化的药物应防止与空气接触；不能置于常温下的药物，应置于冰箱、适宜的温度下保存。

使用药品时要注意药品的有效期，过期药品一般不宜继续使用。

第四章

兔场的防疫保健措施

第一节　疾病防疫保健的新理念

事业做得大小和发展的快慢，在很大程度上取决于理念。对于兔场的防控保健也是如此。有的兔场疾病很少，兽医天天闲得没有事做。药没多用，活没多干，钱没少赚；而有的兔场天天治病，兽医总是忙得治不过来。药没少买，兔没少死，劲没少费，就是钱没多赚，甚至还赔钱。区别何在？不同的理念。

经验和教训告诉我们：防重于治，平安无事；治重于防，买空药房。谷子林教授提出"防病不见病，见病不治病"的理念，可以贯彻健康养殖的精神，饲养健康兔群，提供绿色产品，保障人、兔安全。实现"防病不见病，见病不治病"的理念，应该从饲养管理入手，从重点疫病防控着眼，做好各项工作。

一、加强饲养管理

（一）饲养健康兔群

基础群的健康状况对安全生产至关重要。如果基础打不好，后患无穷。一般而言，应坚持自繁自养的原则，有计划有目的地从外地引种，进行血统的调剂。引种前必须对提供种兔的兔场进行周密地调查，对引进的种兔进行检疫。

（二）提供良好环境

良好的生活环境对于保持肉兔健康至关重要。比如在兔场建筑设计和布局方面应科学合理，清洁道和污染道不可混用和交叉，周围没有污染源；严格控制如温度、湿度、通风、有害气体等气象指标；避免噪声、其他动物的闯入和无关人员进入兔场。

（三）提供安全饲料，防止病从口入

有一个适宜的饲养标准；根据当地饲料资源，设计全价饲料配方，并经过反复筛选，确定最佳方案；严把饲料原料质量关，特别是防止购入发霉饲料，控制有毒性饲料用量（如棉籽饼类），避免使用有害饲料（如生豆粕），禁止饲喂有毒饲草（如龙葵）等；防止饲料在加工、晾晒、保存、运输和饲喂过程中发生营养的破坏和质量的变化，如日光暴晒造成维生素的破坏、贮存时间过长使营养流失、遭受风吹雨淋发生霉烂变质、被粪便或有毒有害物质污染等。除饲料的安全外，还要注意饮水的安全卫生，防止病从口入。

（四）制定合理的饲养管理程序

根据肉兔的生物学特性和本场实际情况，以兔为本，人员主动适应兔，合理安排饲养和管理程序，并形成固定模式，使饲养管理工作规范化、程序化、制度化。

（五）主动淘汰危险兔

原则上讲，兔场不治病，有了患病兔（主要是指病原微生物引起的传染病）立即淘汰。理论和实践都表明，淘汰 1 只危险兔（患有传染病的兔）远比治疗这只兔子的意义大得多。

二、注重疾病的防控

（一）定期检疫

除了对新引进的种兔严格检疫和隔离观察以外，兔群应有重点地定期检疫。如每半年进行 1 次对巴氏杆菌病检测（用0.25%～0.5%煌绿溶液滴鼻），每季度对全群进行疥癣病检疫和对皮肤病检查，每 2 个月进行一次伪结核的检查等。每 2 周对幼兔球虫病进行检测（一年四季检测都有必要），种兔配种前对生殖系统进行检查（主要检查梅毒、外阴炎、睾丸炎和子宫炎），母兔产仔后5天以后每天检查1次，此后每周进行1次乳房检查等。

（二）计划免疫

根据每个兔场的具体情况，确定免疫对象和制定免疫程序。兔场规模不同，饲养环境不同，防疫的项目也不一样（具体见本章下节的免疫接种）。

（三）定期消毒

消毒是综合防控措施中重要的环节，其目的是杀灭环境中的病原微生物，以彻底切断传播途径，防止疫病的发生和蔓延。兔场要建立严格的消毒制度。兔舍、兔笼及用具每季度进行1次大清扫、大消毒或在一批肉兔全部出场后进行。每次进行消毒时，先要彻底清扫污物，用清水冲洗干净，待干燥后进行消毒。在进行消毒时，要根据病原微生物的特性、被消毒物体的性能与经济价值等因素，合理选择消毒剂和消毒方法。平常每7～10天带兔喷雾消毒一次。全面消毒时，兔舍、兔笼清扫后，将粪便堆积发酵。地面用水冲洗干净，待干后用3%来苏尔、10%石灰乳或30%草木灰水洒在地面上。兔笼底板可浸泡在5%来苏尔溶液中消毒。兔笼可用喷雾消毒，要选用不同的消毒剂，用不同雾粒大小的喷雾器进行消毒。对环境、笼舍等喷雾消毒时，可选用0.05%百毒杀、1%～1.3%农福、0.3%～0.5%过氧乙酸等消毒剂。兔的食盆等用具可放在消毒池内用一定浓度的消毒剂（如5%来苏尔、1∶200杀特灵等）浸泡2小时左右，然后用清水刷洗干净，待用。木制或竹制兔笼及用具可用开水或2%～5%热碱水洗刷。顶棚或墙壁可用10%～20%的石灰乳刷白。金属物品最好用火焰喷灯消毒，为防止腐蚀，不得使用酸性或碱性消毒剂。兔场周围的地面消毒，可用10%～20%的石灰乳喷洒。

（四）药物预防

有些疾病目前还没有合适的疫苗，有针对性地进行药物预防是搞好防疫的有效措施之一。特别是在某些疫病的流行季节到来之前或流行初期，选用高效、安全、廉价的药物，添加在饲料中或饮水中服用，可在较短的时间内发挥作用，对全群进行有效地预防。或对肉兔的特殊时期（如母兔的产仔期）单独用药预防，可收到明显效果。药物预防的主要疾病为细菌性疾病和寄生虫病，如大肠杆菌病、沙门氏菌病、巴氏杆菌病、波氏杆菌病、葡萄球菌病、球虫病和疥癣等。

药物预防应注意药物的选择和用药程序。要有针对性地选择药物，最好做药敏试验，当使用某种药物效果不理想时应及时更换药物或采取其他方案。用药要科学，按疗程进行，既不可盲目大量用药，也不可长期用药或用药时间过短。每次用药都要有详细的记录登记，如记载药物名称、批号、剂量、方法、疗程。观察效果，对出现的异常现象和处理结果更应如实记录。

（五）定期驱虫

肉兔的体外寄生虫病主要有疥癣病、兔虱病；体内寄生虫病主要有球虫病、囊尾蚴病、栓尾线虫病等。而疥癣病和球虫病是预防的重点，其他寄生虫病在个别兔场零星发生也应引起注意。在没有发生疥癣病的兔场，每年定期驱虫 1～2 次即可；而曾经发生过疥癣病的兔场，应每季度驱虫一次。无论是什么样的饲养方式，球虫病必须预防，尤其是 6～8 月是预防的重点，但近年来有全年化的趋势。囊尾蚴病的传染途径主要是狗和猫等动物粪便对饲料和饮水的污染，控制养狗、养猫，或对其定期驱虫，防止其粪便污染即可降低囊尾蚴的感染率。线虫病每年春、秋两次进行普查驱虫，使用如苯丙咪唑、伊维菌素或阿维菌素广谱驱虫药物，可同时驱除线虫、绦虫、绦虫蚴及吸虫。

（六）隔离和尸体处理

在发生传染病时，要对兔群体实行隔离措施和科学处理尸体。

1. 隔离

隔离是指将病兔和可疑感染兔控制在与其他假定健康兔相对隔绝、利于防疫和管理的环境中，进行单独饲养、治疗、防疫处理的方法。这是控制传染病的重要而常用措施，其意义在于严格控制传染源，切断传播途径，防止传染病的蔓延。另一种隔离是指正常情况下对新引进兔的隔离，其目的是观察这些兔是否健康，以防把感染兔引入新的地区或兔群体，造成疫病传播和流行。隔离病兔防止肉兔继续受到传染，以便将疫情控制在最小范围内加以就地扑灭。在发生传染病时，要立即仔细检查所有的肉兔，根据肉兔的健康程度不同，可分为病兔、可疑感染兔和假定健康兔3类，区别对待。

（1）病兔 症状明显的肉兔，单独或集中饲养在偏僻、易于消毒的地方；病兔数目较多，可集中隔离在原来的兔笼舍里。特别注意严密消毒，加强卫生，专人饲养，加强护理、观察和治疗，饲养人员不得进入健康兔群体的兔笼舍。要固定所用的工具，注意对场所、用具的消毒，出入口设有消毒池，进出人员必须经过消毒后，方可出入隔离场所。粪便无害化处理，其他闲杂人员和动物避免接近。如经查明场内只有极少数的家兔患病，为了迅速扑灭疫病并节约人力和物力，可以捕杀病兔。隔离观察时间的长短，应根据该种传染病患病动物带、排菌（毒）的时间长短而定。

（2）可疑感染兔 是指未发现任何症状，但与病兔及其污染的环境有过明显的接触的兔，如同群、同笼、同一运动场、使用共同的水源、用具等。可疑感染兔有可能处在潜伏期，并有排菌、排毒的危险。对可疑感染兔应在消毒后另选地方将其隔离、看管，限制其活动，详加观察，出现症状的则按病兔处理。有条件时应立即进行紧急免疫接种或预防性治疗。隔离观察时间的长短，根据该种传染病的潜伏期长短而定，经一定时间不发病者，可取消其限制。

（3）假定健康兔　无任何症状，一切正常，要将这些肉兔与上述两类兔子严格隔离饲养，并做好紧急预防接种工作，同时，加强消毒和相应的保护措施，仔细观察，一旦发现病兔，要及时消毒、隔离。

此外，对污染的饲料、垫草、用具、兔笼舍和粪便等进行严格消毒。妥善处理好尸体。做好杀虫、灭鼠、灭蚊蝇工作。在整个隔离期间，禁止由场内运出和向场内运进肉兔、饲料、养兔的用具，禁止场内肉兔迁移，禁止其他畜牧场、饲料间的工作人员来往以及场外人员来兔场参观。当传染病扑灭后，经过 2 周不再发现病兔时，经彻底的大消毒才可以解除隔离。

2. 尸体处理

科学及时地处理肉兔尸体，可有效地消灭传染源，对防止肉兔传染病的发生、避免环境污染和维护公共卫生等具有重大意义。肉兔尸体可采用焚烧法和深埋法进行处理。

（1）焚烧法　一种传统的处理方式，是杀灭病原最可靠的方法。可用专用的焚尸炉焚烧肉兔尸体，也可利用供热的锅炉焚烧。但近年来，许多地区制定了防止大气污染条例，限制焚烧炉的使用。

（2）深埋法　一种简单的处理方法，费用低且不易产生气味，但埋尸坑易成为病原的贮藏地，并有可能污染地下水。因此必须深埋，而且要有良好的排水系统。

（七）抗病力育种

将抗病力作为育种的主要目标之一，从根本上解决肉兔对某些疾病的抗性问题，是今后育种的方向和重点。简单而实用的方法是在发病的兔群体中选择不发病的个体作为种用。

第二节　兔场的免疫接种

免疫接种是指用人工方法将疫苗引入动物体内刺激机体产生特异性免疫力，使该动物对某种病原体由易感的转变为不易感的一种疫病预防措施。

一、疫苗与免疫

（一）疫苗

用于人工主动免疫的生物制剂可统称为疫苗，包括用细菌、支原体、螺旋体和衣原体等制成的菌苗、用病毒制成的疫苗和用细菌外毒素制成的类毒素。临床上常见的疫苗有细菌类疫苗、病毒性疫苗和寄生虫疫苗、亚单位苗、基因工程苗。

（二）免疫

通过接种免疫原性物质诱导免疫应答产生抗体或免疫活性细胞来保护动物，并且产生免疫记忆。当外界有野毒感染时，由于存在着一定的免疫力或诱导快速的记忆应答，而不会引起疾病，从而避免疾病暴发引起的损失。

二、肉兔常用的疫苗

疫苗种类繁多，除常规的灭活疫苗和弱毒活疫苗外，还包括生物技术疫苗。在生物技术疫苗投入实际应用前，常规疫苗依旧是预防疾病的有力武器。

（一）疫苗种类

①灭活疫苗又称死疫苗，是将免疫原性好的细菌、病毒经人工培养后，用物理和化学方法将其灭活，使其失去感染性和毒性，但保留免疫原性，并结合相应的佐剂，接种动物后产生主动

免疫，起到预防疾病的作用。

②弱毒疫苗又称活疫苗，让病原微生物毒力逐渐减弱或丧失，但保持良好的免疫原性，用这种活的病原微生物制成的疫苗称为弱毒苗。

（二）肉兔常用的疫苗

①兔瘟灭活苗预防兔瘟。30～35日龄初次免疫，皮下注射2ml；60～65日龄二次免疫，剂量1ml，以后每隔5.5～6个月免疫1次，5天左右产生免疫力。一般初免用单联苗，以后可用单联苗或二联苗或三联苗等。

②兔病毒性出血症灭活疫苗预防兔瘟。断奶兔和成年兔每只皮下注射1ml，7天左右产生免疫力，免疫期为6个月。每年注射2次。

③兔瘟油佐剂灭活疫苗预防兔瘟。断奶日龄以上的兔，每只皮下注射1ml，7天左右产生免疫力，免疫期为1年。未曾免疫过的母兔群，其产下的仔兔应在出生20～30天进行第一次预防注射，经免疫过的母兔群，其产下的仔兔应在45日龄左右进行预防注射。

④巴氏杆菌灭活苗预防巴氏杆菌病。仔兔断奶免疫，皮下注射或肌内注射1ml，7天左右产生免疫力，以后每年免疫3次。免疫期4～6个月。

⑤支气管败血波氏杆菌灭活苗预防支气管败血波氏杆菌病。皮下注射或肌内注射1ml，7天左右产生免疫力，免疫期为6个月。妊娠兔在产前2～3周或母兔配种前注射，仔兔断奶前1周注射，青年兔、成年兔随时均可注射，以后每隔6个月注射1次。

⑥魏氏梭菌（A型）氢氧化铝灭活苗预防魏氏梭菌性肠炎。30日龄以上的兔，皮下注射或肌内注射2ml，7天产生免疫力。免疫期为6个月。每年注射2次。

⑦巴、波二联苗预防巴氏杆菌病、支气管败血波氏杆菌病。皮下注射或肌内注射，1～2月龄的幼兔0.5ml，成年兔1ml，7天左右产生免疫力。免疫期为6个月。每年注射2次。

⑧瘟、巴二联苗预防兔瘟、巴氏杆菌病。断奶后的兔，皮下注射1ml，7天左右产生免疫力。免疫期为6个月。每年注射2次。

⑨兔瘟-巴氏-魏氏三联苗预防兔瘟、巴氏杆菌病和魏氏梭菌性肠炎。青年兔、成年兔皮下注射2ml，7天左右产生免疫力。免疫期为6个月。每年注射2次。不宜作初次免疫。

⑩牛痘疫苗预防兔痘。兔群体受到兔痘流行威胁时，可用牛痘疫苗做紧急预防接种，使用方法见疫苗说明书。

⑪沙门氏菌灭活苗预防沙门氏杆菌（下痢和流产）。断奶前1周的仔兔、妊娠前或妊娠初期的母兔以及其他幼兔、成年兔，每兔皮下或肌内注射1ml，7天左右产生免疫力。免疫期为6个月。每年注射2次。

⑫兔大肠杆菌灭活苗预防大肠杆菌病。20～30日龄的仔兔，肌内注射1ml，7天左右产生免疫力。免疫期为4个月。每年注射3～4次。

⑬兔伪结核耶新氏杆菌多价灭活苗预防伪结核耶新氏杆菌病。断奶前1周的仔兔、幼兔、成年兔，每兔皮下或肌内注射1ml，7天左右产生免疫力。免疫期为6个月。每年注射2次。

三、免疫接种的类型

根据免疫接种进行的时机不同，可将其分为预防接种和紧急接种两大类。

（一）预防接种

在经常发生某些传染病的地区，或有某些传染病潜在的地区，或经常受到邻近地区某些传染病威胁的地区，为了防患于未然，在平时有计划地给健康兔群进行的疫苗免疫接种，称为预防接种。

（二）紧急接种

是指在发生传染病时，为了迅速控制和扑灭疫病的流行，而对疫群、疫区和受威胁区域尚未发病的兔群进行应急性免疫接种。在疫区应用疫苗作紧急接种时，必须对所有受到传染威胁的家兔逐只进行详细观察和检查，仅能对正常无病的家兔以疫苗进行紧急接种。对病兔及可能已受感染而处于潜伏期的肉兔，必须在严格消毒的情况下立即隔离，不能再接种疫苗。

紧急接种除使用疫苗外，也常用免疫血清。免疫血清虽然安全有效，但常因用量大、价格高、免疫期短，大群使用往往供不应求，目前在生产上很少使用。

四、制定适宜的免疫程序

免疫程序是指根据一定地区、养殖场或特定动物群体内传染病的流行状况、动物健康状况和不同疫苗特性，为特定动物群制定的接种计划，包括接种疫苗的类型、顺序、时间、次数、方法、时间间隔等规程和次序。

（一）制定免疫程序的依据

科学制定免疫程序的依据有以下 7 个方面。

一是本地区、本场的发病史及目前正在发生的主要传染病，依此确定疫苗的免疫时间和免疫种类，对当地从未发生过的疾病切勿盲目接种；二是要把握好接种日龄与兔子易感性的关系；三是免疫途径不同将获得不同的免疫效果，如兔瘟注射免疫效果好；四是科学地安排不同疫苗接种时间，以防疫苗间的干扰；五是正确选择疫苗剂型和生产厂家；六是确定疫苗剂量和稀释量；七是同种疫苗本着先弱后强的安排，合理搭配活苗与死苗的应用。

（二）不同兔群体的免疫程序

① 70 日龄出栏商品肉兔的免疫程序见表 4 - 1。

表 4 - 1　70 日龄出栏商品肉兔的免疫程序

免疫日龄	疫苗名称	剂量（ml）	注射途径
35 ~ 40 日龄	兔病毒性出血症、多杀性巴氏杆菌病二联灭活疫苗或兔病毒性出血症（兔瘟）灭活疫苗	2	皮下注射

② 70 日龄以上出栏商品肉兔的免疫程序见表 4 - 2。

表 4 - 2　70 日龄以上出栏商品肉兔的免疫程序

免疫日龄	疫苗名称	剂量（ml）	注射途径
35 ~ 40 日龄	兔病毒性出血症、多杀性巴氏杆菌病二联灭活疫苗或兔病毒性出血症（兔瘟）灭活疫苗	2	皮下注射
60 ~ 65 日龄	兔病毒性出血症、多杀性巴氏杆菌病二联灭活疫苗或兔病毒性出血症（兔瘟）灭活疫苗	1	皮下注射

③ 繁殖母兔的免疫程序见表 4 - 3。

表 4 - 3　繁殖母兔的免疫程序（每年 2 次定期免疫）

免疫日龄	疫苗名称	剂量（ml）	注射途径
33 ~ 35 日龄	兔病毒性出血症灭活苗 家兔产气荚膜梭菌病（魏氏梭菌病）A 型灭活疫苗	2	皮下注射
40 ~ 45 日龄	兔巴氏杆菌、波氏杆菌病二联灭活疫苗或多杀性巴氏杆菌病灭活疫苗	2	皮下注射
50 ~ 55 日龄	兔病毒性出血症、多杀性巴氏杆菌病二联灭活疫苗或兔病毒性出血症（兔瘟）灭活疫苗；家兔产气荚膜梭菌病（魏氏梭菌病）A 型灭活疫苗	2	皮下注射

注：定期免疫时，各种疫苗注射间隔 5 ~ 7 天

④ 种公兔的免疫程序见表 4 - 4。

表 4 - 4　种公兔的免疫程序（每年 2 次定期免疫）

免疫日龄	疫苗名称	剂量（ml）	注射途径
33～35 日龄	兔病毒性出血症灭活苗 家兔产气荚膜梭菌病（魏氏梭菌病）A 型灭活疫苗	1 2	皮下注射
40～45 日龄	兔巴氏杆菌、波氏杆菌病二联灭活疫苗或多杀性巴氏杆菌病灭活疫苗	2	皮下注射
50～55 日龄	兔病毒性出血症、多杀性巴氏杆菌病二联灭活疫苗或兔病毒性出血症（兔瘟）灭活疫苗；家兔产气荚膜梭菌病（魏氏梭菌病）A 型灭活疫苗	2	皮下注射

注：定期免疫时，各种疫苗注射间隔 5～7 天

五、免疫接种过程中的注意事项

第一，购买疫苗时，最好使用国家正式批准生产厂家的疫苗，同时应认真检查疫苗的生产日期、有效期及用法、用量说明。另外还要检查疫苗瓶有无破损、瓶塞有无脱落与渗漏，禁止使用无批号、无生产日期或破损的疫苗。

第二，注射用针筒、针头要经煮沸消毒 15～30 分钟、冷却后方可使用，也可使用市场上销售的一次性注射器。应做到 1 兔 1 针头。

第三，疫苗使用前、注射过程中应不停地振荡，使注射进去的疫苗浓度均匀。当天开瓶的疫苗当天用完，剩余部分要作无害化处理。

第四，严格按规定剂量注射，不能随意增加或减少剂量。为了防止疫苗吸收不良，引起硬结、化脓，对于注射 2ml 的疫苗，针头进入皮下后做扇形运动，一边运动、一边注射或在两个部位各注射 1ml。

第五，防疫注射必须在兽医师的指导、监督下进行，由掌握

注射要领的人员实施，一定要认真仔细，由前向后、由上向下逐个抓兔，防止漏注。对未注射的肉兔应及时补注。临产母兔尽量避免注射疫苗，以防因抓兔而引起流产。

第六，同一季节需注射多种疫苗时，未经联合试验的疫苗宜单独注射，且前后2次疫苗注射间隔时间应在7天左右。

第七，兽医师要填写疫苗免疫登记表，以便安排下一次防疫注射时间。

第八，疫苗空瓶要集中做无害化处理，不得随意丢弃。

第九，使用的药物和添加剂要充分搅拌均匀。使用一种新的饲料添加剂或药物，先做小批试验，确定安全后方可大群使用。

第三节　兔场的防疫保健措施

一、建立防疫制度并认真贯彻

（一）进入场区要消毒

在兔场和生产区门口及不同兔笼舍间，设消毒池或紫外线消毒室，池内消毒液要经常保持有效浓度，进场人员和车辆等必须经消毒后方可入内。兔场工作人员进入生产区，应换工作服、穿好工作鞋、戴上工作帽，并经彻底消毒后进入，出来时脱换。在场区内不能随便串岗串舍。非饲养人员未经许可不得进入兔舍。

（二）场内谢绝参观，禁止闲杂人员和有害动物进入场内

兔场原则上谢绝入区进舍参观，必须的参观者或检查者按场内工作人员对待，严格遵守各种消毒规章制度。严禁兔毛、兔皮及肉兔商贩、场外车辆、用具进入场区。已调出的兔严禁再返回兔舍，种兔场种兔不准对外配种，场区内不准饲养其他畜禽。兔场要做到人员、清粪车、饲喂用具等相对固定，不准乱拿乱用。

（三）搞好兔场环境卫生，定期防疫消毒

首先饲养人员要注意个人卫生，结核病人不能在养兔场工

作。兔笼、兔舍及周围环境应天天打扫，经常保持清洁、干燥，使兔笼舍内温度、湿度、光照适宜，空气清新无臭味、不刺眼。食槽、水槽和其他器具也应保持清洁，定期对兔笼、地板、产箱、工作服等进行清洗、消毒。全场每隔半年进行 1 次大清除和消毒，清扫的粪便及其他污物等应集中堆放于远离兔舍的地方，并进行焚烧、喷洒化学消毒药、掩埋或做生物发酵消毒处理。生物发酵经 30 天左右，方可作为肥料使用。

（四）杀虫、灭鼠、防兽，消灭传染媒介

蚊、蝇、蜱、跳蚤、老鼠等是许多病原微生物的宿主和携带者，能传播多种传染病和寄生虫病，要采取综合措施设法消灭。

1. 杀虫

蚊、蝇、蚤、蜱、螨等吸血昆虫会侵袭肉兔并传播疫病，因此，在养兔生产中，要采取有效的措施防止和消灭这些昆虫。

（1）搞好兔场环境卫生 保持环境清洁、干燥，是杀灭蚊蝇的基本措施。蚊虫需在水中产卵、孵化和发育，蝇蛆也需在潮湿的环境及粪便等废弃物中生长。因此，应填平无用的污水池、土坑、水沟和洼地。保持排水系统畅通，对阴沟、沟渠等定期疏通，勿使污水贮积。对贮水池等容器加盖，以防蚊蝇飞入产卵。对不能清除或加盖的防火贮水器，在蚊蝇滋生季节，应定期换水。永久性水体（如鱼塘、池塘等），蚊虫多滋生在水浅而有植被的边缘区域，应修整边岸，加大坡度和填充浅湾，能有效地防止蚊虫滋生。兔笼舍内的粪便应定时清除，并及时处理，贮粪池应加盖并保持四周环境的清洁。

（2）物理杀灭 利用机械方法以及光、声、电等物理方法捕杀、诱杀或驱逐蚊蝇。

（3）生物杀灭 利用天敌杀灭害虫，如池塘养鱼即可达到鱼类治蚊的目的。此外，应用细菌制剂——内毒素杀灭吸血蚊的幼虫，效果良好。

（4）化学杀灭 化学杀灭是使用天然或合成的毒物，以不同的剂型（粉剂、乳剂、油剂、水悬剂、颗粒剂、缓释剂等），通过不同途径（胃毒、触杀、熏杀、内吸等），毒杀或驱逐蚊蝇。目前使用的杀虫剂往往同时兼有两种或两种以上的杀虫作用，主要种类有有机磷杀虫剂、拟除虫菊酯类杀虫剂、昆虫生长调节剂和驱避剂等。化学杀虫法具有使用方便、见效快等优点，是当前杀灭蚊蝇的较好方法。

2. 灭鼠

鼠是肉兔的某些传染病病原体的携带者和传播者，鼠还盗食饲料、咬坏物品、污染饲料和饮水，危害极大，兔场必须加强灭鼠。

（1）先消除鼠类动物滋生和活动的环境并防止鼠类进入建筑物 鼠类多从墙基、天棚、瓦顶等处窜入室内，在设计施工时注意墙基最好用水泥制成，碎石和砖砌的墙基应用灰浆抹缝。墙面应平直光滑，防鼠沿粗糙墙面攀登。砌缝不严的空心墙体，易使鼠隐匿营巢，要填补抹平。为防止鼠类爬上屋顶，可将墙角处做成圆弧形。墙体上部与天棚衔接处应砌实，不留空隙。瓦顶房屋应缩小瓦缝和瓦、橼间的空隙并填实。用砖、石铺设的地面，应衔接紧密并用水泥灰浆填缝。各种管道周围要用水泥填平。通气孔、地脚窗、排水沟（粪尿沟）出口均应安装孔径小于1cm的铁丝网，以防鼠窜入。

（2）器械灭鼠 器械灭鼠方法简单易行，效果可靠，对人、畜无害。灭鼠器械种类繁多，主要有笼、夹、关、压、卡、翻、扣、淹、粘等。近年来还研究和采用电灭鼠与超声波灭鼠等方法。

（3）化学灭鼠 化学灭鼠效率高、使用方便、成本低、见效快，缺点是能引起人、畜中毒，有些老鼠对灭鼠药物有选择性、拒食性和耐药性。所以，使用时需选好药剂和注意使用方法，以保安全有效。灭鼠药剂种类很多，主要有灭鼠剂、熏蒸剂、烟剂、化学绝育剂等。兔场的鼠类以饲料库、兔舍最多，是灭鼠的重点场所。饲料库可用熏蒸剂毒杀。投放的毒饵要远离兔笼和兔窝，并防止毒饵混入饲料。鼠尸应及时清理，以防被人、畜误食而发生二次中毒。选用鼠吃惯了的食物作饵料，突然投放，饵料充足，分布广泛，以保证灭鼠的效果。同时，要防止这些药物对环境造成的污染。

二、严格执行卫生与消毒制度

积极做好兔场的环境卫生与消毒工作，能有效预防和控制肉兔疾病的发生，确保肉兔的质量，获得更大的经济效益。

（一）兔场的卫生

兔场卫生主要包括兔舍内空气卫生（空气新鲜，有害气体浓度低）、笼具卫生（特别是兔笼底板的卫生）、兔体卫生（特别是乳房卫生和外阴卫生）、饲料卫生、饮水卫生、用具卫生（食槽、饮水器、产仔箱等）及饲养人员的自身卫生等。

（1）舍内空气卫生　舍内空气卫生要求人进入后没有刺鼻、刺眼和不舒服的感觉，无论春夏秋冬四季粪便和尿液都要及时清理，保持通风干燥，尤其是雨季和冬季一定要保证舍内通风，使空气清新，减少呼吸道病的发生。

（2）笼具卫生　笼具是兔每天吃喝拉撒的地方，兔又是喜爱干净的动物，对生长环境要求较高。笼具卫生要求每天对被粪、尿污染或被其他病兔排泄物或分泌物污染或感染的笼具及时清理和消毒。

（3）兔体卫生　一般健康兔均有自洁功能，兔机体无须特别照顾和清理。兔体卫生主要指种兔配种前都应认真检查、清洗和消毒。避免种兔受外阴炎或乳房炎的困扰。环境的污浊也很容易使兔体被毛被污染，应及时清理和洗刷。

（4）饲料、饮水及用具卫生　把好入口关主要是保证饲料和饮水的卫生，同时注意用具的定期消毒和清洗。

（5）饲养人员的自身卫生　饲养人员要严格执行自身卫生、消毒和隔离制度，以免成为病原菌的携带者和传播者。工作人员在进入兔场前要更换工作服，工作服要洁净卫生。兔场门口设有消毒池、消毒室和紫外线灯消毒设备。进入兔场人员均应从头到脚消毒。接触过病兔的饲养人员要自我隔离，严禁没有经过任何消毒和处理而直接进入健康兔舍。工作人员在上岗前要进行全面体检，患有人畜共患病（如结核、布病等）的人员严禁进入兔场生产区，以免将病原微生物带入场区，给兔场造成巨大经济损失。

（二）兔场的消毒

消毒是贯彻"预防为主"方针的一项重要措施。消毒是利用物理、化学或生物学方法杀灭或清除外界环境中的病原体，从而切断其传播途径、防止疫病流行的措施。消毒的目的就是消灭被传染源散播于外界环境中的病原体，以切断传播途径，阻止疫病的发生和继续蔓延，从而做到防患于未然。加强和搞好消毒工作对肉兔疫病的防控具有重要的现实意义。

1. 消毒的范围

消毒的范围包括居室、圈舍、围栏、地面、车辆、排泄物、用具、日常器械、玻璃、搪瓷、衣物、敷料、橡胶制品、食槽、饮水器、肉兔等的消毒。

2. 消毒的种类

按照消毒的目的，消毒可分为以下 3 种。

（1）预防性消毒（又称定期消毒）　结合平时的饲养管理，对圈舍、场地、用具和饮水等进行定期消毒，以达到预防传染病的目的。此类消毒一般 1 ~ 3 天进行一次，每 1 ~ 2 周还要进行 1 次全面大规模的消毒。

（2）临时消毒（又称紧急消毒、随时消毒） 在已经发生传染病的情况下，为了及时消灭刚从患病肉兔体内排出的病原体而采取的消毒措施。消毒的对象包括患病肉兔所在的笼舍、隔离场地以及被患病肉兔的分泌物、排泄物污染和可能污染的一切场所、用具和物品。一般在解除封锁前，进行定期的多次消毒，患病肉兔隔离笼舍应每天消毒 2 次以上或随时进行消毒。此时的消毒剂应该交替使用，避免多次使用单一消毒剂。

（3）终末消毒（又称巩固消毒、善后消毒） 是指患病肉兔全部痊愈或死亡后，经 2 周再没有新的病例发生；或在疫区解除封锁之前为了消灭疫区内可能残留的病原体所进行的全面彻底的大规模消毒。

3. 消毒的方法

常用的消毒方法主要包括机械性清除、物理消毒法、化学消毒法和生物热消毒法等。

（1）机械性清除 用机械的方法，如清扫、洗刷、通风换气等清除病原体，是最普通、最常用的一种消毒方法，也是日常的卫生工作之一。机械性清除可除去环境中 85% 的病原体，并为药物消毒创造条件。在清除之前，应该根据圈舍或场地是否干燥，病原危害性的大小决定是用清水或消毒剂喷洒，以避免打扫时尘土飞扬，造成病原体散播，影响人和肉兔的健康。如发生传染病，特别是烈性传染病时，需与其他消毒方法共同配合，先用药物消毒，然后再用机械清除。清扫出来的污物，应进行发酵、掩埋、焚烧或者用其他消毒剂处理。

通风换气也是清除消毒的一种。由于兔的活动、咳嗽、鸣叫及饲养管理过程，如清扫地面、分发饲料及通风除臭等机械设备运行和舍内兔的饮水、排泄及饲养管理过程用水等导致舍内空气含有大量的尘埃、水汽，微生物容易附着，特别是疫情发生时，尤其是经呼吸道传染的疾病发生时，空气中病原微生物的含量会更高。所以适当通风，借助通风经常地排出污秽气体和水汽，特别是在冬、春季节，可在短时间内迅速降低舍内病原微生物的数量，加快舍内水分蒸发，保持干燥，可使除芽孢、虫卵以外的病原失活，起到消毒作用。但排出的污浊空气容易污染场区和其他畜舍，为减少或避免这种污染，最好采用纵向通风系统，风机安装在排污道一侧，兔笼舍之间保持 40 ~ 50 米的卫生间距。有条件的兔场，可以在通风口安装过滤器，过滤空气中的微粒和杀灭空气中微生物，把经过过滤的舍外空气送入舍内，有利于舍内空气的新鲜洁净。

（2）物理消毒法 物理消毒法包括阳光、紫外线和高温。

①阳光。阳光是天然的消毒剂，其光谱中的紫外线具有较强的杀菌能力，阳光的灼热和蒸发水分引起的干燥亦有杀菌作用。一般病毒和非芽孢性病原菌，在直射的阳光下经过几分钟至几个小时可以被杀死，就是抵抗力很强的细菌芽孢，经连续几天的强烈的阳光反复暴晒，也能使其毒力变弱或被杀死。因此，阳光对于肉兔用具和物品等消毒具有很大的现实意义，应该被充分利用。兔的产仔箱、垫草、饲草等在直射阳光下照射 2 ~ 3 小时，可杀死大多数病原微生物。

②紫外线。在宠物饲养场的某些特殊场所，可使用人工紫外线进行消毒。对消毒室、兽医室等使用紫外线灯管消毒时，需要注意灯管的高度，一般在距离灯管 1.5 ~ 2 米处为有效消毒范围，对于污染物表面进行消毒，一般距离控制在 1 米以内，消毒时间一般为 1 ~ 2 小时。

③高温。高温是最彻底的消毒方法之一，包括火焰灼烧及烘烤、煮沸消毒及蒸汽消毒。

火焰灼烧及烘烤：是最简单而有效的消毒方法。火焰灼烧即利用火焰喷射器喷出的火焰来消毒兔笼、笼底板、产仔箱等笼具，温度可达到 400 ~ 800℃，可消除蜘蛛网、兔毛，消毒效果好，但要注意防火安全；烘烤即在干燥的情况下，利用热空气灭菌以达到消毒的目的，灭菌时，将灭菌的物品放入烘烤箱内，使温度逐渐上升到 160℃，维持 2 小时，则可杀死全部细菌及芽孢。

煮沸消毒：是肉兔养殖场所经常使用且效果确实的消毒方法。大部分非芽孢病原微生物在 100℃ 的沸水中迅速死亡。大多数芽孢煮沸后 15~30 分钟内亦能致死。煮沸 1~2 小时可消灭所有的病原体（细菌、病毒及芽孢）。各种金属器械、木质、玻璃用具、衣物等都可以进行煮沸消毒。将煮不坏的被污染物品放入锅内，加水浸没物品，加少许碱，如 1%~2% 的小苏打、0.5% 的肥皂或者苛性钠等，可使蛋白、脂肪溶解，防止金属生锈，提高沸点，增强灭菌作用。

蒸汽消毒：也是肉兔养殖场所经常使用且效果确实的消毒方法。蒸汽消毒与煮沸消毒的效果相似，是指通过高压水蒸气中的热量使病原体丧失活性的灭菌方法。本法常使用高压灭菌器，灭菌时将压力保持在 0.1~0.137 兆帕，温度为 121.6~126.6℃，维持 30 分钟即可保证杀死全部的病毒、细菌及其芽孢。本法常用于玻璃器皿、纱布、金属器械等灭菌，也可用于患病肉兔或其尸体的无害化处理。

（3）化学消毒法　兔场常用的化学消毒方法包括熏蒸消毒、浸泡消毒、饮水消毒和喷雾消毒等。

①熏蒸消毒。多用于全兔舍的整体消毒。按每立方米空间 25ml 福尔马林、12.5g 高锰酸钾的比例配齐。将福尔马林放入金属容器中，面积较大时，分放多点，密闭所有门窗，由里向外逐个加入高锰酸钾，简单搅拌后迅速离开，关闭门窗，密闭 24 小时后通风换气，至无福尔马林气味后方可进兔。

②浸泡消毒。常用来消毒兔笼底板、饲料槽等，浸泡一定时间后取出，用清水洗净后晒干即可。

③喷雾消毒。是用喷雾器喷雾空间、兔笼、墙壁等，要使消毒对象均匀地喷上消毒药水。有时可带兔消毒。

④饮水消毒。是将消毒药物按规定比例加入水中，消毒一定时间后使用，如在兔饮用水中加入漂白粉。

（4）生物热消毒法 利用某种生物来杀灭或清除病原微生物的方法，称为生物热消毒。主要用于污染物及粪便的无害化处理。从兔场清理的粪便和污物可集中堆放在远离兔笼舍较偏僻处，压实，或在上加盖塑料薄膜，利用粪便中的微生物发酵产热，可使温度达 70℃ 以上。经过一段时间，可以杀死病原体（芽孢除外）、寄生虫卵等达到消毒目的，同时又保持了粪便的良好肥效。国内外都很重视此方法的研究和应用。

4. 常用消毒剂

在选用消毒剂时，主要考虑其有效性、安全性及经济性等特点。兔场一般常用的消毒剂有：

（1）含氯消毒剂 主要包括漂白粉、二氯异氰尿酸钠及三氯异氰尿酸钠等。它们能够杀灭附着于物体表面的细菌、芽孢、病毒及真菌等微生物，杀菌作用强。该类消毒剂成本低，残留少，消毒效果好，常被广泛使用。常被用来消毒兔舍、笼具及车辆等。另外，该消毒剂还可用于饮水的消毒。后面两种消毒剂在近中性水中消毒持续有效时间可达 7 天。缺点是对金属有腐蚀性。

（2）碱类消毒药 主要包括氢氧化钠（火碱）、碳酸钠（食用碱）、生石灰及草木灰等。氢氧化钠：高效消毒药，3%~5%水溶液作用半小时以上，对各种病原均有杀灭作用，但不能带兔消毒；生石灰（氧化钙）与水生成碱性物质，可杀灭病毒、虫卵、繁殖型细菌，但对芽胞无效。可涂布于被消毒的地面，围栏，树、墙壁；草木灰洒在笼舍地面上，可杀灭部分细菌和病毒，但注意灰中不能带火星。以上碱类消毒剂都是直接或间接地以碱性物质对病原微生物进行杀灭作用，这类物质可水解病原菌的蛋白质和核酸，破坏细菌的正常代谢，最终达到杀灭细菌的效果。碱类消毒剂腐蚀性较强，因此在消毒一些物品时要谨慎。如氢氧化钠对纺织品及金属制品有腐蚀性，不宜使用。有的使用后要用清水进行清洗干净。而碳酸钠常用热水配成4%的溶液用来洗刷或浸泡饲料槽和饮水用具，亦可用于消毒兔舍。草木灰被雨水淋湿之后，渗透到地面，可用于对兔场地面的消毒，特别是对野外放养场地的消毒，这种方法既可以做到清洁场地，又能有效地杀灭病原菌。生石灰溶于水后变成氢氧化钙，同时又产生热量，通常配成10%~20%的水溶液对兔场地板或墙壁进行消毒。另外，生石灰也用于对病死兔无害化处理，其方法是在掩埋病死兔时，先撒上生石灰粉，再盖上泥土，能够有效地杀死病原微生物。

（3）氧化剂类　主要有过氧乙酸、过氧化氢、过氧戊二酸及高锰酸钾等。该类消毒液对细菌、病毒、芽孢和真菌均有强烈的杀灭作用。过氧乙酸用途广泛，缺点是不稳定，对金属的腐蚀性较大；消毒时可配成0.1%的浓度，对兔舍、饲料槽、用具、车辆、食品车间地面及墙壁进行喷雾消毒，也可以带兔消毒。过氧化氢主要用于空气消毒、皮肤消毒、黏膜消毒。过氧戊二酸稳定性好于过氧乙酸和过氧化氢，但成本高，处于停产状态，市场上基本见不到。臭氧消毒在纯净水厂大行其道，主要是消毒之后无残留。高锰酸钾是一种强氧化剂，高效、价廉，常与福尔马林一起用来进行兔舍的熏蒸消毒；遇到有机物即起氧化作用，因此，不仅可以消毒，又可以除臭，低浓度时还有收敛作用，常配成0.01%的水溶液，治疗胃肠道疾病；0.05%的溶液可以消毒皮肤、黏膜和创伤，也用于洗胃，使毒物氧化而分解；高浓度时对组织有刺激性和腐蚀性；0.4%的溶液通常用来消毒料槽及用具，效果显著。

（4）表面活性剂类 主要包括新洁尔灭和百毒杀等。新洁尔灭是一种阳离子表面活性剂，具有洁净、杀菌消毒和灭藻作用，广泛用于杀菌、消毒、防腐、乳化、去垢、增溶等，该药还具有高效、低毒、可溶于水、不受水硬度影响、使用方便、成本低等优点；它对畜禽组织无刺激性，作用快、毒性小，对金属及橡胶无腐蚀性；0.1%溶液用于器械用具的消毒，0.05% ~0.1%溶液用于手术的局部消毒；但要避免与阴离子活性剂如肥皂等共用，否则会降低消毒的效果。百毒杀也是一种双链季铵盐，其能够迅速杀灭病毒、细菌；霉菌、真菌及藻类致病微生物，药效持续时间约10天左右，其特点是性质稳定、安全性好、无刺激性和腐蚀性，非常适合于饲养场地、笼舍、用具、饮水器、车辆等的消毒；另外，也可用于存有活兔场地的消毒。

（5）酚类 主要包括来苏尔和复合酚。来苏尔为50%的甲酚皂溶液，常用于手及皮肤、器械、环境的消毒及处理排泄物，但不适用于对芽孢和病毒的消毒。复合酚又名消毒灵、农乐等，杀菌作用强，可以杀灭细菌、病毒和霉菌，对多种寄生虫卵也有杀灭效果，该药的杀菌作用持续时间也长，通常施药1次药效可维持5~7天。主要用于兔笼舍、设备器械、场地的消毒。但注意不能与碱性药物或其他消毒药混合使用。

5. 肉兔消毒常用的消毒器具

（1）喷雾器 用于喷洒消毒剂，可依据环境情况使用手动式、机动式或电动式喷雾器。手动式喷雾器可用于单栋肉兔笼舍消毒，机动式喷雾器可用于环境消毒，电动式常用于封闭式笼舍消毒。

（2）火焰消毒器 用于圈舍墙面、墙角及设备消毒，可酌情使用酒精、汽油或天然气作燃料的火焰消毒器。

（3）煮沸消毒器和高压灭菌器 用于兽医诊疗器械的煮沸消毒，比如使用完毕的注射器、针头等，必须进行煮沸或者高压灭菌后再使用。

6. 消毒操作的注意事项

为了使消毒达到消毒的目的，消毒时要注意以下事项。

①消毒前先清扫卫生，尽可能消除影响消毒效果的不利因素（粪、尿、垃圾）。

②稀释浓度是杀灭抗性最强的病原微生物所必需的最低浓度。

③药液用量。任何有效的消毒必须彻底湿润被消毒的表面，进行消毒的药液用量最低限度是 0.3L/平方米，一般为 0.3 ~ 0.5L/平方米。

④消毒液作用的时间要尽可能长，保持消毒液与病原微生物接触，一般半小时以上效果较好。

⑤现用现配，混合均匀，避免边加水边消毒现象。

⑥不同性质的消毒液不能混合使用。

⑦定期轮换使用消毒剂。

三、制定免疫程序并严格实施

一定要制定合理的免疫程序并认真严格地去实施。选择好当地合适的各种兔的疫苗，按照防疫程序和疫苗的操作规程去进行，以确保免疫接种的效果。

四、有计划地进行药物预防及驱虫

对肉兔群体应用药物预防疾病，也是重要的防疫措施之一。尤其在某些疫病流行季节之前或流行初期，应用安全、低廉、有效的药物，加入饲料、饮水或添加剂中，进行群体预防和治疗，可以收到显著的效果。

如产前 3 天和产后 5 天的母兔每天每只喂穿心莲 1 ~ 2 粒、复方新诺明片 1 片；或产后 3 天内，母兔每次服 0.5g 长效磺胺，每日 2 次，连喂 3 天，可预防母兔乳房炎和仔兔黄尿病的发生。

在肉兔群中防治球虫病是提高幼兔成活率的关键，如在 17～90 日龄仔、幼兔每千克饲料中加 150mg 氯苯胍或 1mg 地克珠利，可有效预防肉兔球虫病的发生；治疗剂量加倍。目前添加药物是预防肉兔球虫病最有效、成本最低的一种措施。

在春、秋两季，还应对全群进行普遍驱虫，可用如丙硫咪唑等高效、低毒、广谱驱虫药，驱除线虫、绦虫及吸虫等；用伊维菌素，可驱除线虫、疥螨等寄生虫。必须注意的是，长期使用药物预防时，容易产生耐药菌而影响药物的防治效果。因此，需经常进行药敏试验，选用有高度敏感性的药物。同时，使用的药物要详细记录名称、批号、厂家、剂量、方法、用药时间等，以便观察效果，及时处理出现的问题。

下面介绍一个兔场全年防病规程，供参考。

第一季度：重点防控巴氏杆菌病、葡萄球菌病和支气管败血波氏杆菌病等。可每月喂服磺胺二甲基嘧啶，每次母兔 1～2 片，连用 5～7 天，同时加等量的小苏打。

第二季度：重点防控球虫病。可每月喂服雄黄，每兔每天 0.1g，连用 7 天，或内服 5% 碘溶液，剂量为 2ml 加 1 000ml 水稀释，连用 15 天。

第三季度：重点防控胃肠炎、魏氏梭菌病。可每月喂服复方敌菌净，每兔 1～2 片，连用 7 天；或内服木炭粉，每兔口服 2～4g，每周 2 次。

第四季度：重点防控代谢性疾病，平时常喂胡萝卜或适量多维素粉。

五、加强饲料质量检查，注意饲喂、饮水卫生，预防中毒病

俗话说"病从口入"。饲料、饮水卫生的优劣与肉兔的健康密切相关，应严格按照饲养管理的原则和标准实施。饲料从采购、采集、加工调制到饲料保存、利用等各个环节，要加强质量和卫生检查与控制。严禁饲喂发霉、腐败、变质、冰冻的饲料，保证饮水清洁而不被污染。

六、细心观察兔群，及时发现、及时诊治或扑灭疾病

兔场每天早上由饲养管理人员在饲喂前和饲喂过程中，注意细心观察肉兔的行为、采食等有无异常变化，并进行必要的检查，发现异常，要及时由兔场兽医进行及时诊断和治疗，以减少不必要的损失或将损失降低至最小程度。

第五章

常见传染病防控技术

第一节　常见病毒性传染病的防控技术

一、兔病毒性出血病（兔瘟）

兔病毒性出血病又名兔出血性肺炎、兔出血症，俗称兔瘟，是由兔病毒性出血症病毒感染兔引起的一种急性、高度接触性传染病，以呼吸系统出血、肝坏死、实质脏器水肿、淤血及出血性变化为特征。本病最早于1984年春季，在我国江苏省江阴县发现，以后迅速蔓延至全国25个省、市、自治区，除我国外，亚洲、美洲、非洲、欧洲等世界各国均有发生。本病常呈暴发性流行，发病率及病死率极高，是养兔业一大灾害。

（一）病原

病原是兔出血症病毒，属于嵌杯状病毒科，有核衣壳，无囊膜，为二十面立体对称结构，呈球形，直径为25～35nm，表面有短的纤突。病毒具有凝集人的O型红细胞的能力。全国各地来源的不同毒株具有相同的抗原型。兔出血症病毒免疫原性很强，无论是自然感染耐过兔，还是接种疫苗的免疫兔，均可产生坚强的免疫力。新生仔兔可从胎盘和母乳中获得母源抗体，抗体水平与母体几乎相同。病毒存在于病兔所有的器官组织、体液、分泌物和排泄物中，以肝、脾、肺、肾及血液含量最高。病毒对氯仿和乙醚不敏感，能耐酸和50℃40分钟处理。含毒病料（如肝）保存于 −20 ～ −8℃冰箱中 560 天和室内污染环境经 135 天仍有致病性，病毒对紫外线和干燥等不良环境的抵抗力较强。1% 氢氧化钠 4 小时，1% ～2% 甲醛、1% 漂白粉 3 小时，2% 农乐 1 小时才被灭活。生石灰和草木灰对病毒几乎无作用。

（二）流行特点

本病在新疫区多呈暴发性流行。在成年兔、肥壮兔和良种兔中的发病率可达 100%，病死率可达 90% 以上甚至 100%。病势凶猛，在一个兔场或一个养兔户，从第一只感染兔倒毙到最后一只兔死亡，历时往往仅 8 ～ 10 天。一般疫区的平均病死率78% ～85%。本病只发生于家兔和野兔。不同品种和不同性别的兔都可感染发病，长毛兔的易感性高于皮肉兔。2 月龄以上的青年兔和成年兔的易感性最高，2 月龄以内的仔兔易感性较低。哺乳期的仔兔一般不发病死亡。病死兔、隐性感染兔和带毒的野兔是传染来源。它们通过粪便、皮肤、呼吸和生殖道排毒。除病兔和健康兔直接接触传染外，也可通过被污染的饲料、饮水、灰尘、用具、兔毛、环境以及饲养管理人员、皮毛商人和兽医的手、衣服与鞋子等间接接触传播。消化道是主要的传染途径。皮下注射、肌内注射、静脉注射、滴鼻和口服等途径人工接种，均易感染成功。本病在老疫区多呈地方性流行性，一年四季都可发生，但北方一般以冬、春寒冷季节多发。这可能与气候寒冷，饲料单一，兔抵抗力下降有关。本病一旦发生，往往迅速流行，常给兔场带来毁灭性后果。

（三）临诊症状

自然感染的潜伏期 2 ～3 天，人工感染的潜伏期 38 ～72 小时。根据临诊症状可分为最急性、急性、慢性和沉郁型 4 个型，其中最急性和急性多数发生于青年兔和成年兔。

（1）最急性型 多见于流行初期或非疫区。部分感染兔突然发病，迅速死亡，几乎没有什么明显的症状，一些正在采食的兔突然倒地，抽搐、鸣叫而死。部分病例体温升高到41℃，稽留6~8小时死亡。有的鼻孔出血，肛门附近带有胶冻样分泌物。

（2）急性型　多在流行中期发生，在整个病程中占多数。感染兔体温升高到41℃以上，食欲减退，渴欲增加，精神委顿，皮毛无光泽，迅速消瘦。死前有短期兴奋、挣扎、狂奔、咬笼架，继而前肢俯伏，后肢支起，全身颤抖，倒向一侧，四肢划动，惨叫几声而死。病兔死前肛门常松弛，流出附有淡黄色黏液的粪球，肛门四周被毛也被这种淡黄色黏液污染。部分病兔鼻孔流出带泡沫的血色液体。病程1~2天。

（3）慢性型　多见于老疫区或流行后期。潜伏期和病程较长。感染兔体温升高到41℃左右，精神委顿，食欲不振，被毛杂乱无光泽，最后消瘦、衰弱而死。有的病兔站立不稳，甚至瘫痪。有些病兔可以耐过，但生长迟缓、发育较差，常常带毒和从粪中排毒至少一个月之久。

（4）沉郁型　沉郁型是兔瘟的一种新类型。多发生于幼兔、疫苗注射过早而又没有及时加强免疫的兔、注射多联苗的兔、注射了效力不足的疫苗的兔、免疫期刚过而没有及时免疫的兔等。患兔精神不振，食欲减退或废绝，趴卧一隅，渐进性死亡。死亡后仍趴卧原处，头触地，好似睡觉。其浑身瘫软，用手提起，好似皮布袋一般。

（四）病理变化

剖检可见特征病变主要包括以下几点。

（1）气管和肺胀的病变　气管和支气管内有泡沫状血液，鼻腔、喉头和气管黏膜淤血和出血；肺脏严重充血、出血，一侧或两侧有数量不等的粟粒至绿豆大的出血斑点，切开肺脏时流出大量红色泡沫状液体。

（2）肝脏病变　肝淤血、肿大、质脆，被膜弥漫性网状坏死，而致使表面呈淡黄或灰白色条纹，切面粗糙，流出多量暗红色血液。

（3）其他剖检病变 可见胆囊肿大，充满稀薄胆汁。部分病例脾脏充血增大2～3倍。肾皮质有散在的针尖状出血点。部分病例心脏扩张淤血，少数心内外膜有出血点。胸腺肿大，常出现水肿，并有散在性针尖至粟粒大出血点。胃肠多充盈，胃的部分黏膜脱落，小肠黏膜充血、出血。肠系膜淋巴结肿大。妊娠母兔子宫充血、淤血和出血。膀胱积尿。多数雄性病例睾丸淤血。

（五）诊断

在疫区根据流行病学特点、典型的临诊症状和病理变化，一般可以做出初步诊断。在新疫区要确诊可进行实验室的病毒检查和血清学试验。

（1）病毒检查 取肝病料10%乳剂，超声波处理，高速离心，收集病毒，负染色后电镜观察。可发现一种直径25～35纳米，表面有短纤突的病毒颗粒。

（2）血凝和血凝抑制试验 肝病料10%乳剂，高速离心后的上清液与用生理盐水配制的0.75%人O型红细胞悬液进行微量血凝试验，在4℃或25℃作用1小时，凝集价大于1∶160判为阳性。再用已知阳性血清做血凝抑制试验，如血凝作用被抑制（血凝抑制滴度大于1∶80为阳性），则证实病料中含有本病毒。

（3）其他实验室方法 琼脂扩散试验、酶联免疫吸附试验（ELISA）及荧光抗体等试验对本病也有诊断价值。

（六）防控

（1）预防 疫苗免疫是预防兔瘟的关键措施。同时兔场应加强饲养管理，平时坚持定期消毒和切实有效执行兽医卫生防疫措施，加强检疫与隔离。禁止外人进入兔场，更不准兔及兔毛商贩进兔舍内购买兔、剪毛。新引进的兔，需要隔离饲养观察至少2周，无病时方可入群饲养。目前使用得较多的疫苗是兔病毒性出血症灭活苗或兔病毒性出血症-兔巴氏杆菌病二联灭活苗，一般 20 日龄首免，2 月龄加强免疫 1 次，以后每 6 个月免疫 1 次。兔场根据本地条件还可用兔瘟-巴氏杆菌病-魏氏梭菌病三联苗注射免疫。

（2）治疗　目前尚无有效治疗兔瘟的化学药物。兔群一旦发病，应该立即划定疫区，封锁、隔离病兔，采取彻底消毒等措施。对兔群中没有临诊症状的兔用兔病毒性出血症疫苗实行紧急接种疫苗，每只兔注射 2ml。临诊症状较轻的病兔注射高免血清进行治疗，成年兔 3~4ml，仔兔及青年兔 2~3ml，具有较好疗效。待病情稳定后，再注射兔病毒性出血症疫苗。临诊症状危重的病兔可扑杀，尸体深埋或无害化处理。被病兔、死兔污染的环境和用具等进行彻底消毒。

对于慢性型和沉郁型的病兔，可静脉或腹腔注射 20% 葡萄糖盐水 10~20ml，庆大霉素 4 万单位，并肌内注射板蓝根注射液 2ml 及维生素 C 注射液 2ml。或用等份的板蓝根、大青叶、金银花、连翘、黄芪，混合后粉碎成细末（此即为"兔瘟散"），幼兔每次服 1~2g，日服 2 次，连用 5~7 天；成年兔每次服 2~3g，日服 2 次，连用 5~7 天；也可拌料喂食，有一定效果。

二、兔黏液瘤病

兔黏液瘤病是由兔黏液瘤病毒引起的一种高度接触传染性和高度致死性传染病，以全身皮肤，尤其是面部和天然孔周围发生黏液瘤样肿胀为特征。因切开黏液瘤时从切面流出黏液蛋白样渗出物而得名。本病被 OIE 列为 B 类疫病，我国将其列为输入的疾病。本病为一种自然疫源性疾病，最早于 1896 年发现于乌拉圭。目前全球已有 56 个国家和地区发生本病，随着国外种兔的进口，本病传入我国的危险性甚大，应予高度警惕。

（一）病原
兔黏液瘤病毒属痘病毒科兔痘病毒属成员。病毒粒子呈砖形。本病毒包括几个不同毒株，具有代表性的是南美毒株和美国加州毒株。各毒株间的毒力和抗原性互有差异，这与病毒基因组大小有关。本病毒易在鸡胚绒尿膜上生长繁殖，并形成特殊痘斑。病毒还可在鸡胚成纤维细胞、兔肾细胞和兔睾丸细胞培养中繁殖，产生典型的痘病毒细胞病变，即胞浆包涵体和核内空泡。本病毒存在于病兔全身体液和脏器中，尤以眼垢和病变部皮肤渗出液中含量最高。病毒抵抗力低于大多数其他痘病毒。病毒不耐pH 值 4.6 以下的酸性环境。对热敏感，55℃ 10 分钟、60℃数分钟内被灭活。但病变部皮肤中的病毒可在常温下活好几个月，如置入 50% 甘油盐水中，更可长期保持其活力。本病毒对干燥的抵抗力相当强，在干燥的黏液瘤结节中可保持毒力达 3 周之久。对石炭酸、硼酸、升汞和高锰酸钾有较强的抵抗力，但对福尔马林则较敏感，0.5% ~2% 福尔马林液 1 小时使之致死。对乙醚敏感但能抵抗去氧胆酸盐和胰蛋白酶，这是本病毒的特有性质。

（二）流行特点

本病只侵害家兔和野兔，人和其他动物无易感性。在野兔中易感性差异很大，家兔和欧洲野兔最为易感，可引起全身症状，病死率很高。棉尾兔和田兔有抵抗力，北美野兔仅引起局部良性的纤维瘤。病兔和带毒兔是传染源，以病兔眼垢和病变部皮肤的渗出液中含毒量最高。本病的主要传染方式是与病兔或带毒兔的直接接触，或与其污染物的间接接触而传染。可经呼吸道飞沫传播；在自然界中最主要的传播方式是通过节肢动物媒介叮咬传播，如蚊子、兔蚤、刺蝇、蜱和螨等昆虫。病毒在媒介昆虫体内并不繁殖，仅起单纯的机械传播作用。本病发生有明显季节性，每年 8 ~10 月，在蚊虫大量滋生的季节为发病高峰季节，尤其是低洼潮湿地带发病最多。冬季蚤类是主要的传播媒介。黏液瘤病毒在蚊体内可越冬，在兔蚤体内能存活 105 天以上，在蚊体内可存活达 7 个月之久。本病还有周期性趋向，每 8 ~ 10 年流行

1 次。

（三）临诊症状

潜伏期 4 ~ 11 天，平均约 5 天，由于毒株间毒力差异较大和兔的不同品种及品系间对病毒的易感性高低不同，所以本病的临诊症状比较复杂。

（1）感染强毒力南美毒株的病兔症状　感染 3 ~ 4 天即可看到最早的肿瘤，但要第 6 天、第 7 天才出现全身性肿瘤。病兔眼睑水肿，黏稠脓性结膜炎和鼻漏，头部肿胀呈"狮子头"状。耳根、会阴、外生殖器和上下唇显著水肿。身体的大部分、头部和两耳，偶而在腿部出现肿块。初期发硬而凸起，边界不清楚，进而充血，破溃流出淡黄色的浆液。病兔直到死前不久仍保持食欲。病程一般 8 ~ 15 天，死前可能出现神经症状，病死率几乎达 100%。

（2）感染毒力较弱的南美毒株或澳大利亚毒株的病兔症状　病兔仅表现轻度水肿，有少量鼻漏和眼垢以及界限明显的肿瘤结节，病死率低。

（3）呼吸型症状　近年来，在一些集约化养兔业较发达的疫区，还表现为呼吸型。潜伏期长达 20 ~ 28 天，接触传染，无媒介昆虫参与，一年四季都可发生。初期为卡他性鼻炎，继而表现为脓性鼻炎和结膜炎。皮肤病损轻微，仅在耳部和外生殖器的皮肤上见有炎症斑点，少数病例的背部皮肤有散在性肿瘤结节。

痊愈兔可获 18 个月的特异性抗病力。

（四）病理变化

特征性的眼观病变是皮肤肿瘤结节、皮肤和皮下组织显著水肿，尤其是颜面和身体天然孔周围的皮下组织充血、水肿，皮下切开见有黄色胶冻液体聚集。液体中含有处于分裂期的黏液瘤细胞和白细胞。皮肤可见出血。胃肠浆膜和黏膜下有出血斑点。心内外膜可见出血点，有时脾肿大，淋巴结水肿或出血。

（五）诊断

1. 初步诊断

根据本病的特征性临诊症状和病理变化，结合流行特点不难做出诊断。但在新疫区或毒力较弱的毒株所致的非典型病例或因兔抵抗力较高，症状和病变不明显时，则诊断比较困难。确诊需进行实验室诊断。

2. 实验室诊断

在国际贸易中，尚无指定诊断方法，替代诊断方法有琼脂凝胶免疫扩散试验（AGID）、补体结合试验（CF）、间接荧光抗体试验（IFA）。取病变组织，将表皮与真皮分开，磷酸盐缓冲液洗涤后备用。

（1）病理组织检查　将病变组织做切片或涂片，检查黏液瘤细胞和嗜酸性包涵体。

（2）动物试验　取新鲜病料磨碎后经皮下接种幼兔，2 ~ 5 天内接种部位出现病灶，并可用血清学方法检查存活的兔。

（3）病原分离鉴定　将病料在 11 ~ 13 日龄的鸡胚绒毛尿囊膜上接种，孵育 4 ~ 6 天，观察绒毛尿囊膜上的灶性痘斑。或用鸡胚成纤维细胞、兔肾细胞、兔睾丸细胞等原代细胞、RK13 传代细胞分离病毒。病毒鉴定可用电镜和病原检测技术。

（4）电镜观察　用电镜检查病变的渗出物或涂片，可观察病毒特征性形态。

（5）血清学方法　可用琼脂双扩散试验、ELISA、Dot-ELISA、IFA、病毒中和试验及补体结合试验等方法，进行诊断和监测。

（六）防控

我国尚无该病流行，应加强国境检疫，严防疫病传入。

平时严防野兔进入饲养场，杀灭吸血昆虫；严禁从有本病发生和流行的国家或地区进口兔及兔产品；引进兔种及兔的产品时，应严格口岸检疫；新引进兔必须在防昆虫的动物房内隔离饲养 14 天，检疫合格者方可混群饲养；毗邻国家发生本病流行时，应封锁国境；发现疑似本病发生时，应立即向有关单位报告疫情，并迅速作出确诊，及时采取扑杀病兔、销毁尸体、彻底用 2%～5% 福尔马林液消毒污染场所、紧急接种疫苗等综合性防制措施。

本病目前无特效的治疗方法，疫区主要依靠疫苗预防接种。国外使用的疫苗有 Shope 纤维瘤病毒疫苗，或美国及法国生产的弱毒疫苗，预防注射 3 周龄以上的兔，4～7 天产生免疫力，免疫保护期 1 年，免疫保护率达 90% 以上。近年来推荐使用的 MsD/S 株疫苗，安全可靠，免疫效果更好。

三、兔传染性水疱口腔炎

兔传染性水疱口腔炎是由水疱性口炎病毒引起的一种急性、热性传染病。其特征是口腔黏膜发生水疱性炎症并伴有大量流涎，故又称"流涎病"。

（一）病原

水疱性口炎病毒属于弹状病毒科、水疱病病毒属。病毒在多种细胞中繁殖可以产生血凝素，并在 0～4℃，pH 值 6.2 的条件下凝集鹅红细胞。病毒存在于病兔水疱液、水疱皮、口腔黏膜坏死组织、唾液和局部淋巴结中。家兔口腔黏膜涂布感染，可引发本病。病毒在 4℃ 条件下能存活 30 天；在 50% 甘油生理盐水中保持于 4℃ 冰箱内，能存活 3～4 个月；在 -20℃ 条件下能长期存活；加热至 60℃ 及在阳光的作用下，病毒很快失去毒力。2% 氢氧化钠或 1% 福尔马林，能在数分钟内杀死病毒。

（二）流行特点

自然情况下，本病主要侵害 1～3 月龄的幼兔，最常见的是在断乳后 1～2 周龄的仔兔，成年兔较少发生。病兔是主要传染源，其口腔分泌物及坏死黏膜内含有大量病毒。其传播途径以消化道为主，健康兔，食入被病兔口腔分泌物或坏死黏膜污染的饲料或水，即可感染。肌内注射也可感染。饲喂发霉饲料或口腔黏膜存在损伤等情况时，更易诱发本病。本病不感染其他家畜。一般在春秋两季发病率较高。

（三）临诊症状

本病潜伏期 3～7 天。被感染的家兔病初舌、唇和口腔黏膜潮红、充血，继而出现粟粒大至扁豆大的水疱和小脓疱，其内充满纤维素性清液，不久水疱和脓疱破溃，发生烂斑，形成大面积的溃疡面，同时有大量唾液（口水）沿口角流出，使得唇外周围、颌下、颈部、胸部和前爪的被毛湿成一片，局部皮肤常发生炎症和脱毛。常由于细菌的继发感染，引起唇、舌、口腔及其他部位黏膜坏死，并伴有恶臭。病兔不能正常采食，继发消化不良，食欲减退或废绝，精神沉郁，个别兔的体温升高（重者体温可升至 41℃ 左右）并常发生腹泻，日渐消瘦，虚弱。一般病后 5～10 天衰竭而死亡。发病率为 65% 左右，死亡率常在 50%以上。

（四）病理变化

剖检可见兔唇、舌和口腔黏膜有水疱、糜烂和溃疡；咽和喉头部聚集有多量泡沫样唾液，唾液腺轻度肿大发红；胃扩张，充满黏稠的液体；肠黏膜特别是小肠黏膜有卡他性炎症变化；尸体十分消瘦。

（五）诊断

根据本病大小水疱病变，特征性流涎症状，易发兔的年龄及发病有明显的季节性等流行特点，一般可做出初步诊断。必要时通过实验室检查确诊。

采取患兔的水疱液、水疱皮或口腔分泌物等病料以 Hank's液作 1∶5 稀释，加入抗生素，用 6 号玻璃滤器过滤，滤液接种于兔肾原代单层细胞或 BHK-21 细胞株，如有本病毒存在，常于接种后 8～12 小时发生细胞病变，并可用已知抗体鉴定所分离的病毒，也可应用已知病毒检查康复血清中和抗体浓度，进行诊断。

（六）防控

（1）预防　平时应加强饲养管理，不要饲喂带有芒刺的饲草和霉烂变质的饲料，清除饲草料中的尖锐物，以防尖锐物损伤口腔黏膜；防止引进病兔，引入种兔必须隔离饲养观察 1 个月以上，健康种兔方可混群；春、秋两季更要严格采取卫生防疫措施，定期用2%氢氧化钠或0.5%过氧乙酸或1%福尔马林等对兔舍、兔笼及其他用具消毒；兔群体中发现病兔立即隔离，同时进行消毒，并进行对症治疗。

（2）治疗　本病目前没有特效治疗方法，对病兔可做一些对症治疗，并用抗菌药物控制继发感染。对病兔和疑似病兔，用磺胺二甲基嘧啶治疗，0.1g/千克体重口服，每日 1 次，连服 3 天，并用小苏打水作饮水；或用病毒灵 1 片（0.2g），复方新诺明1/4 片（0.125g），维生素 B_1、维生素 B_2 各 1 片，共研磨，为 1 只兔 1 次内服量，每天 2 次，连服 2 天；或口服六神丸 3 粒，1 日 3 次，连服2～3 日；也可用大青叶10g、黄连5g、野菊花15g，煎汤内服，此药量为 5 只兔 1 次剂量。局部治疗可用消毒防腐药液（如2%硼酸溶液、2%明矾溶液、0.1%高锰酸钾溶液、1%盐水等）冲洗口腔，然后涂擦碘甘油，每天 1 次，连用4 天；也可用青黛散（青黛10g、黄连10g、黄芩10g、儿茶6g、冰片6g、明矾 3g 研细末即成）涂擦或撒布于病兔口腔，1 日2～3 次，连用2～3 天。中药还可用黄芩粉、冰硼散等。

对病兔群中未发病兔，可用磺胺二甲基嘧啶预防，每千克精料拌入 5g，或0.1g/千克体重口服，每日 1 次，连用3～5 天。

四、兔痘

兔痘是由兔痘病毒引起兔的一种急性、热性、高度接触性传染病。各种年龄兔均可发生，以幼兔、妊娠母兔发病率和死亡率高。临诊表现为淋巴结肿大、眼炎、皮肤上出现红斑与丘疹。其特征是皮肤痘疹和鼻、眼内流出多量分泌物。本病直接对养兔业的兔皮、兔毛收购带来巨大的经济损失。

（一）病原

病原为痘病毒科正痘病毒属的兔痘病毒。为双股脱氧核糖核酸（DNA）病毒，多砖形或圆形的病毒粒子，其抗原性与牛痘病毒很接近，各种动物的痘病毒分属于各个属，各属病毒在形态、构造、化学成分和抗原性方面大同小异。兔痘病毒易在10~12日龄的鸡胚绒毛尿囊膜上繁殖，可产生小痘疱病灶。细胞培养，兔痘病毒能在兔肾脏、睾丸和兔胚单层细胞内繁殖，细胞出现病变和空斑，在病变细胞浆内有包涵体。兔痘病毒可分为痘疱型和非痘疱型，可由前者能凝集鸡红细胞，后者不能凝集鸡红细胞而加以区别。本病毒对热、阳光及多数消毒剂敏感，58℃时5分钟即被杀死，但耐干燥和低温，在干燥的空气中，可存活40~50天。

（二）流行特点

本病只有家兔能自然感染发病，各年龄家兔均易感，但幼兔和妊娠母兔致死率较高。病兔为主要传染源，其鼻腔分泌物中含有大量病毒，污染环境，通过呼吸道、消化道、皮肤创伤和交配而感染。在兔群体中本病传播极为迅速，常呈地方性流行或散发。幼兔死亡率可达70%，成年兔为30%~40%。

（三）临诊症状

本病潜伏期2~9天，后期达14天。病兔初期表现发热至41℃，流鼻液，呼吸困难。全身淋巴结尤其是腹股沟淋巴结、胭淋巴结肿大坚硬。发病5天后在皮肤出现红斑性疹，发展为丘疹，丘疹中央凹陷坏死成脐状，最后干燥结痂。病灶多见于眼睑、耳、口、腹背和阴囊处。病兔轻者表现羞明流泪呈眼睑炎，严重者发生化脓性眼炎或弥漫性、溃疡性角膜炎，甚至角膜穿孔，患虹膜炎和虹膜睫状炎。公母兔生殖器均可出现水肿，发炎肿胀，怀孕兔发生流产。通常病兔有运动失调、痉挛、眼球震颤、肌肉麻痹的神经症状。病兔经7~10天死亡，也有的几周内死亡。

自然发病的兔痘病兔表现发热，不食，精神不安，出现结膜炎和下痢，无丘疹感染病兔一周内死亡。据报道，病兔经5天潜伏期后，病兔表现食欲废绝、腹泻，一侧或两侧眼睑炎。1~2天后，在口、鼻、耳廓、腹部、背部、阴囊皮肤，肛门和肛门周围出现斑点，然后变成1cm、微凸红色坚硬的丘疹（绝不变成水疱和脓疱症）。还能发生在生殖器官上。个别病例有神经症状，表现运动失调，痉挛，眼球震颤，有些肌群发生麻痹。肛门、尿道括约肌发生麻痹，同时继发支气管肺炎、喉炎、鼻炎、胃肠炎，妊娠母兔流产。感染7~10天死亡，慢性拖至几周死亡。

（四）病理变化

病变主要见皮肤、口腔、呼吸道及肝、脾、肺等出现丘疹或结节；淋巴结、肾上腺、唾液腺、睾丸和卵巢均出现灰白色坏死结节；相邻组织发生水肿和出血。

（五）诊断

根据临诊症状和病理变化，不难做出初步诊断。确诊需分离鉴定病毒，或作血凝抑制试验等血清学试验。

本病特征性临诊症状是皮肤上出现红斑性疹，发展到丘疹，丘疹干燥形成浅表痂皮，绝不形成水疱和脓疱，与兔的葡萄球菌病加以鉴别。其次将病料涂片镜检，可见包涵体，而葡萄球菌为革兰氏阳性菌，镜下可见圆形或卵圆形葡萄串状金黄色葡萄球菌加以鉴别。

（六）防控

平时加强饲养管理，做好兔舍的清洁卫生工作，对兔粪、尿要及时清除，可用3%石炭酸、0.1%碘液、百毒杀等进行消毒，对有临诊症状的病兔进行隔离、治疗或淘汰。目前对本病的传染来源还不太明确的情况下，为了防止继发感染可用抗菌药物口服或注射，同时在饲料内添加抗病毒药物和多种维生素，最好添加复合维生素B，增强皮肤抵抗力以减少本病的发生。受疫情威胁时，可用牛痘苗作预防注射。据资料介绍，国外用利福平对兔痘病毒有效，也可用中药治疗，对局部用0.1%高锰酸钾清洗，后用碘甘油或紫药水涂擦。

五、兔轮状病毒病

兔轮状病毒病是由轮状病毒引起仔兔以脱水和水样腹泻为特征的传染病。患兔大多因严重脱水而死亡，死亡率40%～60%，在继发感染或并发感染情况下死亡率更高。据调查，群养兔感染本病毒达59.2%～83.6%，且青、成年兔，其他动物和人隐性带毒者，不断传播病毒，对养兔业的发展构成了严重威胁。目前还无有效的疫苗控制本病。因此，及早诊断和预防本病，是当前世界养兔业亟待解决的问题。

（一）病原

轮状病毒属呼肠孤病毒科轮状病毒属，是幼兔腹泻主要病原。病毒形态呈圆形，像车轮状，具有双层衣壳核糖核酸（RNA）病毒，直径70～75纳米。对乙醚、氯仿有抵抗力。粪便中病毒在18～20℃室温中7个月仍有感染力，56℃经过30分钟使病毒失活。病毒能耐酸碱，在pH值3～10均保持稳定。对一般消毒剂均敏感。通常用兔肾原代单层上皮细胞培养，适应后才能在细胞株中传代，有细胞产生病变，病毒存在于粪便及后段肠内容物中。

（二）流行特点

病兔及带毒兔是传染源。主要经消化道感染。幼兔对轮状病毒的易感性最强，2~6周龄的仔兔，特别是刚断奶的幼兔，发病率和死亡率均高。成年兔一般呈隐性感染，但可从粪便中大量排毒。本病常呈突然暴发，迅速传播。本病一旦在兔群体中流行，不易根除，以后每年都可能发病。

（三）临诊症状

潜伏期为18~96小时。2~6周龄仔兔感染后，突然暴发，病兔呕吐、低烧、昏睡，减食或绝食，排出稀薄或水样粪便，粪便呈淡黄色，含有黏液，严重时甚至带血，病兔的会阴部或后肢的被毛都粘有粪便。体温一般不高，多数于下痢后3天左右，因脱水衰竭而死亡，死亡率可达40%~60%，有的高达80%。青年兔、成年兔大多不表现临诊症状，仅有少数表现短暂的食欲不振和排出稀软粪便，甚至带血。

（四）病理变化

轮状病毒主要侵害小肠黏膜上皮细胞，引起细胞变性、坏死，黏膜脱落，使肠道的吸收功能发生紊乱，造成病兔脱水死亡。尸体剖检病变最显著的部位在小肠的空肠和回肠，可见肠黏膜明显充血、肿胀、有大小不一的出血斑；结肠淤血，盲肠扩张，内有大量的液状内容物。病程较长者，有眼球下陷等脱水表现。其他脏器无明显变化。

（五）诊断

对于初发兔群，根据兔群体的发病率和死亡率，结合发病年龄、临诊症状和病理变化，可做出临诊诊断。由于兔感染轮状病毒后大多数呈隐性感染，临诊症状和病理变化均不太明显，且引起急性腹泻的病因较多，故通过流行特点、临诊症状和病理变化只能做出初步诊断。要确诊，需要借助实验室诊断的方法，即从粪便中检出兔轮状病毒或其抗体，或从血清中检出轮状病毒抗体。可采用荧光抗体试验、电镜技术、酶联免疫吸附试验（ELISA）、中和试验等方法进行诊断。

（六）防控

（1）预防　目前尚无有效的疫苗。本病主要危害刚断奶的幼兔，主动免疫不可能在短时间内产生坚强的免疫力，因此，多采取母源抗体被动免疫。所以要特别注意加强对断奶兔的饲养管理，建立严格的卫生制度和消毒制度，不从本病流行的兔场引进种兔。饲料配合要合理，饲料种类相对稳定，变换时要逐渐过渡。保持兔舍内温度、湿度的相对恒定。发生本病时，及早发现立即隔离，全面消毒，死兔及排泻物、污染物一律深埋或烧毁。有条件时，可自制灭活疫苗，给母兔免疫保护仔兔。

（2）治疗　目前本病尚无有效的药物治疗措施，在实际生产中，主要采取综合预防和治疗的办法加以控制。对于病兔要隔离治疗，可以通过补液以维持体内的水、盐代谢平衡，增强机体的抵抗力。应用抗生素防止继发感染，拉稀严重的，可选用次硝酸铋、鞣酸蛋白、药用炭等止泻收敛药物。

第二节　常见细菌性传染病的防控技术

一、巴氏杆菌病

兔巴氏杆菌病又称兔出血性败血症，是由多杀性巴氏杆菌引起的一种急性、热性、败血性传染病，是危害家兔的主要细菌性疾病之一。家兔对多杀性巴氏杆菌十分敏感，常引起大批发病和死亡，给家兔养殖业造成很大的损失。临诊表现为鼻炎型、肺炎型、败血症型、中耳炎型及其他病型（结膜炎型、生殖系统感染型和脓肿型）。

（一）病原

多杀性巴氏杆菌，呈球杆状或短杆状菌，大小为（0.25~0.5）微米×（1~1.5）微米，两端钝圆，常单个存在，有时成双排列，革兰氏染色阴性。病料涂片后，用瑞氏染色、姬姆萨染色或美蓝染色呈明显的两极浓染，但其培养物的两极着色现象不明显。无鞭毛，无芽孢，有荚膜。多杀性巴氏杆菌是需氧或兼性厌氧的，最适宜生长温度为37℃，最适宜pH值7.2~7.4。对营养要求严格，在普通琼脂上虽能生长，但不丰盛，在加有鲜血、血清或微量血红素的培养基上生长良好，可以形成光滑型（S）、粗糙型（R型）或黏液型（M型）的菌落。在血清琼脂平板培养基上生长出露滴状小菌落。根据其菌体抗原区分血清型，至少可分为1~16个血清型。根据其荚膜抗原区分血清型，可分为A、B、D、E、F五个血清型。引起兔巴氏杆菌病的多杀性巴氏杆菌是A型和D型，以血清型7：A为主，其次是5：A。猪、禽巴氏杆菌对兔的毒力也很强。本菌对物理或化学因素的抵抗力比较低，在干燥的空气中2~3天死亡，在直射阳光下迅速死亡，加热60℃，20分钟；75℃，5~10分钟，可被杀死。在血液内保持毒力6~10天，冷水中能保持活力达2周，于厩肥内可存活1个月。本菌易自溶，在无菌蒸馏水和生理盐水中迅速死亡。普通消毒液的常用浓度对本菌都有良好的消毒作用，如3%石炭酸和0.1%升汞溶液1分钟可杀死本菌；10%石灰乳、2%来苏尔及常用的福尔马林溶液等3~4分钟可使本菌失去活力。本菌在粪便中能生存1个月左右，在兔体内能生存3个月左右。

（二）流行特点

各个品种、不同年龄的家兔均有易感性，其中以9周龄至6月龄的兔最易感。病兔和带菌兔是主要传染源。病原菌随病兔的唾液、鼻涕、粪便以及尿液等排出，污染饲料、饮水、用具和环境，经呼吸道、消化道、皮肤和黏膜伤口感染。一般情况下，

35%～75%家兔的鼻黏膜及扁桃体带有本菌，但不发病，当饲养管理不善、营养缺乏、饲料突变、过度疲劳、长途运输、寄生虫感染以及寒冷、闷热、潮湿、拥挤、圈舍通风不良、阴雨绵绵等，使兔子抵抗力降低时，病菌易趁机侵入体内，发生内源性感染。本病发生无明显季节性，但以春、秋及湿热季节发病率较高，呈散发或地方性流行。一般发病率在20%～70%。

（三）临诊症状

潜伏期一般为1～6天。根据临诊症状可分为以下7个型。

（1）败血症型　分为最急性型、急性型和亚急性型。流行初期呈最急性型，常不显症状而突然死亡。急性型表现精神委顿，不食，呼吸急促，体温升高至41℃以上，鼻腔有分泌物，有时出现腹泻，常在1～3天内死亡；临死前体温下降，全身颤抖，四肢抽搐。亚急性型主要表现为肺炎和胸膜炎。病兔表现呼吸困难、急促，鼻腔流出黏脓性鼻液，常打喷嚏，体温稍高，食欲减退，有时见腹泻，关节肿胀，结膜发炎、潮红，眼睑红肿，病程1～2周或更长，最终衰竭死亡。

（2）传染性鼻炎型　此型一般传染很慢，传染源长期存在，致使兔的群体大规模发生。发病初期，鼻黏膜发炎，鼻腔先流出浆液性鼻液，以后转为黏液性以至脓性鼻液，常打喷嚏、咳嗽；发病中期，常使前爪擦揉鼻孔，鼻孔附近的被毛潮湿、脱落，上唇和鼻孔皮肤红肿、发炎；发病后期，鼻液稠，鼻孔周围形成痂壳，堵塞鼻孔，呼吸困难，出现呼噜音。

（3）地方流行性肺炎型　多见于成年兔。病初食欲不振、精神沉郁、体温较高，有时还出现腹泻、关节肿胀等；临诊上难以见到明显的呼吸困难等肺炎症状，一旦见到明显的呼吸困难时，呈急性经过，很快死亡。

（4）中耳炎型　又称斜颈症、歪脖病，是病菌感染蔓延到内耳和脑部的结果。典型症状是斜颈，并向颈的一侧滚转，一直斜倾到围栏侧壁为止，并反复发作。如脑膜和脑实质受害，可能出现运动失调和其他神经症状。严重时，吃食、饮水困难，逐渐消瘦，衰竭死亡。

（5）结膜炎型　多发生于幼兔。初期时，结膜潮红、眼睑肿胀，多为两侧性，有浆液性、黏液性或黏脓性分泌物；中后期时，红肿消退，但流泪经久不止。

（6）脓肿型　发生于皮下和任何内脏器官；体表脓肿表现热、肿、疼、有波动感；内脏器官的脓肿往往不表现临诊症状，容易发生脓毒败血症死亡。

（7）生殖系统感染型　多见于成年兔。母兔表现为不孕，伴有黏脓性分泌物从阴道流出，如转为败血症，往往造成死亡。公兔则表现为一侧或两侧的睾丸肿大。

（四）病理变化

（1）败血型　剖检主要可见全身性出血、充血或坏死。鼻腔黏膜充血，有黏液脓性分泌物。喉头黏膜充血、出血，气管黏膜充血、出血，伴有少量红色泡沫。肺脏充血、出血、水肿。心内、外膜出血。肝脏变性，有许多小坏死点。脾脏、淋巴结肿大、出血。小肠黏膜充血、出血。胸腔、腹腔有淡黄色积液。

（2）传染性鼻炎型　鼻腔黏膜潮红、肿胀或增厚，有时发生糜烂，黏膜表面附有浆液性、黏液性或脓性分泌物。鼻窦或副鼻窦黏膜充血、红肿，窦内有分泌物积聚。

（3）地方流行性肺炎型　病变部位主要位于肺尖叶、心叶和膈叶前下部，表现为肺充血、出血、实变、膨胀不全、脓肿和出现灰白色小结节。肺胸膜与心包膜常有纤维素附着，胸腔积液。肺门淋巴结充血、肿大。鼻腔和气管黏膜充血、出血，有黏稠的分泌物。

（4）中耳炎型　病兔一侧或两侧鼓室内可见到白色奶油状渗出物。鼓膜破裂时外耳道内可见到白色奶油状的渗出物。炎症蔓延到脑部，可见到化脓性脑膜炎、脑炎变化。

（5）结膜炎型 多为两侧性，眼睑中度肿胀，结膜发红，分泌物常将上下眼睑粘封。

（6）脓肿型 可见皮下、内脏器官有脓肿。脓肿内有充满白色、黄褐色奶油样渗出液，有厚的结缔组织包围，与周围组织有明显的界限。

（7）生殖系统感染型 母兔一侧或两侧子宫扩张。急性感染时，子宫仅轻度扩张，腔内有灰色水样渗出物。慢性感染时，子宫高度扩张，子宫壁变薄，呈淡黄褐色，子宫腔内充满黏稠的奶油样脓性渗出物，常附着在子宫内膜上。公兔则表现一侧或两侧睾丸肿大，质地坚实，有些病例伴发脓肿。

（五）诊断

根据流行特点、临诊症状和病理变化，可做出初步诊断，确诊有赖于实验室检查。

（1）病原学检查 对败血症型病兔，无菌采集心血、肝脏、脾脏或体腔渗出物等；对于其他类型的病兔，无菌采集病变部位的脓汁、渗出物、分泌物等。

（2）显微镜检查 将病料直接作涂片或触片，用革兰氏染色或瑞氏染色、姬姆萨染色、美蓝染色，显微镜观察。如见有多量革兰氏阴性、典型两极着色的短杆菌，可做出初步诊断。

（3）分离培养 挑取病料，分别划线接种于鲜血琼脂平板和麦康凯琼脂平板上，37℃培养24h。本菌在麦康凯琼脂平板上不生长，而在鲜血琼脂平板上生长良好，可见有淡灰白色、圆形、水滴样、无溶血现象的小菌落，革兰氏染色为阴性短杆菌。

（4）动物接种 取少许病料，用无菌生理盐水做成（1：5）～（1：10）的悬液，接种于小白鼠的肌肉或皮下，剂量为每只0.2～0.5ml。如于24～48小时死亡，由心血、肝脏、脾脏作涂片或触片染色镜检，见大量革兰氏阴性、典型两极着色的短杆菌，即可确诊。

（5）血清学试验　检查被检兔的血清是否呈阳性，可采取凝集试验、琼脂扩散试验、酶联免疫吸附试验、荧光抗体试验等方法进行诊断。

（六）防控

（1）预防　建立无多杀性巴氏杆菌种兔群是防治本病的最好方法。种兔要定期检测，对阳性种兔淘汰处理，建立无巴氏杆菌病种兔群。兔场定期用兔巴氏杆菌灭活苗或兔巴氏杆菌、波氏杆菌灭活油佐剂二联苗，兔病毒性出血症、兔巴氏杆菌二联灭活苗，兔病毒性出血症、兔巴氏杆菌、产气荚膜梭菌病三联苗等进行预防接种。

种兔群应坚持自繁自养，禁止随便引进种兔；必须引进时，应先检疫并观察 1 个月，健康者方可进场；商品肉兔群要经常检查，发现病兔尽快隔离治疗，严格淘汰无治疗价值的病兔。平时加强饲养管理与卫生防疫工作，严禁畜、禽和野生动物进场。发生本病时，对于同群假定健康兔仔细观察、测温，对临诊检查健康的兔，可用兔巴氏杆菌灭活苗，进行紧急接种预防，或用抗菌药物进行药物预防。一旦发现本病，立即采取隔离、治疗、淘汰，对兔舍、用具等用 1% ~2% 的烧碱溶液、10% ~20% 的石灰水溶液或 3% 的来苏尔水溶液消毒。对病兔尸体及其排泄物等进行无害化处理。

（2）治疗　选用具有抑制杀灭巴氏杆菌的抗菌药物，并结合对症治疗，早治疗效果好。最好选用药敏试验敏感的药物进行治疗。无条件进行药敏试验的单位，可参考下列方法进行。

①青霉素、链霉素联合肌内注射。按每千克体重每次用青霉素 2 万 ~4 万单位、链霉素 1 万 ~2 万单位，每天 2 次，连用 3 天。

②氨苄青霉素钠（安比西林）肌内注射。按每千克体重每

次 2～5mg，每天 2 次，连用 3 天。

③磺胺嘧啶钠肌内注射。按每千克体重每次 0.05～0.1g，每天 2 次，首次剂量加倍，连用 3～5 天。

④磺胺二甲嘧啶片或磺胺嘧啶片。内服，按每千克体重首次量 0.2g，维持量 0.1g，配合等量的小苏打片服用，每天 2 次，连用 3～5 天。

⑤硫酸庆大霉素注射液或硫酸卡那霉素注射液：肌内注射，按每千克体重每次用 1 万～2 万单位，每天 2 次，连用 3 天。

⑥土霉素、穿心莲、酵母片。内服，按每千克体重每次用土霉素 20～40mg、穿心莲 0.5g、酵母片 0.5g，每天 2 次，连用 5 天。

⑦中药疗法。方剂一，鱼腥草 8g、双花 8g、桔梗 5g、大青叶 8g，水煎拌料，成年兔每天 1 剂，幼年兔剂量减半（治疗地方流行性肺炎型和传染性鼻炎型）；方剂二，黄连 7g、黄芩 3 课、黄檗 3g、板蓝根 8g、丹皮 8g，水煎拌料，成年兔每天 1 剂，幼年兔剂量减半（治疗败血症型）。每天 1 次，连用 3～5 天。

⑧鼻炎病兔可将青霉素、链霉素各按照 2 万单位/ml 配制滴鼻使用，每天 2 次，连用 5～7 天。或庆大霉素注射液配合滴鼻净，滴鼻使用，每天 2 次，连用 3～5 天。

⑨结膜炎病兔可将卡那霉素注射液或磺胺二甲嘧啶钠注射液等药物配合硫酸新霉素滴眼液，交替点眼，每天 4 次，连用 3～5 天。

⑩脓肿型病兔需进行外科治疗。切开成熟的脓肿排脓，用 3% 的过氧化氢溶液或 0.1% 高锰酸钾溶液或 0.1% 新洁尔灭溶液冲洗后，涂碘酊，不缝合，几天可愈合。

二、波氏杆菌病

兔波氏杆菌病又名兔败血波氏杆菌病、兔支气管败血波氏杆菌病，是由支气管败血波氏杆菌引起兔的一种常见的呼吸道传染病。呈地方性流行。临诊特征主要表现为鼻炎型、支气管肺炎型。哺乳仔兔和断奶仔兔、青年兔多呈急性经过；成年兔呈现慢性经过。

（一）病原

支气管败血波氏杆菌为病原，是一种细小球杆菌，散在或成双排列，无芽孢，有鞭毛，无荚膜，需氧性，呈两极染色，革兰氏染色阴性。严格需氧菌，在普通琼脂培养基上生长后，形成光滑、湿润、烟灰色、半透明、隆起的中等大菌落。病原主要存在兔的上呼吸道黏膜上。本菌抵抗力不强，一般消毒剂均可使其致死。在液体中经58℃作用15分钟即可杀死。

（二）流行特点

支气管败血波氏杆菌是严格寄生菌。豚鼠、兔、狗、猫、马等多种动物都可感染本病，人也可感染。各个品种、不同年龄的兔均有易感性。哺乳仔兔和断奶仔兔、青年兔发病率较高，死亡率高，多为急性经过；成年兔发病较少，常为慢性经过。病兔和带菌兔是本病的传染源。主要经呼吸道传播。本病多发生于气候多变的春、秋两季，秋末、冬初、初春的寒冷季节为本病的流行期。病菌常寄生在家兔的呼吸道中，机体因保温措施不当、气候骤变、感冒、寄生虫、强烈刺激性气体或灰尘刺激上呼吸道等降低了兔的机体抵抗力，可诱发本病发生。本病分为鼻炎型和支气管肺炎型，鼻炎型常呈地方流行性，支气管肺炎型多散发。本病也可和巴氏杆菌病或李氏杆菌病并发。

（三）临诊症状

本病潜伏期一般为7～10天。临诊症状一般分为鼻炎型和支气管肺炎型。

（1）鼻炎型　比较多发，病兔表现打喷嚏，咳嗽，鼻孔流出浆液或黏液性分泌物，通常不呈脓性。鼻腔黏膜潮红，并附有浆液和黏液。发病诱因消除后，症状可很快消失，但常出现鼻中隔萎缩。病程短，一般2~3天。

（2）支气管肺炎型　主要见于成年兔，多由鼻炎型转来，表现为慢性经过；鼻炎症状长期不愈，鼻腔流出黏性至脓性分泌物；呼吸加快、张口呼吸，常呈现犬坐姿势，食欲不振，逐渐消瘦，病程一般几天至数月，有的发生死亡。幼兔和青年兔，经常呈现急性经过，初期表现鼻炎症状，呈呼吸困难，迅速死亡，病程2~3天。

（四）病理变化

（1）鼻炎型　鼻腔黏膜充血，附有浆液性或黏液性分泌物，鼻甲骨变形。

（2）支气管肺炎型　支气管黏膜充血、出血，管腔内充满黏液性或脓性分泌物。肺组织大面积出血、坏死及间质水肿；或肺脏表面凹凸不平，有粟粒到乒乓球大小、灰白色、数量不等的脓肿，外有致密包膜，内积奶油状黏稠脓液。有些病例在肝脏或肾脏表面形成脓疱；还有些病例可见化脓性胸膜炎、心包炎。

（五）诊断

（1）显微镜检查　对活兔，用无菌棉拭子，取鼻咽部分泌物。对死兔，无菌采集肺脏、肝脏、脾脏、肾脏或气管分泌物等。将病料直接作涂片，用革兰氏染色或美蓝染色，显微镜观察。革兰氏染色见到革兰氏阴性、细小球杆菌；美蓝染色见到两极浓染的球杆菌。

（2）分离培养　挑取病料，分别划线接种于普通营养琼脂培养基或绵羊鲜血琼脂平板或麦康凯琼脂平板上，37℃恒温箱内培养24小时。普通琼脂培养基细菌生长良好，形成圆形、隆起、光滑闪光、边缘整齐的小型菌落（直径约为1mm），质地如奶油样；绵羊鲜血琼脂平板上形成圆形、显著隆起、光滑、边缘整齐、灰白色的中等大菌落，不溶血；麦康凯琼脂平板上形成光滑、圆整、凸起、半透明、奶油样、直径 1mm 左右的菌落（巴氏杆菌不生长）。钩取菌落涂片，革兰氏染色，镜检，见到革兰氏阴性细小球杆菌。

（3）动物接种试验　取纯菌种接种于肉汤培养基内，37℃恒温箱内培养 24～48 小时后，取 0.5ml 肉汤培养物，其菌液浓度约为 12 亿个菌体/ml，对小白鼠或豚鼠腹腔接种，24～48 小时出现急性腹膜炎而死亡，病变为气管黏膜出血，喉头有泡沫状分泌物，肺脏淤血、出血，肝脏肿大、淤血，腹膜炎等。从死亡小白鼠或豚鼠的肝脏、肺脏等处均回收到接种菌。

（六）防控

（1）预防　加强兔群体饲养管理，做好兔舍通风换气，增强兔群体抵抗力，减少应激因素，保持圈舍及环境卫生，定期进行消毒。坚持自繁自养，严禁从疫区引种，需引进种兔时，做好检疫工作，隔离观察 1 个月以上，再与健康肉兔混群饲养。种兔要定期检测，对阳性兔淘汰处理，建立无波氏杆菌病种兔群；商品肉兔要经常检查，及时检出有鼻炎症状可疑兔，给予隔离治疗或淘汰；对已感染的兔群，应立即采取检疫、隔离、消毒、淘汰病兔等措施，防止本病蔓延。定期用兔波氏杆菌灭活苗预防注射，皮下或肌内注射，每兔剂量 1ml，免疫期为 6 个月，每年注射 2 次；还可用兔巴氏杆菌、波氏杆菌灭活油佐剂二联苗或兔瘟、兔巴氏杆菌、兔波氏杆菌三联蜂胶灭活苗进行免疫接种；发生本病时，对于同群假定健康兔，用兔波氏杆菌灭活苗进行紧急接种预防。对发病兔进行隔离、治疗，做好消毒工作。对病兔尸体及其排泄物等进行无害化处理。

（2）治疗　选用具有抑制杀灭败血波氏杆菌的抗菌药物，并结合对症治疗。最好选用药敏试验敏感的药物进行治疗。无条件进行药敏试验的单位可参考下列方法进行：

①硫酸卡那霉素注射液或硫酸庆大霉素注射液。肌内注射，

剂量按每千克体重每次 1 万～2 万单位，每天 2 次，连用 3～4 天。

②青霉素、硫酸链霉素联合使用。肌内注射，剂量按每千克体重每次用青霉素 2 万～4 万单位、链霉素 1 万～2 万单位，每天 2 次，连用 3 天。

③硫酸新霉素。肌内注射，剂量按每千克体重每次 40mg，每天 2 次，连用 3～4 天。

④磺胺嘧啶钠注射液。肌内注射，剂量按每千克体重每次 0.1～0.2g，每天 2 次，首次剂量加倍，连用 3～5 天。

⑤磺胺二甲嘧啶片或磺胺嘧啶片。内服，剂量按每千克体重首次量 0.2g，维持量 0.1g，配合等量的小苏打片服用，每天 2 次，连用 3～5g。

⑥酞磺胺噻唑。内服，剂量按每千克体重每次 0.1～0.3g，每天 2 次，连用 3～5 天。

⑦鼻炎病兔的治疗。可采用青霉素、链霉素各按照 2 万单位/ml 配制滴鼻使用，每天 2 次，连用 5～7 天；或庆大霉素注射液配合滴鼻净，滴鼻使用，每天 2 次，连用 3～5 天；或青霉素 80 万单位加蒸馏水 5ml，稀释后，加 3% 麻黄素 1ml 滴鼻，每天 3 次，连用 5 天。

三、大肠杆菌病

兔大肠杆菌病又称黏液性肠炎，是由一定血清型的致病性大肠杆菌及其毒素引起的仔兔、幼兔肠道传染病，以水样或胶冻样粪便和严重脱水为特征。

（一）病原

大肠杆菌属于肠杆菌科中的大肠埃希氏菌属，为革兰氏阴性、无芽胞、有鞭毛的短小杆菌。该菌血清型较多，引起兔致病的大肠杆菌，主要有 30 多个血清型，如 O_{85}、O_{19}、O_{16}、O_{128}、

O_{18}、O_{26}、O_{86}等。埃希氏菌为需氧或兼性厌氧菌，最适宜生长温度37℃，pH值7.2～7.4。对营养要求不严格，在普通培养基上生长良好。在普通琼脂培养基上生长后，形成光滑、湿润、乳白色、边缘整齐、隆起的中等大菌落。某些致病性菌株在血液琼脂培养基上能产生β型溶血环。在普通肉汤中生长，呈均匀浑浊，形成浅灰色黏液状沉淀。麦康凯培养基，由于本菌发酵乳糖，形成的菌落为紫红色；在伊红美蓝琼脂上生长，由于发酵乳糖产酸，使伊红和美蓝结合，形成紫黑色带金属光泽的菌落。抵抗力中等，在水中能存活数周到数月，一般消毒药能将其迅速杀死。

（二）流行特点

大肠杆菌广泛存在于自然界，是兔肠道内的常在菌，一般不引起发病，当气候环境突变、饲养管理不当及患有某些传染病、寄生虫病引起仔兔抵抗力降低时而发病。该菌在病兔体内增强了毒力，排出体外可经消化道传播引起暴发流行，造成大批死亡。本病无明显的季节性。各种年龄的兔均易感，主要侵害20日龄与断奶前后的仔兔和幼兔，即1～4月龄多发，而成年兔很少发病。第一胎仔兔和笼养兔的发病率较高。

（三）临诊症状

潜伏期4～6天。最急性病例常不见任何症状而突然死亡。病程短的在1～2天内死亡，长的经7～8天死亡。病兔体温一般正常或低于正常，精神沉郁，被毛粗乱，脱水，消瘦，腹部膨胀，剧烈腹泻，肛门和后肢被毛常沾有大量黏液或水样粪便，并带有两头尖的干粪球。四肢发冷，磨牙，最终衰竭死亡。

（四）病理变化

胃膨大，充满多量液体和气体。小肠扩张、水肿，充满气体和黏液。大肠内容物呈水样，有多量胶冻样物，浆膜黏膜充血，有出血斑点。胆囊扩张，黏膜水肿。有些病例的心脏、肝脏有局部性的小坏死灶。

（五）诊断

根据临诊症状、病理变化及流行特点可做出初步判断，但较难与其他幼兔腹泻病区分。确诊需作实验室的细菌分离鉴定。

（1）病原学检查　采取病兔、死兔的心、血、肝、脾、肠内容物等，涂片，染色后直接镜检，观察是否有大肠杆菌。分离培养可用鉴别培养基，有条件的也可做生化反应或动物试验，进行诊断。

（2）血清学检查　可用血清学凝集试验、酶联免疫吸附试验（ELISA）等方法进行检查。

（六）防控

1. 预防

平时应加强饲养管理，搞好兔舍卫生，定期消毒。减少应激因素，特别是在断奶前后不能突然改变饲料，以免引起仔兔肠道菌群紊乱。常发病兔场，可用从本场病兔中分离出的大肠杆菌制成灭活苗，20～30日龄的仔兔肌内注射1ml，有一定疗效。兔场一旦发病，应立即隔离或淘汰病兔，死兔应焚烧深埋，兔笼、兔舍用0.1%新洁尔灭或2%火碱水进行消毒。

2. 治疗

（1）对抗病原疗法　抗菌药物疗法：链霉素（肌内注射，每千克体重20～30mg，每日2次，连用4～5天）、庆大霉素（肌内注射，每只兔2万～4万单位，每天2次，连用3～5天）、多黏菌素（每只兔2.5万单位，连用3～5天）、磺胺脒（每千克体重100mg，每日3次，连用4～5天）、复方新诺明、氟哌酸、恩诺沙星、环丙沙星以及青霉素等抗菌药物均有治疗作用，但由于大肠杆菌极易产生抗药性，有条件的应做药敏试验再选择用药。剂量可按药品说明书使用。

（2）促菌生疗法　口服促菌生，每千克体重50mg，每天1～2次，连用3～4天。

（3）中药疗法　穿心莲 6g、金银花 6g、香附 6g，水煎服，每天 2 次，连用 7 天。也可用丹参、金银花、连翘各 10g，加水 1 000ml，煎至 300ml，口服，每次 3~4ml，每天 2 次，连用 3~4 天。也可用大蒜酊（用去皮蒜头和 75% 的医用酒精 1∶1 配比。先将蒜头洗净充分捣烂为泥，再与酒精混合搅拌均匀，装入密封的容器内浸泡 12~15 小时。用双层灭菌纱布过滤，滤液即成大蒜酊，装瓶备用。口服，每只兔用 2~3ml，每天 2 次，连用 3~4 日。）或用大蒜泥（口服，每只兔用 2~3g，每天 2 次，连用 3~4 日）治疗。

（4）补液及电解质疗法　此疗法是降低死亡率，提高治愈率十分重要的辅助疗法，必须配合对抗病原疗法一起使用。可用口服补液盐溶液（配制遵照药品说明书）任病兔自由饮用。如病兔已没有饮欲，可用 5% 葡萄糖生理盐水腹腔注射 20~50ml/次，每天 1~2 次。

四、沙门氏菌病

兔沙门氏菌病，又名兔副伤寒，是由鼠伤寒沙门氏菌和肠炎沙门氏菌引起兔的消化道和生殖器官的传染病，以发生败血症、急性死亡、腹泻和流产为主。怀孕 25 天以上的母兔临诊主要表现为流产和腹泻，并因败血症而迅速死亡。幼兔多表现为腹泻和败血症。

（一）病原

病原为鼠伤寒沙门氏杆菌和肠炎沙门氏菌。为革兰氏阴性杆菌，呈短杆状，具有鞭毛，不形成芽胞。在普通琼脂培养基上生长后，形成光滑、湿润、灰白色、边缘整齐、隆起的中等大菌落。本菌对外界环境抵抗力较强，但对消毒药物的抵抗力不强，3% 来苏尔水、5% 石灰乳及福尔马林等能在几分钟内将其杀死。本菌能使多种动物发病，还可引起人的食物中毒。

（二）流行特点

本病一年四季均可发生，尤其是晚秋和早春更为普遍。本病传染性比较强，不分年龄、性别和品种都会发病，但以断奶幼兔和妊娠母兔最易感，尤其是怀孕 25 天后的母兔，发病率高达 57%，流产率为 70%，致死率为 49%。病兔和带菌兔是主要的传染源。病原菌由传染源的粪便排出体外。本病感染方式主要有两种，一种是外源性感染，即吃了污染本菌的饲料、饮水等而经消化道传播；另一种为内源性感染，当各种原因（如管理条件不善、气候变化、卫生条件差等）导致兔机体抵抗力下降时，寄生在兔体内的沙门氏菌趁机大量繁殖，增强毒力而引起发病。幼兔也可经子宫内或脐带感染。此外，鼠类、鸟类及苍蝇也能传播本病。

（三）临诊症状

本病潜伏期为 3～5 天，分为最急性型和急性型。

（1）最急性型 病兔常不出现任何症状而突然死亡。

（2）急性型 病兔精神沉郁，体温升高，食欲废绝，渴欲增加。多数患病幼兔腹泻并排出有泡沫的黏液性粪便，消瘦，3～5 天死亡。怀孕母兔从阴道排出黏液或脓性分泌物，阴道黏膜潮红、水肿，流产胎儿体弱，皮下水肿，很快死亡。也有的胎儿腐化或成木乃伊，母兔常于流产后死亡。康复的母兔不易受孕。

（四）病理变化

（1）最急性型 多数病兔无特征病变，呈败血症病变，一些内脏器官充血、出血，胸腹腔有浆液或纤维素性渗出物。

（2）急性型 病兔可见胃肠黏膜充血、出血，有弥漫性灰白色栗粒大的结节，肠系膜淋巴结充血水肿。圆小囊和盲肠蚓突黏膜有粟粒大的坏死结节。肝脏表面有灰黄色针尖大小坏死灶。脾脏肿大、充血。肾脏肿大，有散在性针头大的出血点。流产病兔的子宫粗大，子宫腔内有脓性渗出物，子宫壁增厚，黏膜有充血，有溃疡，其表面附着纤维素坏死物。未流产病兔的子宫内有木乃伊或液化的胎儿。阴道黏膜充血，表面有脓性分泌物。

（五）诊断

根据流行特点、临诊症状、病理变化可以做出初步诊断。确诊需做细菌学检查，可采集病兔的血液或病死兔的肝脏、脾脏及其他器官进行病原的分离培养鉴定，普查兔群体的污染情况可进行玻片凝集试验。

（六）防控

1. 预防

搞好环境卫生，加强兔群饲养管理，严防怀孕母兔及幼兔与传染源接触；兔场要定期应用鼠伤寒沙门氏杆菌诊断抗原普查兔群，淘汰感染兔；引进的种兔要进行隔离观察，淘汰感染兔、带菌兔，建立健康的兔群；对怀孕前和怀孕初期的母兔可注射鼠伤寒沙门氏菌灭活苗，每次颈部皮下或肌内注射1ml，每年注射2次；兔场应与其他畜场分隔开；兔场要做好灭蝇、灭鼠工作，经常用2%火碱或3%来苏尔、5%石灰乳等消毒剂消毒；病兔应及时治疗或淘汰，死兔无害化处理。

2. 治疗

病兔要及时进行治疗或淘汰，同时对全场进行全面消毒。

（1）抗生素疗法　选用敏感抗菌药物进行治疗。一般可选用氟苯尼考（氟甲砜霉素，肌内注射，每千克体重20mg；或口服，每千克体重20~30mg。每天2次，连用3~5天）、链霉素（肌内注射，每千克体重用3万~5万单位，每天2次，连用3天）、磺胺二甲基嘧啶（口服，每千克体重0.1~0.2g，每天1次，连用3~5天）、土霉素（口服，每千克体重20~50mg；肌内注射，每千克体重40mg。每天2次，连用3天）。还可选用四环素、环丙沙星、恩诺沙星等。

（2）中药疗法　黄连 5g、黄芩 10g、马齿苋 15g，水煎服。或应用大蒜汁（取洗净的大蒜充分捣烂，1 份大蒜加 5 份清水制成蒜汁，每次口服 5ml，每天 3 次，连用 5～7 天，或直接内服大蒜捣成的蒜泥）。

（3）支持疗法　在应用以上方法的同时，可口服酵母片、补液盐及收敛剂，促进消化机能的恢复，保护肠黏膜，防止脱水。对于脱水严重的种兔，进行腹腔或静脉补液，增强机体抵抗力，促进痊愈。

五、魏氏梭菌病

魏氏梭菌病又称魏氏梭菌性肠炎、产气荚膜杆菌病，是由 A 型魏氏梭菌及其毒素引起肉兔的一种高度致病性的急性传染病。临诊上以水样下痢、脱水和迅速死亡为特征，是对养兔业危害最严重的传染病之一。发病兔致死率很高。

（一）病原

病原为魏氏梭菌即产气荚膜杆菌，一般可分为 A、B、C、D、E、F 六型。兔的魏氏梭菌病主要由 A 型引起，少数为 E 型。A 型魏氏梭菌为革兰氏阳性大杆菌，两端稍钝圆，无鞭毛，但有荚膜，能形成芽胞，可产生多种毒素。芽胞抵抗力极强，在外界环境中可长期存活，一般消毒药不易杀灭，升汞、福尔马林杀灭效果较好。魏氏梭菌普遍存在于土壤、粪便、污水、饲料及劣质鱼粉中。A 型魏氏梭菌主要产生 α 毒素。该毒素只能被 A 型抗血清中和，具有致坏死、溶血和致死作用，仅对兔和人有致病力。

（二）流行特点

本病的主要传染源是病兔和带菌兔及排泄物。传染途径主要是消化道或伤口，粪便污染的病原在传播方面起主要作用。病菌可随病兔的粪便排出，污染周围环境，健康兔摄入后即经消化道感染。除哺乳仔兔外，各种年龄、品种、性别的兔子均有易感性，但多发生于断奶仔兔、青年兔和成年兔，发病率和死亡率为20%~90%。本病的发生无明显季节性，但冬、春季一般较多。兔舍的卫生条件不良、过热、拥挤，以及使用磺胺药物均可诱发本病。

（三）临诊症状

临诊上通常分为最急性型和急性型2种。

（1）最急性型　常突然发病，很快死亡，没有发现任何明显的症状。

（2）急性型　病兔开始排出褐色软粪，随即出现剧烈水泻，黄褐色，后期带血、变黑、腥臭。肛门周围、后肢及尾部被毛潮湿，并沾有稀粪。患病兔精神沉郁，拒食，消瘦，脱水，昏迷，体温不高，多于12小时至2日内死亡。部分病例可拖至数日至1周后死亡。

（四）病理变化

剖检可见胃内充满饲料或气体，胃黏膜脱落，常有出血点和溃疡灶；肠道充满液体与气体，肠壁薄，肠系膜淋巴结肿大；盲肠、结肠充血、出血，肠内有黑褐色水样稀粪、腥臭；肝脏质地变脆，胆囊充盈，脾胀呈现深褐色。膀胱积有少量茶褐色尿液。

（五）诊断

根据流行特点、临诊症状、病理变化可以做出初步诊断，确诊需做以下实验室诊断。

（1）镜检　采病料涂片，用革兰氏法染色后镜检，如见有革兰氏阳性粗大杆菌，菌端钝圆，有荚膜，中心或偏端形成芽胞，再结合临诊症状即可做出初步诊断。

（2）分离培养　粪便用灭菌生理盐水稀释后，加热到80℃，约10分钟后取上清液，接种厌氧肝肉汤培养基中，如分离到此阳性杆菌，再转移到血琼脂平板上，厌氧培养。

（3）动物试验　取厌氧肝肉汤培养基0.7ml接种豚鼠、幼兔，如果均在24小时内死亡，剖检病变与自然死亡基本相同，可诊断为阳性。

此外，也可用中和试验、对流免疫电泳等血清学方法诊断本病。

（六）防控

1. 预防

首先平时应加强饲养管理，搞好环境卫生，防止饲喂过多的谷物类饲料和含有过高蛋白质的饲料，兔舍内避免拥挤，注意灭鼠灭蝇；其次严禁引进病兔，发生疫情后，立即隔离或淘汰病兔。兔笼、兔舍用5%热碱水消毒，病兔分泌物、排泄物等一律焚烧深埋；再次应定期进行预防接种，每兔颈部皮下注射魏氏梭菌灭活菌苗1ml，免疫期4~6个月：仔兔断奶前1周进行首次免疫接种，可明显提高断奶仔兔成活率。另据报道，发生疫情时，应用魏氏梭菌灭活菌苗进行紧急预防注射，或用金霉素22mg拌1kg饲料喂兔，连喂5天，均有明显预防效果。

2. 治疗

（1）血清疗法　病初用特异性高免血清治疗，每千克体重2~5ml，皮下或肌内注射，每日2次，连用2~3天。

（2）抗菌素疗法　可用下列抗菌素：红霉素，每千克体重20~30mg，肌内注射，每日2次，连用3天；金霉素，每千克饲料中加10mg，或按每千克体重20~40mg，肌内注射，每天2次，连用3天；卡那霉素，每千克体重20~30mg，肌内注射，每日2次，连用3天；喹乙醇，口服，每千克体重5mg，每天2次，连用3天。在使用抗生素的同时，也可在饲料中加活性炭、维生素B_{12}等辅助药物。

（3）对症治疗　口服食母生（5~8g/只）和胃蛋白酶（1~2g/只），腹腔注射5%葡萄糖生理盐水，可提高疗效。

六、泰泽氏病

兔泰泽氏病是由毛样芽孢杆菌引起的一种以严重下痢、脱水、严重盲肠炎症并迅速死亡为主要症状的兔的消化道传染病。本病的死亡率极高，是养兔业的一大威胁。

（一）病原

病原为毛样芽胞杆菌，是严格的细胞内寄生菌，形体细长，革兰氏染色阴性，能形成芽胞。PAS（过碘酸雪夫氏）染色着色良好。本菌对外界环境抵抗力较强，在土壤中可存活 1 年以上。但对氨苄青霉素、链霉素敏感。

（二）流行特点

本病除兔易感外，大白鼠、小白鼠、仓鼠、猫等均可感染。以秋末至春初多发，主要侵害 6~12 周龄幼兔，断奶前的仔兔和成年兔也可感染发病，哺乳中的母兔比公兔容易受应激因素的刺激而发病。病兔为本病的主要传染源。病原随病兔粪便排出，污染周围环境，健康兔接触后经消化道而感染。本病的发病率和死亡率较高。当拥挤、过热、运输及饲养管理不良等应激因素存在时，可诱发本病。应用磺胺类药物治疗其他疾病时，因干扰了胃肠道内微生物的生态平衡，也易导致本病的发生。已证实本病可通过胎盘感染。

（三）临诊症状

病兔发病急，严重腹泻，粪便呈褐色糊状至水样，臀部及后肢被粪便污染。精神沉郁，食欲废绝，迅速脱水，常于发病后12~18 小时死亡。耐过的病兔食欲不振，生长停滞，成为僵兔。

（四）病理变化

死兔尸体严重脱水消瘦，后肢染污大量粪便。盲肠或回肠后段、结肠前段的浆膜出血。盲肠和回肠的肠腔内含有水样褐色内容物并充满气体，肠壁水肿。肠系膜淋巴结水肿。肝脏肿大，有弥散性坏死灶。脾脏萎缩。心肌有坏死灶。

（五）诊断

根据流行特点、临诊症状，盲肠、肝脏、心肌变化，可做出初步诊断。但确诊需要做细菌学检查。以肝坏死区、病变心肌或肠道病变部位作病料涂片，姬姆萨氏或 PAS 染色，镜检，若在病变组织细胞浆中发现毛样芽胞杆菌，即可确诊。有条件的可用荧光抗体试验、补体结合试验以及琼脂扩散试验等进行诊断。

（六）防控

（1）预防 加强饲养管理，改善环境条件，定期进行消毒，尽可能消除应激因素；隔离或淘汰病兔，兔舍要全面消毒，兔排泄物发酵处理或烧毁，防止病原菌扩散；对未发病兔在饮水或饲料中加入土霉素，可起到一定的预防作用。

（2）治疗 及时隔离治疗病兔，全面消毒兔舍，防止病原菌扩散。可选用以下药物治疗。

①土霉素。患病早期用 0.006% ~0.01% 土霉素水供患兔饮用，疗效良好。

②青霉素与链霉素联合使用。青霉素每千克体重 2 万 ~4 万单位，链霉素每千克体重 2 万单位，溶解后混合进行肌内注射，每天 2 次，连用 3 ~5 天。

③红霉素。每千克体重 100mg 的剂量，肌内注射，每天 2 次，连用 3 ~5 天。

④金霉素。每千克体重 40mg，兑入 5% 葡萄糖溶液中静注，每天 2 次，连用 3 天。

治疗无效时，应及时淘汰。

七、兔伪结核病

兔伪结核病是由伪结核耶尔森氏杆菌引起的一种消耗性疾病，可引起肠系膜淋巴结炎、扁桃体炎和败血症。肠道、肝脏、脾脏、肾脏、淋巴结等器官呈现粟粒状干酪样坏死性结节，与分枝杆菌形成的结节相似，故称为伪结核。本病也是一种慢性消耗性人兽共患病。

（一）病原

病原伪结核耶尔森氏杆菌，是革兰氏阴性、多形态的杆菌，大小为0.8～6.0微米，没有荚膜，有鞭毛，不形成芽胞。用病变脏器触片，美蓝染色多呈明显的两极着染。在普通琼脂、鲜血琼脂上均能生长，在培养基上为细小干燥、边缘不整齐，灰黄色的菌落，易与副伤寒杆菌鉴别，在肉汤培养基内，形成轻微的混浊，表面有一层黏性薄膜。本菌体有6个血清型，菌体有4个抗原型，第Ⅰ型和第Ⅱ型常见。

（二）流行特点

伪结核耶尔森氏杆菌广泛存在于自然界，家兔、小鼠、野兔和灰鼠等啮齿动物是自然贮存宿主和传染源，故家兔很易自然感染发病。本病多呈散发，偶尔为地方性流行，冬、春季节多发。家兔主要通过接触带菌动物和鸟类，或食入带菌食物而发病，也可通过皮肤、呼吸道和交配传染。营养不良、应激和寄生虫病等使兔抵抗力降低时，易诱发本病。

（三）临诊症状

本病为慢性消耗性疾病，临诊症状常不明显。病兔一般表现为食欲不振，精神沉郁，腹泻，进行性消瘦，被毛粗乱，最后极度衰弱而死，多数病兔有化脓性结膜炎，腹部触诊可感到有肿大的肠系膜淋巴结和肿大坚硬的蚓突。少数病例呈急性败血症经过，体温升高，呼吸困难，精神沉郁，食欲废绝，很快死亡。

（四）病理变化

主要病变在盲肠蚓突和回盲部的圆小囊。严重时盲肠蚓突肿大、肥厚、变硬似小香肠，圆小囊肿大变硬，浆膜下有许多灰白色干酪样粟粒大的结节，单个存在或连成片状。此外，肠系膜淋巴结肿大，有灰白色的坏死灶。肝脏、脾脏、肺脏有无数灰白色干酪样小结节。死于败血症的病例，肝脏、脾脏、肾严重淤血肿胀，肠壁血管极度扩张，肺和气管黏膜出血，肌肉呈暗红色。组织上，伪结核病结节主要由中心部的干酪样坏死和外围部的上皮样细胞组成。

（五）诊断

本病多为散发性，以长期缓慢消瘦和衰弱为主，腹部触诊时可触到肿大的淋巴结。死后在肠道和各器官发现干酪样小结节和肿大的肠系膜淋巴结。根据以上典型的流行特点、临诊症状及病理变化可做出初步诊断。确诊需要做实验室诊断。可采取病料在麦康凯琼脂培养基进行病原的分离和鉴定，伪结核耶尔森氏杆菌为革兰氏阴性、多形态的小杆菌。必要时可用凝集反应与绵羊红细胞间接凝集试验进行确诊。

（六）防控

（1）预防　平时要加强饲养管理，定期消毒灭鼠，防止饲料、饮水及用具污染，同时注意做好人身防护；引进种兔要隔离检疫，严禁带入病原，平时对兔群体可用血清凝集试验和红细胞凝集试验进行检疫，淘汰阳性兔，培育健康兔群；屠宰时如发现患本病的兔，要立即销毁尸体，绝对不得食用，以防止人感染此病，同时对环境做彻底消毒；用伪结核耶尔森氏杆菌多价灭活疫苗进行预防注射，每只兔的颈部皮下或肌内注射1ml，免疫期达6个月，每年注射2次，可预防本病的发生。

（2）治疗　由于本病活体难以确诊，又无特效药物治疗，同时，本病亦可引起人的急性阑尾炎、肠系膜淋巴结炎和败血症，所以对患病兔一般不作治疗，而即予淘汰。如有必要治疗时，用抗生素治疗有一定的疗效。本菌对链霉素、卡那霉素、四环素片和甲砜霉素敏感，可选用治疗。

①链霉素。肌内注射，每次每千克体重2万单位，每日2

次，连用 3 ~ 5 天。

②卡那霉素。肌内注射，每次每千克体重 10 ~ 20mg，每日 2 次，连用 3 ~ 5 天。

③四环素片。内服，每次每千克体重 30 ~ 50mg，每日 2 次，连用 3 ~ 5 天。

④甲砜霉素。口服或肌内注射，每次每千克体重 40mg，每日 2 次，连用 3 ~ 5 天。

八、结核病

兔结核病是由结核杆菌引起的一种慢性传染病，以肺脏、消化道、肾脏、肝脏、脾脏与淋巴结的肉芽肿性炎症及非特异性症状（如消瘦等）为特征。

（一）病原

病原为结核杆菌，是分枝杆菌属的直或微弯的细长杆菌，在培养基上或干酪性淋巴结内的细菌有分枝现象。无荚膜，不产生芽胞，革兰氏染色呈阳性，抗酸性染色呈红色。兔结核病的病原主要是牛型结核杆菌，禽型和人型结核杆菌也能引起兔发病。该菌对外界抵抗力较强。在土壤、粪便中能生存 5 个月以上，不怕干燥与湿冷，但对温度敏感，62 ~ 63℃15 分钟即可杀死，煮沸即可杀死。一般消毒剂可将其杀死。对酸有抵抗力。

（二）流行特点

本病是人畜共患传染病。一般通过呼吸道感染，经飞沫传播。患有结核病的人、牛和鸡的粪便、分泌物等污染了饲料和饮水后，被家兔饮食后也可染病。还可通过交配和皮肤创伤感染。有抵抗力的家兔感染较轻。在易感兔体内病原菌可迅速繁殖。适宜的传播条件、饲养管理不善可促发本病。一年四季均可发生，多为散发。

（三）临诊症状

本病潜伏期长，常呈隐性经过，不表现明显的临诊症状。发病兔食欲不振，消瘦，黏膜苍白，被毛粗乱，咳嗽气喘，呼吸困难，眼虹膜变色，晶状体透明，体温稍高。肠结核病例有腹泻症状，呈进行性消瘦。有些病例常见肘关节、膝关节和跗关节的骨骼变形，甚至发生脊椎炎和后躯麻痹。

（四）病理变化

病兔尸体消瘦，内脏器官有大小不一、灰色或淡褐色的结节。结节通常发生于肝脏、肺脏、肾脏、腹膜、心包、支气管淋巴结和肠系膜淋巴结等部位，脾脏少见。结节具有干酪样坏死中心和纤维组织包膜。肺结核病灶可发生融合形成空洞，肠浆膜面上有稍突起的、大小不等的结节，黏膜面上呈现溃疡，溃疡周围为干酪样坏死。支气管和纵膈淋巴结肿大，内有干酪样坏死。

（五）诊断

根据流行特点、临诊症状、病理变化可以做出初步诊断。确诊需进行实验室诊断。

（1）直接镜检　在痰、尿、脓液或脑脊液中找到结核杆菌，是本病最可靠的诊断依据。标本涂片固定，经抗酸性染色，结核杆菌呈红色，其他菌为蓝色，可作为诊断依据。

（2）动物试验　采取病料接种豚鼠，一般作皮下接种，病死者或经4～6周不死者，经剖检，观察病变，或做分离培养。此法检出率较高。

（3）免疫学试验　变态反应、补体结合反应为重要的诊断方法。

（六）防控

（1）预防

①加强饲养管理，严格兽医卫生防疫制度，定期对兔舍、兔笼和用具等进行消毒。兔场要与鸡场、猪场、牛场等隔开，并防

止其他动物进入兔舍。

②严禁用结核病牛、病羊的乳汁饲喂兔；结核病人不能当饲养员；新引进的兔须隔离观察 1 个月以上，经检疫无病方可混群。

③发现可疑病兔要立即淘汰，被污染的场地要彻底消毒，严格控制病原传播给健康兔。

（2）治疗 治疗本病的治疗意义不大，关键要靠预防。对种用价值高的病兔，可进行治疗。

①链霉素。肌内注射，每千克体重 4 万单位，每天 2 次，连用 7 天。

②白芨 100g、百部 40g、白果 50g、蜂蜜 50ml、猪油 300g，前三味药研末，共熬成膏，每次每只兔喂服 3.5ml，每天 2 次。或萱草 5g、赤芍 5g、蒲公英 2.5g、紫花地丁 2.5g，水煎灌服，每次 10ml，每天 2 次。

九、李氏杆菌病

李氏杆菌病是由李氏杆菌引起的一种兔的散发性传染病，侵害多种动物和人。由于病兔的单核细胞增多，又称为单核细胞增多症。病兔的头常偏向一侧，所以本病也称为歪头病。病兔主要表现为突然发病、死亡、流产和脑膜炎。本病呈散发性，发病率低，但死亡率高。

（一）病原

病原菌为产单核细胞李氏杆菌，是一种革兰氏染色阳性杆菌，两端钝圆的短小杆菌，单在、呈 V 字排列或成丛排列；无芽胞、无荚膜。对食盐和热耐受性强，巴氏消毒法不能杀灭，但一般消毒药易使其灭活。本菌对青霉素有抵抗力，对链霉素敏感，但易形成抗药性。对新霉素极为敏感，对四环素和磺胺类药物也很敏感。

（二）流行特点

本病的易感动物极其广泛，已查明有 42 种哺乳动物和 22 种鸟类有易感性，幼兔和妊娠母兔对本病最易感。常为散发性，偶尔呈地方性流行，不广泛传播，发病率较低，但病死率很高。患病动物和带菌动物是主要的传染源。啮齿动物特别是鼠类是本菌的储存宿主。患病动物的粪、尿、乳汁、精液以及眼、鼻、生殖道分泌物，均可分离到李氏杆菌。本病可通过消化道、呼吸道、眼结膜、破损的皮肤、交配而感染，吸血昆虫也可传播。污染的水和饲料是主要传播媒介。冬季缺乏青饲料、怀孕、天气骤变、有体内寄生虫或沙门氏菌感染时，均可成为本病发生的诱因。

（三）临诊症状

本病潜伏期为 2~8 天。病兔可表现以下几种类型。

（1）急性型　多见于幼兔，病兔体温可达 40℃ 以上，精神沉郁，食欲废绝。鼻腔黏膜发炎，流出浆液性、黏液性、脓性分泌物，几个小时或 1~2 天内死亡。

（2）亚急性型　主要表现为子宫炎和脑膜脑炎。

①子宫炎。传播迅速，母兔分娩前几日，出现精神不振，拒绝采食，很快消瘦，从阴道内流出暗红色或棕褐色液体。分娩前 1~2 天，孕母兔流产，胎儿皮肤出血，一般经 4~7 天死亡。耐过母兔，会造成不孕。

②脑膜脑炎。病兔作转圈运动，头呈弯曲状，头颈偏向一侧；严重者可一眼向上，一眼向下，运动失调或翻滚，失去采食或行动能力，逐渐消瘦而死亡，病程一般为 4~7 天。

（3）慢性型　病兔主要表现为子宫炎。分娩前 2~3 天发病，病兔精神沉郁，拒食，流产，并从阴道内流出红色或棕褐色分泌物。有的出现头颈歪斜等神经症状，流产康复后的母兔长期不孕。病程可达 6~8 个月之久。

（四）病理变化

（1）急性型和亚急性型　肝脏实质有散在或弥漫性针头大的淡黄色或灰白色的坏死点。心肌、肾脏、脾脏也有相似的病灶。淋巴结尤其是肠系膜淋巴结和颈部淋巴结肿大或水肿。胸腔、腹腔和心包内有多量清亮的渗出液。皮下水肿。肺出血性梗死和水肿。

（2）慢性型　病变和急性型相似。脾脏和淋巴结，尤其是肠系膜淋巴结和腹股沟淋巴结显著肿大。子宫内积有化脓性渗出物或暗红色的液体。如母兔死亡，子宫内有变形的胎儿，皮肤出血或有灰白色凝乳块状物，子宫内壁可能有坏死病灶和增厚。有神经症状的病例，脑膜和脑组织充血或水肿。病兔常可见到单核白细胞显著增加，可达白细胞总数的 30% ～50%。

（五）诊断

本病单纯根据流行特点、临诊症状和病理变化不易做出诊断。如果病兔出现特殊的神经症状、孕兔流产、血液中单核细胞增多，可作为诊断的参考。确诊需做实验室诊断。进行微生物学检查和动物接种试验，在病兔死前采集血液、脑脊液和阴道渗出物，死后从血液、内脏器官和脑采样。

（六）防控

1. 预防

①严格执行兽医卫生防疫制度，搞好环境卫生，正确处理粪便，消灭老鼠及其他啮齿类动物；管好饲草、饲料、水源，防止污染，饮水用漂白粉消毒；防止野兔及其他畜禽进入兔场；引进兔时，要隔离观察。

②发生本病，即全群检疫，病兔隔离治疗或淘汰。笼舍用具及场地用4%火碱水、3%来苏尔、10%漂白粉进行彻底消毒。

③病兔肉及其产品应作无害化处理。有关工作人员应注意个人防护，特别是儿童和孕妇，不要接触病兔及其污染物，以防

感染。

2. 治疗

病兔初期治疗有一定效果，一旦出现神经症状，药物就难以奏效了。

①10%磺胺嘧啶钠注射液，肌内注射，成年兔2ml，青年兔1.5ml，幼兔1ml，每天2次，连用3天。

②增效磺胺嘧啶，肌内注射，每千克体重25mg，每天2次，连用3天。

③新霉素，混于饲料中喂给，每兔每次2万~4万单位，每日3次，连用3天。

④四环素，口服，每兔用0.2g，每日1次，连用3天。

⑤庆大霉素，肌内注射，每千克体重1~2mg，每日2次，连用3~5天。

⑥链霉素，肌内注射，每兔10万~20万单位，每日2次，连用3~5天。

⑦金银花、栀子根、野菊花、茵陈、钩藤根、车前草各3g，水煎后，灌服。

十、葡萄球菌病

兔葡萄球菌病是由金黄色葡萄球菌引起的家兔和野兔的一种常见传染病。主要表现为致死性脓毒败血症和体内任一器官或组织的化脓性炎症。在幼兔称为脓毒败血症，在成年兔称为转移性脓毒败血症。可引起成年兔和大体型兔"脚板疮"、外生殖器炎症、哺乳母兔乳房炎及初生仔兔急性肠炎。本病分布广泛，世界各地都有发生。

（一）病原

病原为金黄色葡萄球菌，是革兰氏染色呈阳性的球菌，无鞭毛和芽胞，一般不形成荚膜，直径0.4~1.2微米，常呈葡萄串状排列，在脓汁或液体培养基中有些呈双球或短链状排列。葡萄球菌需氧或兼性厌氧，在含 10%～15% 氯化钠的培养基中也能生长。在普通琼脂培养基上形成不透明的、边缘整齐的、光滑湿润的圆形菌落，能产生脂溶性色素，使菌落呈金黄色或土黄色。在血液琼脂培养基上产生透明溶血环，圆形、凸起、表面光滑湿润、边缘整齐不透明的菌落，且菌落较大。本菌对外界环境因素如高温、干燥和冷冻等抵抗力较强，但对龙胆紫、结晶紫和石炭酸等消毒药则很敏感。3%～5% 石炭酸消毒兔笼、兔舍环境，可获得较好效果。

（二）流行特点

葡萄球菌在自然界分布很广泛，空气、饲料、饮水、土壤、灰尘和各种动物体表都有沾附。金黄色葡萄球菌常存在于兔的鼻腔、皮肤及周围潮湿环境中，在适当条件下通过各种途径使兔感染，如通过飞沫传播，可引起上呼吸道炎症；通过表皮或黏膜的伤口侵入时，可引起转移性脓毒血症；通过脐带感染，可引起仔兔败血症；通过母兔的乳头感染，可引起乳房炎，仔兔吮乳后也可引起肠炎。病兔（特别是患病母兔）是主要传染源。本病的发生无明显的季节性，与兔的年龄、性别、品种也无关。

（三）临诊症状

潜伏期 2～5 天，根据病原菌侵入途径和扩散范围不同，表现各种类型。

（1）转移性脓毒败血症　在病兔头、颈、背皮下或肌肉以及内脏器官（如肺脏、肝脏、肾脏、脾脏、心脏等器官）形成一个或几个脓肿，脓肿大小不等，数量不一，小如豌豆，大似鸡蛋。初期呈小的红色硬结，后增大变软，有明显包囊。触诊柔软且有弹性。当内脏器官形成脓肿时，其功能相应受到影响，病兔精神和食欲不受影响。皮下脓肿经 1～2 个月可自行破溃，流出浓稠、乳白色干酪样或乳油样的脓汁。破口经久不愈，脓汁流到别处的皮肤上，引起病兔搔抓，造成损伤后又可形成新的脓肿。脓肿向体内破溃时，即发生全身感染，呈现败血症状，迅速死亡。

（2）化脓性脚皮炎 绝大多数发生于后肢脚掌心，前肢则较少见。发病初期的病兔，患部皮肤表皮充血、发红，出现红斑，稍肿胀、部分脱毛，随后形成经久不愈且易出血的溃疡。病兔不愿移动脚，换脚休息时小心翼翼，跛行。同时食欲减退、消瘦。发生全身性感染时，会迅速出现败血症而死亡。

（3）乳房炎 多在母兔分娩后最初几天内出现。多由乳头被仔兔咬破或被尖锐的物体刮伤后，细菌侵入所致。急性时，病兔体温升高、精神沉郁、食欲不振，乳房肿胀、发红，甚至呈紫红色，乳汁中有脓液、凝乳块或血液。慢性时，乳房皮下或实质形成大小不一、界限明显的坚硬结节，以后结节软化变为脓肿，脓汁呈乳白色或淡黄色油状。化脓性乳腺炎也可发展为全身性脓毒败血症。治疗不及时，常导致新旧脓肿反复发生。

（4）外生殖器炎症 母兔的阴户周围和阴道溃烂，形成溃疡面，形状如花椰菜样。溃疡面呈深红色，部分呈棕色结痂。有少量淡黄色黏性、黏液脓性分泌物。另一种症状为阴户周围和阴道有大小不一的脓肿，从阴道内可挤出黄白色、黏稠的脓液。患病公兔包皮有小脓肿、溃烂或结痂。

（5）仔兔脓毒败血症 仔兔出生后2~3天，在皮肤（尤其是胸部、腹部、颈、颌下和腿部内侧）先出现炎症，后见有粟粒大的白色脓肿，多数病兔在2~5天内出现败血症而致死亡。较大的乳兔（10~21天）可在上述部位皮肤上出现黄豆至蚕豆大白色脓疱，高于表皮，最后消瘦死亡。经治疗，脓肿可慢慢吸收，脓疱逐渐变干结痂，自行脱落。

（6）仔兔急性肠炎 又称仔兔黄尿病。因仔兔食入患葡萄球菌病母兔的乳汁而引起的急性肠炎，发病急，病死率高，一般是全窝发生。病兔肛门四周被毛及后肢被毛潮湿、腥臭。病兔昏睡，全身发软，病程 2~3 天。

（四）病理变化

（1）转移性脓毒败血症　病兔或死兔皮下、心脏、肺脏、肝脏、脾脏、肾脏及子宫等内脏器官有脓肿，脓肿外有结缔组织包膜。有些病例可发生心包炎和胸膜炎、腹膜炎及骨膜炎。

（2）化脓性脚皮炎　患部皮下有较多乳白色乳油状脓液。

（3）乳房炎　全部乳腺呈紫红色结缔组织，质地较硬，无脓性分泌物，乳腺内无乳汁分泌。

（4）外生殖器炎症　脾脏呈草黄色，质脆；肝脏质脆；膀胱内积有多量的脓液，阴道内充血并积有白色黏稠的脓液。

（5）仔兔脓毒败血症　患部的皮肤和皮下出现小脓疱，脓汁呈乳白色乳油状，多数病例的肺脏和心脏上有很多白色小脓疱。

（6）仔兔急性肠炎　剖检可见肠黏膜（尤其小肠黏膜）充血、出血，肠腔内充满黏液。膀胱极度扩张并充满淡黄色尿液。

（五）诊断

根据皮肤、乳腺和内脏器官的脓肿及腹泻等症状与病变可做出初步诊断。确诊应进行病原菌分离鉴定。

（六）防控

1. 预防

①经常保持兔笼、兔舍的卫生整洁，防止兔遭受损伤，兔在笼中不可太拥挤，把喜咬斗的兔分开饲养；防止皮肤受伤，有了外伤要及时处理；疫苗注射部位要严格消毒。

②搞好饲养管理，给乳汁不足的母兔适当增喂优质和多汁饲料，仔兔让其他母兔喂养，以免乳头被仔兔咬破。对乳汁过多的母兔，则要减少精饲料及多汁饲草的喂量，以防乳房膨胀，乳头管扩张，使病菌趁机而入。刚产出的仔兔，脐带用 3% 碘酒或

5%龙胆紫酒精涂搽消毒，以防感染。

③被病菌污染的兔笼及病兔粪便要严格消毒，死兔应进行焚烧深埋处理。

④发病率高的兔群，要定期注射葡萄球菌疫苗，每只健康兔皮下注射1ml，每年2次，对本病有一定的预防作用。

⑤药物预防。母兔分娩前3～5天，饲料中加入土霉素粉（每千克体重20～40mg）或磺胺嘧啶（每千克体重0.1～0.15g）进行预防。

2. 治疗

（1）局部治疗　有皮肤脓肿时，可用消毒针头将脓肿刺破，用3%碘酊或5%龙胆紫酒精消毒棉擦去脓汁，涂上青霉素软膏或土霉素软膏。对脚皮炎或体表溃疡，可用0.5%雷佛奴尔或0.1%高锰酸钾洗净创口，涂上红霉素软膏，也可用紫药水或3%碘酒涂搽，并配合全身用药。对乳房炎，轻者用0.1%高锰酸钾液冲洗乳头，涂上鱼石脂软膏，重者可用0.5%普鲁卡因注射液10ml，稀释10万～20万单位的青霉素，在乳房硬结周围封闭，每天1次，连续治疗3～5天。

（2）全身治疗　可选用以下抗生素：青霉素，肌内注射，每千克体重2万～4万单位，每天2次，连用4～5天；或庆大霉素及卡那霉素，肌内注射，每千克体重2万～4万单位，每天2次，连用3～5天；金霉素，口服，每兔0.1g，每天1次，连用4天，与甲砜霉素联合应用效果好。此外，也可用红霉素、新霉素等药物进行治疗。

（3）中药疗法　对乳房炎可用中药治疗，当归6g、赤芍6g、皂刺3g、炮山甲3g、白芷3g、甘草2g，水煎服。或金银花、连翘、蒲公英、地丁各10g，煎水拌料或温敷乳房，每天2～3次，连用3～5天。也可用金银花、野菊花、蒲公英各3g，水煎服，连用3～5剂。

十一、野兔热

野兔热又名土拉热,是由土拉热弗朗西斯菌引起人兽共患的一种急性、热性、败血性传染病。本病的特征为体温升高和淋巴结、肝脏、脾脏等内脏器官的化脓坏死结节形成。

(一) 病原

病原为土拉热弗朗西斯菌,是革兰氏阴性,但着色不良,用美兰染色呈明显的两极着染。在患病动物血液中为球形,在培养基上则呈多形性,如球形、杆状、长丝状等,在病料中可看到荚膜。本菌抵抗力颇强,水中存活 90 天,饲料中存活 130 天,尸体中可存活 100 天,60℃高温、石炭酸、来苏尔溶液很快杀死。氨基糖苷类抗生素、链霉素、庆大霉素、卡那霉素等对本菌都有杀灭作用,四环素及氯霉素对本菌有抑制作用。

(二) 流行特点

野生动物很易感,海狸鼠、水松鼠、狐、貂等均易感,呈地方性流行。对小白鼠、豚鼠、兔等最易感,同时可以通过兔直接接触传染给人,特别是野兔肉、兔肠管的传染最严重。病菌通过污染的饲料、饮水、用具以及吸血昆虫而传播,并通过消化道、呼吸道、伤口及皮肤与黏膜而入侵。多发生于春末夏初啮齿动物与吸血昆虫繁殖滋生的季节。

(三) 临诊症状

本病潜伏期 1 ~ 10 天。临诊症状可分为急性型和慢性型。

(1) 急性型 不易看到临诊症状,仅有个别病例于临死时表现精神萎靡、食欲不振、运动失调,2 ~ 3 天内呈急性败血症而死亡。

(2) 慢性型 发生鼻炎,鼻腔流出黏性或脓性分泌物。体温升高 1 ~ 1.5℃。颌下、颈下、腋下和腹股沟淋巴结肿大、质硬,极度消瘦,最后衰竭而死。

（四）病理变化

剖检特征根据病程长短而有所不同。急性死亡的病兔呈现败血症，并伴有下述特征性病变。病程较长的病兔，淋巴结显著肿大、呈深红色，可能有针头大的灰白色干酪样的坏死点。脾脏肿大、呈深红色，表面与切面有灰白或乳白色的粟粒至豌豆大的坏死结节。肝脏肿大，有散发性针尖至粟粒大的坏死结节。肾脏肿大，并有灰白色粟粒大的坏死点。肺脏充血并含有块状的实变区。骨髓也可能有坏死病灶。

（五）诊断

根据多发生于春末夏初啮齿动物与吸血昆虫繁殖滋生季节的流行特点，有鼻炎、体温升高、消瘦、衰竭与血液白细胞增多等临诊症状，淋巴结、脾脏、肝脏、肾脏有特征的化脓性坏死结节的病理变化等可做出初步诊断。确诊需进行病原菌检查。

（六）防控

1. 预防

①兔场要注意灭鼠杀虫，驱除兔的体内外寄生虫，经常对笼舍及其用具进行消毒，严防野兔进入兔场。

②引进种兔要隔离观察，确认无病后方可入群。

③发现病兔要及时治疗，无治疗价值的要采取焚烧等严格处理措施。

④疫区可试用弱毒疫苗预防接种。

⑤本病属人兽共患病，剖检病尸时要注意防护，以免感染人。

2. 治疗

①卡那霉素，肌内注射，每千克体重 10～20mg，每日 2 次，连用 3～4 天。

②链霉素，肌内注射，每千克体重 20mg，每日 2 次，连用 4 天。

③金霉素，每千克体重 20mg，用 5% 葡萄糖溶液溶解后静脉注射，每日 2 次，连用 3 天。

④甲砜霉素，肌内注射，每千克体重 20~40mg，每日 2 次，连用 3~5 天。

十二、坏死杆菌病

坏死杆菌病是由坏死梭状杆菌引起的以皮肤和口腔黏膜坏死为特征的散发性慢性传染病。

（一）病原

病原为坏死梭状杆菌，是拟杆菌科丝杆菌属的革兰氏阴性菌，无运动性，不形成芽胞，多形性。病灶中和新分离出的细菌呈长丝状，内含圆球状物，在多次培养后细菌才成为长的杆菌。本菌广泛存在于自然界，也是健康动物扁桃体和消化道黏膜的常在菌。

（二）流行特点

患病动物是主要传染源，但健康带菌动物在一定程度上也起着传播作用。本菌能侵害多种动物，幼兔比成兔易感性高。本菌不能侵入正常的皮肤和黏膜，只有当因外伤、病原菌感染而使组织受损时，细菌趁机进入受损部位引起发病，所以本病多为散发。偶呈地方性流行或群发。另外，与其他嗜氧菌并存时，消耗大量氧气，有利于本菌的生长。动物在污秽条件下易受感染。潮湿、闷热、昆虫叮咬、营养不良等可促发本病。

（三）临诊症状

病兔停止采食、流涎，体重迅速减轻。一种病型是在唇部、口腔黏膜、齿龈等处出现坚硬肿块，随后出现坏死、溃疡，形成脓肿。肿块也常发生于颈部、头面部及胸部，经 2~3 周后死亡。另一种病型是在病兔腿部和四肢关节或颌下、颈部、面部以至胸部等处的皮肤内繁殖，发生坏死性炎症，形成脓肿、溃疡，或侵入肌肉和皮下组织形成蜂窝织炎。病灶破溃后散发恶臭气味。坏死病变具有持久性，可连续存在数周或数月。病兔体温升高，体重减轻，最后衰竭死亡。

（四）病理变化

剖检可见病兔的口腔黏膜、齿龈、舌面、颈部和胸前皮下组织及肌肉组织等坏死。淋巴结（尤其是颌下淋巴结）肿大，并有干酪样坏死病灶。多数病兔在肝脏、脾脏、肺脏等处有坏死灶，并伴有心包炎、胸膜炎。后腿有深层溃疡的病变。有些病例多处见有皮下肿胀，内含黏稠的化脓性或干酪样物质。在病变部可见到血栓性静脉炎栓塞的变化。坏死组织有特殊臭味。

（五）诊断

根据流行特点、临诊症状、病理变化可做出初步诊断。确诊应依据坏死杆菌的鉴定。

（1）直接镜检　病料涂片，染色，镜检，根据病原的形态及染色特性可做出初步诊断。

（2）动物试验　病料制成乳剂后，注 0.5～1.0ml 于兔的耳外侧，或注 0.2～0.4ml 于小鼠尾部皮下，2～3 天后，在接种部位出现坏死，并逐渐扩大，8～10 天后接种动物死亡。

（六）防控

1. 预防

①加强饲养管理，清除饲草、笼内的锐利物，以防损伤兔的表面皮肤和黏膜。对已经破损的皮肤、黏膜，要及时用3%双氧水或1%高锰酸钾溶液洗涤，但不可涂结晶紫和龙胆紫。

②从外地引进种兔时，必须进行隔离检疫 1 个月，确定无病时方可入群。

③兔一旦发病，要及时进行隔离治疗，淘汰病、死兔。彻底清扫兔笼舍并进行消毒。

2. 治疗

①局部治疗。首先除去坏死组织，口腔先用 0.1% 高锰酸钾

溶液冲洗，然后涂搽碘甘油或 10% 氯霉素酒精溶液，每日 2～3
次。其他部位可用 3% 双氧水或 5% 来苏尔冲洗，然后涂搽 5%
鱼石脂酒精溶液或鱼石脂软膏。如局部有溃疡形成，清理创面后
涂以土霉素软膏或青霉素软膏或金霉素软膏等。

②全身治疗。磺胺二甲嘧啶，肌内注射，每千克体重
0.15～0.20g，每天 2 次，连用 3 天。或青霉素，肌内注射，每
兔 20 万单位，每天 2 次，连用 3 天。或土霉素，肌内注射，每
千克体重 20～40mg，每天 2 次，连用 3 天。若兔的食欲下降，
可灌服硫酸钠导泻或灌服大黄苏打片健胃。

十三、绿脓杆菌病

兔绿脓杆菌病是一种由绿脓假单胞菌引起的，以出血性肠炎
及肺炎为特征的散发性流行性传染病。本病发病急，病程短，不
及时治疗便很快死亡，多年来，给养兔业带来极大的经济损失。

（一）病原

病原绿脓假单胞菌是一种多形的细长、中等大的杆菌，大小
为 0.4 微米 ×2.5 微米，革兰氏染色阴性。不形成芽胞，有时出
现荚膜。本菌对营养要求不严格，在普通培养基上生长良好。在
普通琼脂培养基上生长后，形成光滑、湿润、蓝绿色、边缘整
齐、隆起的中等大菌落。菌体代谢产物中有一种毒力很强的外毒
素 A；另一种外毒素磷脂酶 C 是一种溶血毒素。本菌型特别复
杂，目前尚无统一的分型标准，但各国多采用血清学（凝集试
验）分型方法，已公布为 12 个血清型（群）。本菌对磺胺、青
霉素等不敏感，而对多黏菌素 B 和 E、庆大霉素、金霉素、链霉
素、新霉素、土霉素、四环素敏感。但本菌极易产生抗药性，故
治疗时应先进行药敏试验。

（二）流行特点

本菌广泛存在于土壤、水和空气中，在人、畜的肠道、呼吸

道和皮肤上也普遍存在。因此，病畜及带菌动物是主要传染源。它们的粪便、尿液、分泌物会污染周围的饲料、饮水和用具，经消化道、呼吸道及伤口感染。任何年龄的家兔都可发病，一般为散发，无明显季节性。不合理使用抗生素预防或治疗病兔，也可诱发本病。

（三）临诊症状

本病常突然发生。病兔表现突然不食，精神沉郁，昏睡，呼吸困难，体温升高，眼结膜红肿，鼻腔内流出少量半透明的分泌物，腹泻，排出血样的稀粪，一般在出现腹泻 24 小时左右死亡。慢性病例有腹泻症状或皮肤出现脓肿，脓汁呈淡绿色或灰褐色黏液状，散发出特殊的气味。有的也可见到化脓性中耳炎病变。有的病兔生前无任何症状，死后剖检才见有病理变化。

（四）病理变化

剖检可见胃内有血样液体，肠道内尤其是十二指肠、空肠黏膜出血，肠腔内充满血样液体。内脏浆膜有出血点或出血斑；胸腔、心包腔和腹腔内积有血样液体。脾脏肿大，呈粉红樱桃红色；肺脏有点状或广泛性出血，有的病例肺脏肿大，呈深红色；肝脏有时会出现化脓灶。有些病例在肺部及其他器官形成淡绿色或褐色黏稠的脓液。

（五）诊断

根据本病的流行特点、临诊症状及其病理变化可做出初步诊断，确诊需进行病原菌检查和动物接种。

（六）防控

1. 预防

①加强日常饮水和饲料卫生，防止水源和饲料被污染。

②做好兔场防鼠灭鼠工作。

③有本病史的兔场，可用绿脓假单胞菌单价或多价灭活苗，每只兔皮下或肌内注射 1ml，免疫期为半年，每年免疫 2 次。

④当发生本病时，对病兔及可疑兔，要及时隔离治疗，兔笼舍应全面消毒，死兔及污物一律焚烧深埋。

2. 治疗

绿脓杆菌对多种抗生素产生抗药性，为确保治疗效果，最好先做药敏试验，选用高敏药物。

①抗生素疗法。多黏菌素，肌内注射，每千克体重 1 万单位，每天 2 次，连用 3 ~ 5 天。或庆大霉素，肌内注射，每兔每次 2 万 ~ 4 万单位，连用 3 ~ 5 天。或硫酸新霉素，肌内注射，每千克体重每次 40mg，每天 2 次，连用 3 ~ 4 天。

②中药疗法。郁金 2g、白头翁 2g、黄柏 2g、黄芩 2g、黄连 1g、栀子 2g、白芍 2g、大黄 1g、诃子 1g、甘草 1g，共研细末，开水冲半小时后拌料，预防用量为每天每千克体重 1g，治疗量为每天每千克体重 2g。

十四、肺炎克雷伯氏菌病

本病是由肺炎克雷伯氏菌引起的一种家兔散发性传染病，青年兔和成年兔以肺炎和其他器官化脓性病灶为特征，幼兔以腹泻为特征。

（一）病原

病原为肺炎克雷伯氏菌，是革兰氏阴性、短粗、卵圆形杆菌。本菌在血平板上菌落颇大，呈灰白色，黏液状，菌落相互融合。本菌对升汞、氯亚明、石炭酸等消毒液敏感，链霉素对本菌有抑制和杀灭作用。

（二）流行特点

本菌为肠道、呼吸道、土壤、水和谷物等的常见菌。当兔机体抵抗力下降或其他原因造成应激，如忽冷忽热、饲料的突然变化、长途运输等，可促使本病发生，引起呼吸道、泌尿系统和皮肤感染。各种年龄、品种、性别的兔，均容易感染，但以断奶前后仔兔及怀孕母兔发病率最高、受害最为严重。

（三）临诊症状

青年兔和成年兔，患病后病程长，无特殊临诊症状，一般表现为食欲逐渐减少和渐进性消瘦，被毛粗乱，行动迟钝。呼吸时而急促，打喷嚏，流稀水样鼻涕。幼兔主要表现为腹泻。本病常与大肠杆菌病并发。

（四）病理变化

剖检见肺部和其他器官、皮下、肌肉有脓肿，脓液呈灰白色或白色黏稠物。幼兔剧烈腹泻，迅速衰弱以至死亡。幼兔肠道黏膜充血、淤血、肠腔内有多量黏稠物和少量气体。

（五）诊断

根据流行特点、临诊症状和病理变化可做出初步诊断，确诊需进行生化鉴定及动物接种试验。

（六）防控

目前无特异性预防方法。治疗用链霉素，肌内注射，每千克体重 2 万单位，每日 2 次，连用 3 天。

十五、兔链球菌病

本病是由溶血性 C 群兽疫链球菌引起的一种急性败血性传染病，各种年龄兔均可发病，主要危害幼兔。

（一）病原

本病主要由病原菌即溶血性 C 群兽疫链球菌所引起。肝、脾抹片镜检，本菌有荚膜，多呈双球菌排列，很少单个存在，间有 4～6 个短链，在血液与胸腔积液中可见长链。本菌无运动性，不形成芽孢，革兰氏阳性，需氧兼性厌氧菌。本菌对外界抵抗力较强，在 −20℃ 的条件下生存 1 年以上，室温下可存活 6 天，60℃30 分钟可灭活。对一般的消毒药物均敏感，常用的消毒药如 2% 石炭酸、0.1% 升汞、2% 来苏尔以及 0.5% 漂白粉均可在 2

小时内将其杀死。对青霉素、红霉素、金霉素、四环素及磺胺类药物均敏感。

（二）流行特点

病菌存在于许多动物和家兔的呼吸道、口腔及阴道中，在自然界分布很广。本病主要侵害幼兔，发病不分季节，但以春、秋两季多见。

（三）临诊症状

病兔表现体温升高，不吃，精神沉郁，呼吸困难，间歇性腹泻。或死于脓毒败血症。有的病例不显临诊症状而急性死亡。

（四）病理变化

剖检可见皮下组织浆液出血性炎症、卡他出血性肠炎、脾脏肿大等败血性病变，肝脏、肾脏呈脂肪变性。肺脏暗红至灰白色，伴有胸膜肺炎、心外膜炎。

（五）诊断

根据流行特点、临诊症状和病理变化可怀疑本病，确诊须进行病原菌分离鉴定。

（六）防控

（1）预防　防止兔发生感冒，减少诱病因素。发现病兔立即隔离，并进行药物治疗。

（2）治疗　青霉素，肌内注射，每兔5万～10万单位，每日2次，连用3天。或红霉素，肌内注射，每兔50～100mg，每日2～3次，连用3天。或磺胺嘧啶钠，内服或肌内注射，每千克体重0.2～0.3g，每日2次，连用4天。

第三节　其他传染病的防控技术

一、兔密螺旋体病

兔密螺旋体病是兔密螺旋体引起的成年家兔的一种慢性传染

病。临诊表现为外生殖器、面部、肛门部的皮肤及黏膜发生炎症、结节、溃疡，患部的淋巴结发炎。是家兔的性传播疾病，称为兔梅毒，病原不感染其他动物。

（一）病原

病原为兔密螺旋体，是螺旋体科密螺旋体属的细长、两端尖直的螺旋形微生物，有 8～14 根致密规则的小螺旋。长 6～15 微米，宽 0.1～0.2 微米，在外膜与胞质膜间有 3～4 根轴丝（内鞭毛）。革兰氏阴性，但着色差。将病部渗出液或淋巴液涂片固定，姬姆萨染色，效果较好，姬姆萨染色呈红色。常用 Fontana 镀银染色法，染成棕褐色。有运动性。有时受动物特异抗体作用形态异常，折光率高，团块状。在暗视野镜检，可见到旋转运动，不易染色。病原菌存在病兔生殖器官病灶中，皮肤划痕、眼角膜均可复制出本病。本菌抵抗力不强，3% 来苏尔、1%～2% 氢氧化钠溶液均有杀灭作用。

（二）流行特点

本病只发生于家兔和野兔，病原体主要存在于病变部组织。病兔是主要的传染源。主要通过交配经生殖道传播，所以发病的绝大多数是成年兔，幼兔极少。此外，被病兔的分泌物和排泄物污染的垫草、饲料、用具等也是传播媒介。兔局部发生损伤可增加感染机会。这种病菌只对家兔和野兔有致病性，对人和其他动物没有致病性。放养和群养兔发病率比笼养兔高。本病发病率高，但病死率低，有时仅引起局部淋巴结感染，外表看似健康，但长期带菌成为危险的传染源。育龄母兔的发病率比公兔高，育龄母兔的发病率为 65%，公兔为 35%。

（三）临诊症状

本病的潜伏期为 2～10 周。患病公兔可见龟头、包皮和阴囊肿大。患病母兔先是阴道边缘或阴门周围的皮肤和黏膜潮红、肿胀，发热，形成粟粒大的结节，随后从阴道流出黏液性、脓性分泌物，结成棕色的痂，轻轻剥下痂皮，可露出溃疡面，创面湿润，稍凹陷，边缘不齐，易出血，周围组织出现水肿。病灶内有大量病菌，可因兔的搔抓而由患部带至鼻、眼睑、唇、爪和其他部位，造成脱毛。慢性感染部位多呈干燥鳞片状，稍有突起，腹股沟淋巴结或腘淋巴结可肿大。患病公兔不影响性欲，患病母兔的受胎率大大降低。病兔精神、食欲、体温、大小便等无明显变化。

（四）病理变化

剖检可见皮肤、面部、口腔、上呼吸道及肝脏、脾脏、肺脏等器官出现丘疹结节，周围组织水肿或出血。心脏有炎性损害。肺脏布满灰白色小结节，呈弥漫性肺炎和坏死性灶。肝脏肿大，呈黄色，有许多灰白色结节和小坏死灶。脾脏肿大，有灶性结节和坏死区。睾丸肿大、充血、出血有灰黄色坏死灶。子宫布满白色结节，有的发生灶性脓肿。肾上腺、甲状腺、胸腺和唾液腺都有坏死灶。

（五）诊断

根据病兔多为成年家兔，母兔受胎率低，临诊检查无全身症状，仅在生殖器官等处有病变等临诊表现可做出初步诊断。为了进一步确诊，可采集病变部皮肤压出的淋巴液或局部淋巴结抽出液或包皮洗出液，置于载玻片上，直接在暗视野显微镜下观察，如见有蜿蜒样前进、沿纵轴旋转或前后运动的细长螺旋状菌，即可对本病做出诊断。也可用印度墨汁染色、Fontana 镀银染色或姬姆萨染色，观察菌体形态。

（六）防控

1. 预防

①兔场要严防引进病兔。新引进的兔，必须隔离观察1个月，确定无病时方可入群。

②定期检查公、母兔外生殖器，对患兔或可疑兔停止配种，

隔离治疗。病兔淘汰。

③环境定期消毒。彻底清除污物，用1%～2%火碱或2%～3%的来苏尔消毒兔笼和用具。

2. 治疗

①全身治疗。病兔早期，可用新砷凡纳明（九一四）以灭菌蒸馏水或生理盐水配成5%溶液，耳静脉注射，每千克体重40～60mg，1次不能治愈者，间隔1～2周后重复1次。同时配合其他抗生素进行治疗，效果更佳。青霉素，肌内注射，每千克体重10万单位，每天3次，连用5天。链霉素，肌肉注射，每千克体重15～20mg，每天2次，连用3～5天。

②局部治疗。患部用2%硼酸溶液或0.1%高锰酸钾溶液或肥皂水洗涤干净后，再涂搽碘甘油或青霉素软膏，溃疡面涂搽25%甘汞软膏，可加快愈合。用药后10～14天内可治愈。

二、皮肤真菌病（毛癣菌病）

本病是由致病性皮肤癣真菌引起的以皮肤局部脱毛、形成痂皮，甚至溃疡为特征的传染病。本病是兔场严重的传染病之一。

（一）病原

须毛癣菌或石膏样小孢子菌是引起本病最常见的病原体。须毛癣菌的菌丝呈螺旋状、球拍状或结节状，大分生孢子呈棒状或细梭状，有2～6个横隔，小分生孢子呈葡萄串状或棒状。小孢子菌的菌丝呈结节状或梳状，大分生孢子呈纺锤状，小分生孢子呈卵圆形或棒状。

（二）流行特点

病兔和带菌兔是本病的主要传染源。本病主要通过健康兔与患病兔的直接接触，相互抓、舔、吮吸和交配等而传播，也可通过各种用具及饲养人员间接传播。各种品种的兔均能感染，幼龄兔比成年兔容易感染。本病除感染兔外，也感染各种畜禽、野生动物和人。一年四季均可发生，以春季和秋季换毛季节多发。体外寄生虫，如虱、蚤、蝇、螨等在传播上有重要意义。潮湿、多雨、污秽的环境条件，兔舍及兔笼卫生不好，可促使本病发生。病的发生及其危害的程度，常取决于个体的素质。幼兔和体质较差的兔，其症状明显且严重。患病动物康复后，对同种真菌病原菌具有一定的抵抗力，一般在相当长的时间内不再感染。兔群体中一旦有个别兔发病，如果不隔离会迅速蔓延到全群。

（三）临诊症状

病初多发生于兔的头部（嘴周围、鼻部、面部、眼周围）、耳朵及颈部等皮肤，继而感染肢端、腹下及其他部位。病变皮肤表面呈不规则的块状或圆形、椭圆形脱毛或断毛，覆盖一层灰白色或灰黄色糠麸状痂皮，痂皮脱落后出现小的溃疡，造成毛根和毛囊脓肿。若继发细菌感染，常引起毛囊脓肿。患兔剧痒，骚动不安，采食下降，逐渐消瘦，衰竭而死。有些母兔眼观外表皮肤无病变，但当产仔哺乳数天，见乳头周围出现白色糠麸状痂皮，同时哺乳仔兔眼圈、嘴周等部位出现脱毛、红肿、结痂，继而扩散至皮肤其他部位。

（四）病理变化

患部结痂，痂皮下组织发生炎性反应，有小的溃疡。毛囊出现脓肿。表皮过度角质化。

（五）诊断

根据流行特点、临诊症状和病理变化可做初步诊断，确诊需要刮取病变部皮屑检查，发现真菌孢子和菌丝体即可确诊。

（六）防控

1. 预防

①加强饲养管理，供给兔必需氨基酸和各种维生素、矿物质等，以增强兔的抗病能力，同时搞好兔笼舍消毒和兔体的卫生。

②引种要慎重。对来自种兔场的兔，尤其是仔、幼兔要严格

调查，确信无本病时方可引种。

③一旦发现兔群有患兔可疑，立即隔离治疗，最好做淘汰处理，并对所在环境进行全面彻底消毒。

④本病可传染给人，尤其是小孩、妇女，因此应注意个人防护工作。

2. 治疗

由于本病传染快，治疗效果虽然较好，但易复发，故建议以淘汰为主。治疗可采取以下方法。

①局部治疗。先用温肥皂水或消毒药水涂擦，以软化痂皮，将痂皮去掉，然后涂擦克霉唑软膏或咪康唑软膏或益康唑软膏或癣净或10%水杨酸软膏或10%木馏油软膏或制霉菌素软膏、2%福尔马林软膏等，每日涂2次，连涂数日，直至痊愈。

②全身治疗。灰黄霉素，口服，每千克体重25～60mg，每天1次，连用15天，停药15天再用15天。或酮康唑，每千克体重3mg，每日3次，连用2～8周。

三、附红细胞体病

本病是由附红细胞体引起的人兽共患的一种传染病。其特征是发热、贫血、黄疸、消瘦和脾脏、胆囊肿大。我国于1981年首次在家兔中发现附红细胞体病后，目前已分布于全国各地。

（一）病原

病原为附红细胞体，是一种多形态微生物，多数为环形、球形和卵圆形，少数为顿号形和杆状。常寄生于红细胞和血浆中。本病对干燥和化学药品比较敏感，常用浓度的消毒液可在几分钟内将其杀死。

（二）流行特点

本病可经直接接触传播。如通过注射、打耳号、剪毛及人工授精等经血源传播，或经子宫感染垂直传播。吸血昆虫如扁虱、刺蝇、蚊、蜱等以及小型啮齿动物是本病的传播媒介。本病一年四季均可发生，但以吸血昆虫大量繁殖的夏、秋季节多见。兔舍与环境严重污染、兔体表患寄生虫病、存在吸血昆虫滋生的条件等，可促使本病的发生与流行。

（三）临诊症状

病兔表现精神不振，食欲减退，体温升高，结膜淡黄，贫血，消瘦，全身无力，不愿活动，喜卧。呼吸加快，心力衰竭，尿黄，粪便时干时稀。有的病兔出现神经症状。

（四）病理变化

病死兔血液稀薄，黏膜苍白，腹膜黄白色，腹腔积液，脾脏肿大，胆囊胀满，胸膜脂肪和肝脏黄染。

（五）诊断

根据流行特点、贫血和消瘦等临诊症状和病理变化而做出初步诊断。确诊则需做实验室检查。

（六）防控

1. 预防

①消除各种应激因素。夏、秋季节要防止昆虫叮咬。

②发生疫情时，隔离病兔进行治疗，无治疗价值的一律淘汰。

③用3%过氧乙酸溶液或2%火碱溶液进行全面消毒。

④未发病兔群，喂服混有四环素的饲料，并饮用含有0.003%百毒杀的水，进行药物预防。

2. 治疗

①新砷凡纳明（914），每千克体重40～60mg，以5%葡萄糖溶液溶解成10%注射液，静脉缓慢注射，每日1次，隔3～6天重复用药1次。

②四环素，肌内注射，每千克体重40mg，每日2次，连用7天。

③土霉素，肌内注射，每千克体重 40mg，每日 2 次，连用 7 天。

④血虫净（贝尼尔）、氯苯胍等，也可用于本病的治疗。

⑤贝尼尔＋强力霉素或贝尼尔＋土霉素，按说明用药，具有良好的效果。

四、兔流行性腹胀病

本病是以临诊表现腹胀、且临诊表现具有传染性为特征的一种新出现的疾病。近年来，本病发生呈大幅上升的趋势，对养兔业造成严重经济损失。

（一）病因

目前仍不清楚其病因。在临诊上，曾怀疑饲料霉变，但更换饲料不能阻止发病；因怀疑大肠杆菌病，曾用多种抗生素类药如氧氟沙星等添加在饲料中进行预防，也不能产生良好的效果；在死亡兔的肠内容物中，发现有较多的球虫卵囊，但在饲料中加抗球虫药物进行预防，仍不能起到防治效果。因此有待加强研究，弄清病因或病原，有助于深入研究其发生、发展及控制规律。

（二）流行特点

本病始见于 2004 年春，首先在山东省某兔场发生，后该省诸多兔场发生，继而在全国各地陆续流行，近年全国主要养兔区域，如山东、四川、重庆、河南、河北、江苏、浙江、福建、安徽、黑龙江等相继发生。本病一年四季均可发病，秋后至翌年春天发病率较高。不分品种，毛兔、獭兔、肉兔等均可发病。以断奶后至 4 月龄幼兔发病为主，特别是 2～3 月龄幼兔发病率高，成年兔很少发病，断奶前仔兔未见发病。此外，还发现在某个地区流行一段时间后自行消失，暂时不再发生。

（三）临诊症状

发病初，病兔减食，精神欠佳，腹胀，怕冷，扎堆，渐至不吃料，但仍饮水。粪便起初变化不大，以后粪便渐少，病后期以拉黄色、白色胶冻样黏液为主。部分兔，死前少量腹泻。摇动兔体，有响水声。腹部触诊，前期较软，后期较硬，部分兔的腹内有硬块。发病期间体温不升高，死亡前体温下降至37℃以下。病程3~5天，发病的兔绝大部分死亡，极少能康复。发病率达50%~70%。死亡率90%以上，一些兔场发病死亡率高达100%。

（四）病理变化

剖检见尸体脱水、消瘦。肺脏局部出血。胃膨胀，部分胃黏膜有溃疡，胃内容物稀薄。部分小肠出血，肠壁增厚、扩张。盲肠内充气，内容物较多，部分干硬成块状，如马粪。部分肠壁出血，部分肠壁水肿增厚。结肠至直肠多数充满胶冻样黏液。剪开肠管，胶冻样物呈半透明状或带黄色。肝脏、脾脏、肾脏等未见明显变化。

（五）诊断

断奶至4月龄幼兔发病，开始少吃料，转而不吃料，腹部鼓胀，摇动兔体，有响水声，粪便渐少，或带有胶冻，死亡前部分兔可见拉少量稀粪。剖检时见胃膨胀，部分有溃疡，胃内容物稀薄；盲肠内容物干，成硬块；结肠内有较多的胶冻样黏液；有时肺有出血。依据以上条件可以初步做出临诊诊断。

（六）防控

1. 预防

①加强饲养管理。饲料配方要合理，注意饲料中粗纤维饲料比例；定时定量饲喂；变化饲料要逐步进行；霉变饲料禁止喂兔；季节交替时保持兔舍温度相对恒定。

②定期注射大肠杆菌疫苗、魏氏梭菌疫苗。

③饲料中按0.1%（以原药计算）添加复方新诺明，断奶后幼兔连用5~7天，有一定效果；病情严重的，隔1周重复1个疗程。

2. 治疗

目前无有效方法，将患病兔在隔离场所自由活动，会有一部分兔自然康复而存活。

第六章

常见寄生虫病防治技术

第一节　肉兔原虫病的防治技术

一、球虫病

兔的球虫病是由艾美耳属的多种球虫寄生于家兔的肠上皮细胞和肝脏胆管上皮细胞内引起的一种原虫病。是家兔最常见的一种体内寄生虫病，对养兔业危害极大。其临诊特征是腹泻、消瘦、贫血。兔的球虫种类多，感染率高，且常出现混合感染，具有严格的宿主特异性和器官特异性。4~5月龄内的幼兔对球虫的抵抗力很弱，其感染率可达100%，患病后幼兔死亡率一般在40%~70%，有时高达80%。耐过的兔生长发育受到严重影响，减重12%~27%。

（一）病原及生活史

作为病原侵害家兔的球虫均属艾美耳属。据文献记载共有17种，分别是斯氏艾美耳球虫、穿孔艾美耳球虫、中型艾美耳球虫、大型艾美耳球虫、梨形艾美耳球虫、无残艾美耳球虫、盲肠艾美耳球虫、肠艾美耳球虫、兔艾美耳球虫、新兔艾美耳球虫、小型艾美耳球虫、黄艾美耳球虫、松林艾美耳球虫、长形艾美耳球虫、纳格浦尔艾美耳球虫、野兔艾美耳球虫和雕斑艾美耳球虫。目前世界上公认的有前10种，其他争议较大。其中前8种在我国有分布。除斯氏艾美耳球虫寄生于胆管上皮细胞内引起肝球虫病之外，其余各种都寄生于肠黏膜上皮细胞内引起肠球虫病，但往往为混合感染引起混合型球虫病。

球虫在体内的发育分成不同的阶段，各阶段虫体形态并不相同。在粪便中的球虫称作卵囊。卵囊椭圆形或圆形，镜下呈无色或黄色，有两层轮廓的卵囊壁。随新粪便排出体外的卵囊内含有一球形的原生质球，无感染性。经数天后，发育成有 4 个孢子囊，每个囊内有 2 个子孢子的结构，称孢子化。孢子化的卵囊具有感染性，称感染性卵囊。兔在吞食了感染性卵囊后被感染。子孢子在肠道内，钻出卵囊，进入肠上皮或胆管上皮进行无性的裂体增殖，产生大量裂殖子。裂体增殖可反复进行，几代过后，出现有性的配子生殖，产生大配子和小配子，二者结合后，形成合子。合子外周形成囊壁即成为卵囊。卵囊随粪便排出体外，在一定的温度湿度条件下，发育成感染性卵囊，开始新的一轮生活史。

兔的球虫是艾美尔属的一种单细胞原虫。成虫呈圆形或卵圆形，球虫卵囊随兔的粪便排出体外，在温暖潮湿的环境中形成孢子化卵囊后即具有感染力。卵囊对外界环境的抵抗力较强，在水中可生活 2 个月，在湿土中可存活一年多。它对温度很敏感，在 60℃水中 20 分钟死亡；80℃水中 10 分钟死亡；开水中 5 分钟就死亡。在 −15℃以下卵囊就会冻死，但一般的化学消毒剂对其杀灭作用很微弱。

（二）流行特点

兔的球虫病呈世界性分布，我国各地均有发生，其流行与卫生状况密切相关。各品种的家兔对球虫均有易感性，断奶至 3 个月龄的幼兔最易感，且死亡率高。在卫生条件较差的兔场，幼兔球虫病的感染率可达 100%，死亡率在 80% 左右；成年兔的抵抗力较强，多为隐性感染，但生长发育受到影响。成年兔和母兔常为带虫者，对幼兔球虫病的传播起重要作用。本病主要通过消化道传染,母兔乳头沾有卵囊,饲料和饮水被病兔粪便污染,都可传播球虫病。本病也可通过兔笼、用具及饲养人员、苍蝇、老鼠传播。本病一年四季均可发生,在南方梅雨季节常呈现发病高峰,在北方以夏、秋季多发。若兔舍温度经常保持在10℃以上时,则随时都可发生球虫病。一般呈地方性流行。断奶、变换饲料、饲养管理与卫生条件不良等均能促使此病的发生和传播。

(三)临诊症状

球虫病的潜伏期一般为2~3天或更长。病兔表现精神沉郁,食欲减退,躺卧不动,眼鼻分泌物增多,眼结膜苍白或黄染。按球虫寄生部位可分为肝型、肠型和混合型,以混合型居多。

(1)肝型 病兔出现因肝脏肿大而造成腹围增大下垂,触诊肝区有痛感,可视黏膜轻度黄染为特征的症状。严重感染者出现肝功能障碍。患兔精神不振,食欲减退,逐渐消瘦,后期往往出现神经症状,四肢麻痹,最终衰竭而死。

(2)肠型 多呈急性经过,死亡快者不表现任何症状突然倒地,四肢抽搐,头往后仰,角弓反张,惨叫一声而死。慢性型表现顽固性下痢,有时出现便秘,有时粪中带血,腹部胀满。病兔精神沉郁,食欲减退,伏卧不动,多于10天后死亡。

(3)混合型 临诊上最常见。兼具肝型和肠型两种疾病的症状表现。

(四)病理变化

(1)肝型 病兔肝脏肿大,表面和实质有白色或淡黄色结节病灶,呈圆形,粟粒大至豌豆大,沿胆管分布。切开病灶可见浓稠的淡黄色液体,胆囊肿大,胆汁浓稠色暗。在胆管、胆囊黏膜上取样涂片,能检出卵囊。在慢性肝病中,可发生间质性肝炎,肝管周围和小叶间部分结缔组织增生,使肝细胞萎缩,肝体积缩小,肝硬化。

(2)肠型 病理变化主要在肠道,肠壁血管充血,十二指

160

肠扩张、肥厚，黏膜发生卡他性炎症，小肠内充满气体和大量黏液，黏膜充血，上有溢血点。在慢性病例，肠黏膜呈淡灰色，上有许多小的白色小点或结节，压片镜检可见大量卵囊，肠黏膜上有时有小的化脓性、坏死性病灶。膀胱积黄色混浊尿液，膀胱黏膜脱落。

（3）混合型 各种病变同时存在，而且病变更为严重。

（五）诊断

根据流行特点、临诊症状和病理变化以及粪便检查发现大量卵囊或肝脏和肠道病变组织内发现大量不同发育阶段的虫体，即可确诊。

（六）防治

1. 预防

①养兔场应建在干燥向阳处，兔舍要保持干燥，兔笼舍应保持清洁和通风。

②仔兔、幼兔、成年兔分群饲养，新引进兔一定要隔离检疫，发现病兔立即隔离治疗，同时全群紧急药物预防；合理安排母兔的繁殖，使幼兔断奶不在梅雨季节。

③加强饲养管理，注意饲料及饮水卫生，及时清扫粪便，将其堆放到固定地方发酵处理，防止兔的粪便污染草料和饮水。最好使用铁丝兔笼，笼底应有网眼，使粪尿流入下面的底盘之中；草架要固定在笼外，要高出兔笼底板，以减少感染球虫卵囊的机会。保证充足的营养供给，提高兔的抗病力。

④要定期进行消毒灭菌。对兔笼和食具等可用开水、蒸汽或火焰进行消毒或用20%的新鲜石灰水或5%漂白粉溶液消毒，杀灭球虫卵囊。或将兔笼放在阳光下暴晒以杀死卵囊。

⑤消灭兔场的鼠类、苍蝇及其他昆虫，减少球虫卵囊的传播。

⑥在球虫病的流行季节里，对断奶以后至3月龄的仔兔，可

在饲料中拌入药物如地克珠利（0.0001%）、莫能菌素（0.004%）、拉沙菌素（0.009%）或盐霉素（0.005%）等药物，连喂1月，进行药物预防。

2. 治疗　发生兔的球虫病时，可用下列药物进行治疗。

①磺胺间甲氧嘧啶（SMM），按0.01%浓度混入饲料中，连用3~5天，间隔1周后再用1个疗程。

②磺胺二甲基嘧啶（SM$_2$）与三甲氧苄氨嘧啶（TMP）合剂，按5∶1比例混合后，以0.02%浓度混入饲料中，连用3~5天，间隔1周后再用1个疗程。

③磺胺二甲氧嘧啶（SDM），按0.02%浓度混入饲料中，连用3~5天，间隔1周后再用1个疗程。

④氯苯胍。按每天每千克体重30mg混入饲料，连用5天，隔3天再用1次。

⑤球痢灵（二硝苯酰胺），将此药与3倍量磷酸钙一同研细，配成25%的混合物，以0.025%~0.033%浓度混饲，连用3~5天。

⑥百球清，按每天每千克体重25mg混入饮水，连用3天。

⑦克球多（氯羟吡啶），按每天每千克体重250mg混入饲料，连用3~5天。

⑧复方敌菌净，每天按兔每千克体重30mg（首次饲喂时药量加倍）拌料，连喂3~5天。

⑨甲基三嗪酮，主要含甲基三嗪酮，每天饮用药物浓度0.0025%的饮水，连喂2天，间隔5天，再服2天，即可完全控制球虫病。但应注意，若本地区饮水硬度极高和pH值低于8.5的地区，饮水中必须加入碳酸氢钠（小苏打）以使水的pH值调整到8.5~11的范围内。

⑩中药疗法。白头翁、黄柏、大黄、秦皮各5g，黄芩25g，煎汁后拌料饲喂；或白僵蚕50g、桃仁5g、白术15g、白茯苓

15g、猪苓15g、大黄25g、地鳖虫25g、桂枝15g、泽泻5g，共研末，每天每兔，按5g拌料饲喂，连喂2~3天；或黄柏、黄连各10g，大黄7.5g，黄芩25g，甘草15g，共研细末，每天每兔7.5g，连喂3天；或紫花地丁、鸭舌草、蒲公英、车前草、铁苋菜和新鲜的苦楝树叶，每天每兔，各喂30~50g（苦楝树叶的喂量少于30g），隔天喂1次。

对球虫病治疗的注意事项：其一，要早期用药，晚期效果不好；其二，轮换用药，一般一种药用3~6个月改换其他药，但不能换同一类型的药，如不能从一种磺胺药换成另一种磺胺药；其三，应注意对症治疗，采取辅助疗法（如补液、补充维生素K、补充维生素A等）。另外，加上维生素B和维生素E调节机体神经机能，配以电解质多维葡萄糖补充营养成分，调节机体的酸碱平衡，保护肝脏。

禁止使用含有马杜拉霉素的各种剂型的药物来防治兔的球虫病，否则易发生中毒。

二、弓形虫病

又称弓形体病、弓浆虫病，是由龚地弓形虫寄生于人和多种温血脊椎动物引起的人兽共患寄生虫病，呈世界性分布。

（一）病原及生活史

作为病原的龚地弓形虫隶属于真球虫目、艾美耳亚目、弓形虫科、弓形虫属。龚地弓形虫只有一个种、一个血清类型。弓形虫发育需要两个宿主。猫既是终末宿主同时也是中间宿主。中间宿主吃下包囊、滋养体或卵囊均可感染，虫体进入宿主有核细胞内进行无性繁殖，急性者在腹水中常可见到游离的滋养体。龚地弓形虫在不同的发育期可表现为5种不同的形态，即滋养体、包囊、裂殖体、配子体和卵囊。滋养体（又称速殖子）和包囊（或称组织囊）存在于中间宿主体内；裂殖子、配子体和卵囊存在于终末宿主（猫）体内。当猫粪内的卵囊或动物肉类中的包囊或假包囊被中间宿主吞食后，在肠管内逸出子孢子、缓殖子或速殖子，随即侵入肠壁，经血或淋巴进入单核吞噬细胞系统寄生，并扩散至全身各组织器官，如脑、淋巴结、肝、心、肺、肌肉等发育繁殖，直至细胞破裂，速殖子重行侵入新的组织、细胞，反复繁殖。猫或猫科动物捕食动物内脏或肉类组织时，将带有弓形虫包囊或假包囊吞入消化道而感染。此外，食入或饮入外界被成熟卵囊污染的食物或水也可受到感染。

（二）流行特点

猫是各种易感动物的主要传染源。6月龄以下的猫排出卵囊最多。猫粪便中的卵囊可保持感染力达数月之久。卵囊污染饲料、饮水、蔬菜或其他食品并被动物或人摄食时即造成感染。带有速殖子包囊的肉尸、内脏和血液也是重要的传染源。一般情况下经口感染。孕畜或孕妇感染后可以经胎盘传给后代，哺乳期可通过乳汁感染幼畜，输血和脏器移植也可传播本病。食粪甲虫、蟑螂、蝇和蚯蚓可能机械性地传播卵囊。吸血昆虫和蜱等有可能传播本病。实验动物中，小鼠、豚鼠和家鼠均易感。在自然界，猫科动物和鼠之间的传播循环是重要的天然疫源。猫及其他猫科动物为终末宿主，中间宿主为200种哺乳动物（包括人）和禽类。在自然条件下均可感染本病，其感染率、发病率和死亡率都有逐年上升的趋势，对健康危害严重。弓形体卵囊孵育与气温、湿度有关。故本病常以温暖、潮湿的夏秋季节多发。国内外一些学者在世界各地对家畜血清阳性率调查结果显示，兔血清抗体阳性率在2%～41%。

（三）临诊症状

（1）急性型　主要见于仔兔，突然发病，精神不振，减食或停食，体温高，呼吸快，鼻、眼有浆液性或脓性分泌物，嗜睡，并于几天内出现局部或全身肌肉痉挛的神经症状，有些病例可发生后肢麻痹，通常在发病后 2～8 天死亡。

（2）慢性型　常见于成年兔或老龄兔，主要表现为减食，消瘦，贫血，病兔出现中枢神经症状，表现为后躯麻痹，怀孕母兔出现流产，病程长，有的病兔突然死亡，多数病兔可康复。

（3）隐性型　部分家兔感染后不表现临诊症状，但血清学检查呈阳性。

（四）病理变化

（1）急性型　病变以肺脏、淋巴结、脾脏、肝脏、心脏的坏死为特征，有广泛性的灰色坏死灶及大小不一的出血点。肠黏膜出血，有扁豆大小溃疡。胸、腹腔液增多。

（2）慢性型　主要表现为内脏器官水肿，有散在的坏死灶。

（3）隐性型　主要表现为中枢神经系统受包囊侵害的病变，可见肉芽肿性脑炎，伴有非化脓性脑膜炎的病变。

（五）诊断

根据流行特点、临诊表现和病理变化可做出初步诊断，确诊需做涂片镜检、动物接种等实验室检查或血清学诊断。

（六）防治

1. 预防

预防重于治疗。

①兔笼舍应经常保持清洁卫生，扑灭兔舍内外的鼠类，严格控制猫及其排泄物对兔笼舍、饲料和饮水等的污染。

②定期检查兔群，对流产的胎儿及其一切排泄物，包括流产现场均须严格处置，对死于本病和可疑的畜尸按 GB16548—2006《病害动物和病害动物产品生物安全处理规程》处理，防止污染环境。发病后对兔舍、饲养场用 1% 来苏尔、3% 烧碱液或火焰进行消毒。

③弓形虫病是重要的人兽共患病，因此，饲养人员在接触病兔、尸体、生肉时要注意自身防护，严格消毒。

④肉要充分煮熟后再利用。

2. 治疗

兔场发生本病时应全面检查，及时确诊。对检出的病兔和隐性感染兔，应隔离治疗。治疗本病普遍采用磺胺类药物。使用磺胺类药物时首次剂量加倍，与抗菌增效剂联合使用效果更好，一般需要连用 3 ~ 4 天。可选用下列磺胺类药物：

①磺胺甲氧吡嗪（SMPZ）+甲氧苄氨嘧啶（TMP）：前者每千克体重 30mg，后者每千克体重 10mg，混合后一次口服，每天 1 次，连用 3 天。

② 12% 复方磺胺甲氧吡嗪注射液（SMPZ：TMP = 5：1），剂量为每千克体重 50 ~ 60mg，肌内注射，每天 1 次，连用 4 天。

③磺胺六甲氧嘧啶（SMM，剂量为每千克体重 60 ~ 100mg）口服，或配合甲氧苄氨嘧啶（TMP，剂量为每千克体重 14mg）口服，每天 1 次，连用 4 天。

④磺胺嘧啶（SD）+甲氧苄氨嘧啶（TMP）：前者每千克体重 70mg，后者每千克体重 14mg，配合后一次口服，每天 2 次，连用 3 ~ 4 天。磺胺嘧啶也可与乙胺嘧啶（剂量为每千克体重 6mg）合用。

⑤磺胺嘧啶钠注射液，肌内注射，每次 0.1g，每天 2 次，连用 3 天。

⑥蒿甲醚，肌内注射，每千克体重 5 ~ 15mg，每天 1 次，连用 5 天，效果较好。

⑦双氢青蒿素片，口服，每千克体重 10 ~ 15mg，每天 1 次，连用 5 ~ 6 天。

三、兔脑炎原虫病

兔脑炎原虫病是由兔脑炎原虫引起，一般为慢性或隐性感染，常无症状。有时见脑炎和肾炎症状。

（一）病原及生活史

作为病原的兔脑炎原虫在分类上属微孢子虫纲、微孢子虫目、微粒子虫科。成熟的孢子大小为 $2.5\mu m \times 1.5\mu m$，呈杆状，两端钝圆，或呈卵圆形。核致密，形圆或卵圆，偏于虫体一端。在神经细胞、内皮细胞、巨噬细胞和其他组织细胞内，可发现无囊壁虫体假囊（虫体集落），其中，可含 100 个以上的虫体。假囊和虫体也见于细胞外。孢子可用姬姆萨氏、革兰氏、郭氏石炭酸品红染色。

（二）流行特点

本病广泛分布于世界各地。病兔的尿液中含有兔脑炎原虫，消化道是主要感染途径，经胎盘也可传染。发病率为 15% ~ 76%。秋、冬季节多发，各年龄兔，均可感染发病。当运输、气候变化或使用免疫抑制剂时，可出现临诊症状。

（三）临诊症状

本病一般为慢性或隐性感染，常无症状，有时见脑炎和肾炎症状，如惊厥、颤抖、斜颈、麻痹、昏迷、平衡失调及腹泻、蛋白尿等。病的末期出现腹泻，后肢的被毛常被污染，引起局部湿疹，在 3 ~ 5 天内死亡。

（四）病理变化

病变特征为肉芽肿性脑炎和肉芽肿性肾炎。脑上分布有不规则的肉芽肿病灶，中心发生坏死，有多量脑炎原虫，外围是淋巴细胞、浆细胞和胶质细胞。非化脓性脑炎，特别是脑损害相邻区域的非化脓性脑膜炎是本病的特征之一。在肾脏表面密布针尖大的白色小点，或有灰色小凹陷。如肾脏受害严重，则表面呈颗粒状或高低不平。组织上主要为间质性肾炎、纤维化和小肉芽肿（由淋巴细胞与浆细胞组成）。肾中的虫体位于髓质部的肾小管上皮细胞内或游离于管腔中。

（五）诊断

由于本病无特征性临诊症状，故只能根据病理变化做出大致诊断。用病理组组学方法，在肾脏发现肉芽肿性肾炎和在脑部发现肉芽肿性脑炎，并在病变部位找到虫体，即可确诊为脑炎原虫病。

（六）防治

目前尚无有效的治疗药物。有人用烟曲霉素治疗有效。一般采取淘汰病兔、加强防疫和改善卫生条件有利于本病的预防。

第二节　肉兔节肢动物病的防治技术

一、螨病

又叫疥癣或癞、疥疮、疥虫病，是由痒螨（又叫吸吮疥癣虫）寄生在动物的皮肤表面或疥螨（又叫穿孔疥癣虫）寄生在动物的表皮内而引起的一种接触性传染的慢性皮肤寄生虫病。以剧痒、湿疹性皮炎和脱毛，患部逐渐向周围扩展和具有高度传染性为本病特征。临诊上将螨病分为痒螨病和疥螨病。本病对兔的危害十分严重，病兔贫血、消瘦，严重者可引起大批死亡。

（一）病原及生活史

作为病原寄生于兔的螨较常见的有痒螨科的兔痒螨和兔足螨，疥螨科的兔疥螨和兔背肛螨。兔痒螨为长椭圆形，长 0.5～0.9mm，虫体前端有圆锥状的口器，腹面有 4 对足，前面的两对足粗大，后面的两对足细长，突出身体边缘。雄虫腹面后部有两个大的突起，突起上有毛。兔疥螨为圆形，灰白色，长 0.2～0.5mm，背部隆起，腹面扁平，身体背面有许多细的横纹、鳞片及刚毛，腹面有 4 对粗而短的腿，肛门在虫体背面，距虫体后缘较近。

疥螨的口器为咀嚼式，在宿主表皮挖凿隧道，在隧道内进行发育和繁殖。雌螨在隧道内产卵后，卵经 3~8 天孵出幼螨。幼螨离开隧道爬到皮肤表面，然后钻入皮内开凿小穴，在其中脱皮变为若螨，若螨进一步蜕化形成成螨。雌、雄成螨在宿主表皮上交配，交配后的雄螨不久死亡，雌螨寿命约为 4~5 周。整个发育过程为 8~22 天，平均 15 天。痒螨口器为刺吸式，寄生于皮肤表面，吸取渗出液为食。雌螨在皮肤上产卵，约经 3 天孵出幼螨，进一步发育蜕化为若螨、成螨。雌、雄成螨在宿主表皮上交配，交配后 1~2 天即可产卵。痒螨整个发育过程约 10~12 天。疥螨和痒螨的全部发育过程都在动物体上度过，包括卵、幼虫、若虫、成虫 4 个阶段。

（二）流行特点

病兔是本病的传染源。本病主要通过健兔和病兔接触而感染，也可由兔笼、饲糟和其他用具物品而间接传播病原，犬及其他动物也能成为传播媒介。日光不足、阴雨潮湿适于螨的生长繁殖和促使本病的发生。幼兔比成年兔患病严重。本病也可传染给人，但有一定的局限性，1~2 个月后可自愈。本病多发生于晚秋、冬季及初春季节，具有高度传染性。

（三）临诊症状

（1）兔痒螨病　兔痒螨主要侵害耳部，起初耳根红肿，随后延及外耳道并引起外耳道炎，渗出物干燥成黄色痂皮，如纸卷样塞满耳道内。病耳变重下垂、发痒，病兔经常摇头、搔耳，有时病变蔓延至中耳和内耳，甚至达到脑部，引起癫痫样症状，严重时导致死亡。兔足螨常常寄生于头部、外耳道和脚掌部的皮肤，引起炎症。传播较慢，易于治疗。

（2）兔疥螨病　一般先在头部和掌部无毛或毛较短的部位（如嘴唇、鼻孔及眼周围）引起病变，后蔓延到其他部位，严重时可感染全身，使兔子产生痒感。患部皮肤充血，稍微肿胀，局部脱毛。病兔发痒不安，常用嘴啃咬腿爪或用脚爪搔抓嘴及鼻孔。皮肤被搔抓伤或咬伤后发生炎症，逐渐形成痂皮。随病情的发展，病兔脚爪出现灰白色的痂皮。严重时，病兔会衰竭死亡。

（四）病理变化

本病病变主要在皮肤。

（1）兔痒螨病 痒螨寄生时，首先局部皮肤奇痒，进而出现粟粒乃至黄豆大的结节，而后变为水泡及脓疱，擦痒而破溃后流黄色渗出液，并形成痂皮。严重可引起表皮损伤，被毛脱落。

（2）兔疥螨病 疥螨寄生时，首先在寄生局部出现小结节，而后变为小水泡，病变部奇痒而擦痒破溃，皮下渗出液体而形成痂皮，被毛脱落，皮肤增厚，病变逐渐向四周扩张。随着病情的发展，毛囊和汗腺受到侵害，皮肤角质角化过度，患部脱毛，皮肤肥厚，失去弹性而形成皱褶。

（五）诊断

根据流行特点、临诊症状和病理变化可做出初诊。在健康与病变皮肤交界处采集病料，显微镜下检查发现虫体即可确诊。在病部与健部皮肤交界处用小刀轻刮（以微出血为止）以获取痂皮。刮取物置载玻片上，加1滴50%甘油水溶液或液体石蜡，再加盖玻片后在低倍显微镜下检查虫体。也可将刮取物放入试管中，加10%苛性钠（或钾）溶液，浸泡1~2小时或煮沸1~2分钟，待痂皮等固体有机物溶化，静置20分钟或离心，从试管底部取沉淀物滴于载玻片上镜检。此外，也可将刮取物放在黑纸上稍加热或置于阳光下，用放大镜或肉眼仔细观察，可见到螨虫在黑纸上爬动。

（六）防治

1. 预防

（1）搞好卫生 兔笼舍应经常保持干燥卫生，通风透光，饲养密度不要过大，勤换垫草，勤除粪便。

（2）把好引种关 从无螨病的种兔场引种。引进种兔时，一定要隔离观察3周以上，严格检查，确认无螨病后方可混群。建立无螨病兔群体是预防本病的关键。

（3）定期消毒 兔舍、兔笼、用具及场地定期消毒（10%~20%石灰乳）。饲养管理人员要时刻注意消毒，以防止通过手、衣服和用具散布病原。

（4）定期检疫 经常注意兔的群体中皮肤有无瘙痒、脱毛现象，一旦发现及时隔离治疗。全群投药预防，兔舍、笼具彻底消毒，尽量缩小传播范围。

2. 治疗

药物治疗原则：先去掉痂皮再用药，不要多次连续用药，以免中毒；兔笼舍内严禁处理螨病，毛、痂皮等病料应就地烧毁；不宜采用药浴治疗；药物治疗的同时要对笼具等物进行消毒。

①伊维菌素，内服或皮下注射，每千克体重0.3mg，1周后重复应用1次。

②"兔癣一次净"，按说明书使用。

③1%~2%敌百虫水溶液擦洗病部，每日1次，连用2天，7~10天后再擦洗1次。

④用国产50%的杀虫脒配成0.2%溶液，擦洗或浸泡病部2~3分钟，隔日1次，连治3次。

⑤用50%辛硫磷乳油剂配成0.1%或0.05%水溶液，涂搽耳壳内外，治疗兔耳螨病。

⑥20%杀灭菊酯（速灭杀丁）稀释100倍，局部涂搽，7~10天后再用1次。

⑦0.2%蝇毒磷溶液涂于病部，一般1次即愈。严重病例可隔3~5天后再治1次。

⑧二氯苯醚菊酯乳油（除虫精）1mg加水2.5~5L，配成2 500~5 000倍稀释液，涂搽1次。未愈时7天后再治1次。

⑨碘甘油（3％碘酊3份，甘油7份，混合）灌入耳内，每日1次，连用3天。多用于治疗兔的痒螨病。

⑩豆油100ml煮沸，加入硫黄20g，搅拌均匀，待凉后涂搽病部，每日1次，连用2～3天。或灭螨威，先用菜油将1％灭螨威稀释成0.05％浓度，然后患部涂搽。

二、兔虱病

兔虱病是由兔虱寄生于兔体表所引起的慢性体外寄生虫病。

（一）病原及生活史

舍饲家兔虱病的病原一般为兔嗜血虱，成虫长1.2～1.5mm，背腹扁平，灰黑色，有3对粗短的足。圆筒形的卵黏着在兔绒毛的根部，经8～10天孵化出幼虫。幼虫在2～3周内经3次蜕皮发育为成虫。雌虫交配后1～2日开始产卵，可持续产卵40天。

（二）流行特点

本病主要通过接触传播，也可通过笼舍和用具传播。在环境卫生工作较差的兔场，一旦兔虱通过病兔或其他途径带入，则会迅速蔓延，尤以秋冬季最易发病。在阴暗、潮湿、污秽的环境中，容易发生兔虱。营养不良或患其他疾病时，更容易发病。

（三）临诊症状

每只虱每日可吸血0.2～0.6ml，大量寄生时，引起兔贫血、消瘦，幼兔发育不良。同时在吸血时，可分泌带有毒素的唾液，刺激兔皮肤的神经末梢，引起瘙痒、不安，影响休息与采食。病兔的啃咬、擦痒造成皮肤损伤，可出现血液和炎性液体溢出，形成硬痂，因而易脱毛、脱皮、皮肤增厚和发生炎症等。有时可继发细菌感染，引发化脓性皮炎，并降低毛皮质量。其危害十分严重。拨开兔子患部的被毛，检查其皮肤表面和绒毛的下半部，可找到很小的黑色虱，在兔绒毛的基部可找到淡黄色的虱卵。

（四）诊断

诊断比较容易，兔有搔痒症状，检查体表找到虱或虱卵即可确诊。

（五）防治

（1）预防　引进兔时，务必隔离观察，防止将虱病引入兔场。定期检查，发现病兔立即隔离治疗。兔舍要保持清洁卫生和干燥。笼舍每隔一定时间用2%的敌百虫溶液消毒1次，或将苦楝树叶放在笼内，以驱除兔虱。

（2）治疗　用阿维菌素或伊维菌素系列产品，口服或皮下注射，每次每千克体重按有效成份0.2～0.4mg；重症的可间隔一周重复应用。或取中药百部根1份、水7份，煮沸20分钟，冷却到30℃时用棉花蘸水，在患部涂擦。也可用2%的敌百虫溶液喷洒兔体，或将5%的滴滴涕粉剂搓在患兔的被毛上。或用0.003%蝇毒磷或20%杀灭菊酯溶液作5 000倍稀释，涂擦患部。

第三节　肉兔蠕虫病的防治技术

一、豆状囊尾蚴病

兔豆状囊尾蚴病是由豆状带绦虫的中绦期幼虫——豆状囊尾蚴寄生于兔的肝脏、肠系膜和腹腔内引起的一种寄生虫病。本病呈世界性分布，有的地方发病率还很高，本病使兔生长发育缓慢，饲料报酬降低，严重者可引起死亡，对养兔业危害较大。

（一）病原及生活史

豆状囊尾蚴呈白色的球形，似黄豆或豌豆样水泡，囊壁透明，囊内充满液体，其中有一个白色小头节，上有4个吸盘和两圈角质钩。豆状带绦虫寄生于肉食兽（如猫、狗等）的小肠内，成熟绦虫排出含卵节片，兔在食入被污染的饲料和水源后，在肠道里，六钩蚴从卵中钻出，进入肠壁血流，随血流到达肝脏开始发育，在肝内穿行 15～30 天后，再从肝脏钻出，进入腹腔，在肠系膜、胃网膜等处生长发育为豆状囊尾蚴。因此，兔为豆状带绦虫的中间宿主，犬、猫和狐狸等野生动物为终末宿主。

（二）流行特点

成虫寄生于猫、狗、狐狸等肉食兽的小肠中，带有大量虫卵的孕卵节片随其粪便排出体外。家兔主要经消化道感染，即食入了孕节和虫卵污染的饲料和饮水后即可感染本病。卵内的六钩蚴在兔的消化道内孵出，钻入肠壁，随血流至肝脏等部位经 15～30 天发育成豆状囊尾蚴，表现出豆状囊尾蚴病的症状。含有豆状囊尾蚴的动物内脏被猫、狗、狐狸等吞食后，囊尾蚴在其体内发育为成虫，动物即出现豆状带绦虫病的症状。兔场内饲养的肉食性动物（如猫、狗等）易感。

（三）临诊症状

家兔轻度感染豆状囊尾蚴病后，一般无明显的症状，仅表现为生长发育缓慢，寄生在肠系膜和腹腔时危害较小。感染严重时（囊尾蚴数目达 100～200 个），寄生在肝脏时，可导致肝功能严重受损，可因急性肝炎而突然死亡。慢性病例主要表现为食欲下降，消化紊乱，不喜活动等；病情进一步恶化时，表现为腹围增大（在胃大弯侧面附近可触摸到数量不等如豌豆大小的圆粒、有弹性），精神不振，嗜睡，食欲减退，逐渐消瘦，后期病兔耳朵、眼结膜苍白，最终因体力衰竭而死亡。豆状囊尾蚴侵入大脑时，可破坏中枢和脑血管，急性发作时可引起病兔突然死亡。

（四）病理变化

剖检时常在肠系膜、网膜、肝脏表面及肌肉中见到数量不等、大小不一的灰白色葡萄串状透明的囊泡。肝脏肿大，肝实质有幼虫移行的痕迹。急性肝炎病兔，肝表面和切面有黑红色或黄白色条纹状病灶。病程较长的病例可转为肝硬变。病兔尸体多消瘦，皮下水肿，有大量的黄色腹水。

（五）诊断

剖检发现豆状囊尾蚴即可做出确诊。生前仅以症状难以做出诊断，可用间接血球凝集试验诊断。

（六）防治

1. 预防

①兔场内禁止养狗、养猫，以防止其粪便污染兔的饲料和饮水。同时也应阻止外来狗、猫等动物与兔笼舍接触。

②对兔肉尸和内脏进行检疫，严禁用含有豆状囊尾蚴的动物脏器和肉喂狗、猫。

③对犬、猫定期驱虫，驱虫药可用吡喹酮，用量按动物每千克体重5mg，口服，驱虫后对其关养2～3天，收集它们的粪便严格消毒或焚烧。

2. 治疗

①吡喹酮，皮下注射或口服，每千克体重25mg，每天1次，连用5天。

②甲苯唑或丙硫苯咪唑，口服，每千克体重35mg，每天1次，连用3天。

二、兔蛲虫病

又称兔栓尾线虫病，是由兔栓尾线虫寄生于兔的盲肠和结肠内引起的消化道线虫病。本病呈世界性分布，家兔感染率较高，严重者可引起死亡。

（一）病原及生活史

作为病原的兔栓尾线虫，雄虫长3～5mm、宽330微米，有一根长约13微米的弯曲的交合刺。雌虫长8～12mm，宽550微米，阴门位于前端，肛门后有一细长尾部。虫卵的大小为103微米×43微米，卵壳光滑，一端有卵盖，内含8～16个胚细胞或一条蜷曲的幼虫。虫卵排出后不久即达感染期，属直接型。兔吃到感染性虫卵而感染，虫体在盲肠和结肠发育成成虫。自吞入感染性虫卵到发育成为成虫约需 56~64 天。寿命约为 100 天。

（二）流行特点

本病分布广泛，是家兔常见的线虫病。獭兔多发，成虫寄生于獭兔的盲肠、结肠。

（三）临诊症状

少量感染时，家兔一般不表现临诊症状。严重感染时，由于幼虫在盲肠黏膜隐窝内发育，并以黏膜为食物，可引起肠黏膜损伤，有时发生溃疡和大肠炎症，表现为食欲降低，精神沉郁，被毛粗乱，贫血，进行性消瘦、下痢，严重者衰竭死亡。因肛门有蛲虫活动而发痒，病兔常将头弯向肛门部，用嘴啃舌舔肛门。大量感染后可在患兔的肛门外看到爬出的成虫，也可在排出的粪便中发现虫体。

（四）病理变化

剖检主要可见盲肠和结肠发生溃疡和炎症，大肠内可发现栓尾线虫。

（五）诊断

可根据流行特点、临诊症状，检查病兔粪便，查到虫卵即可确诊。对病兔进行剖检，如果在盲肠及大肠内发现虫体也可确诊。

（六）防治

1. 预防

①加强兔笼舍的卫生管理，经常打扫兔舍及兔场，常清洗消毒笼具，并对粪便进行堆积发酵处理。

②引进的种兔隔离观察 1 个月，确认无病方可入群。

③定期普查，对流行地区的兔群，每年可用丙硫苯咪唑或伊维菌素，进行 2 次定期驱虫。

2. 治疗

①伊维菌素，剂型有粉剂、胶囊和针剂，根据说明使用。

②丙硫苯咪唑（抗蠕敏），口服，每千克体重 10mg，每日 1 次，连用 2 天。

③左旋咪唑，口服，每千克体重 5～10mg，每日 1 次，连用 2 天。

三、肝片吸虫病

肝片吸虫病是由肝片吸虫寄生于动物的肝脏胆管中所引起的一种寄生虫病，肝片吸虫也可寄生于人体。本病能引起慢性或急性肝炎和胆管炎，同时伴有全身性中毒现象及营养障碍等症状，危害相当严重。

（一）病原及生活史

作为病原的肝片吸虫背腹扁平，外观呈柳叶状，活时棕红色，固定后变为灰白色，大小为（21～24）mm×（9～14）mm。主体前端为锥状突，呈三角形。口吸盘位于锥状突前端，呈圆形，腹吸盘在其稍后方。雌雄同体，可自体或异体受精。雄性生殖器官具有 2 个睾丸，前后排列，高度分枝，位于虫体中后部；雌性生殖器官具有 1 个卵巢，呈鹿角状，位于腹吸盘的右侧。虫卵呈长卵圆形，黄色或黄褐色。前端较窄，后端较钝，卵壳透明而较薄。虫卵内充满着卵黄色的细胞和 1 个胚细胞。虫卵大小为（133～157）μm×（74～91）μm。

成虫寄生于动物的肝脏胆管内，产出虫卵随胆汁进入肠腔，经粪便排出体外。虫卵在适宜的条件下（pH 值 5～7.5，温度 15～30℃）经 11～12 天孵出毛蚴，毛蚴游动于水中，遇到中间宿主淡水螺，即钻入体内。毛蚴在螺体内，经无性繁殖发育为胞蚴、雷蚴和尾蚴几个发育阶段。尾蚴从螺体逸出，游动于水中，约经 3～5 分钟便脱掉尾部，黏附于水生植物的茎叶上或浮游于水中而形成囊蚴。动物吞食含有囊蚴的水或草而被感染。囊蚴于动物的十二指肠内脱囊而出，童虫穿过肠壁进入腹腔，后经肝包膜钻入肝脏。在肝实质中的童虫，经移行后到达肝脏胆管，发育为成虫。潜隐期约需 2~3 个月。成虫以红细胞为养料，在动物体内可寄生 3~5 年。

（二）流行特点

肝片吸虫系世界性分布，是我国分布最广泛、危害严重的寄生虫之一。肝片吸虫的宿主范围较广，除兔外，人、猪、反刍兽及马属动物也可感染。本病的流行与中间宿主——淡水螺有着极为密切关系，呈地方性流行。多发生在低洼地、湖泊、草滩、沼泽地带。干旱年份流行轻，多雨年份流行重。感染多在每年春末夏秋季节，感染季节决定了发病季节，幼虫引起的疾病多在秋末冬初，成虫引起的疾病多见于冬末和春季。

（三）临诊症状

临诊上一般可分为急性和慢性两种病型。

1. 急性型（童虫移行期）　主要由幼虫在肝组织中移行造成的。在短时间内吞食大量囊蚴后 2~6 周发病。多发生于夏末、秋季及初冬季节。病兔表现为精神沉郁，食欲减退，病初体温升高，喜伏卧，迅速发生贫血，腹痛，腹泻，黄疸，逐渐衰弱，肝区有压痛，并很快死亡。有的因出血性肝炎而死亡。

2. 慢性型（成虫胆管寄生期）　主要由成虫寄生在胆管造成的。感染囊蚴后 4~5 个月时发生，多见于冬末春初季节。病兔运动无力，被毛松乱、无光泽，消瘦，严重贫血，可视黏膜苍白、结膜黄染；后期严重水肿，特别是眼睑、颌下、胸下水肿尤为明显，消化功能紊乱，腹泻及便秘交替出现，逐渐衰竭死亡。

（四）病理变化

（1）急性型　急性死亡的病兔，剖检可见幼虫穿过小肠壁并由腹腔进入肝实质，引起肠壁和肝组织损伤，肝脏肿大，肝脏包膜上纤维沉积、出血、长数毫米的暗红色的虫道，虫道内有凝固的血液和很小的童虫。幼虫穿行还可引起急性肝炎及内出血，腹腔中有血性液体，出现腹膜炎病变。

（2）慢性型　慢性死亡的病兔，剖检可见寄生的成虫。兔身体消瘦，皮下、心冠状沟和肠系膜等处水肿，胆管、肝脏发炎和贫血。早期肝脏肿大，后期萎缩硬化。有较多虫体寄生时，可见胆管扩张，胆管壁增厚、变粗甚至堵塞，胆汁郁滞而出现黄疸。胆管呈绳索状并突出于肝脏表面，管内壁有磷酸钙、磷酸镁等盐类沉积，使胆管内膜变得粗糙，内有虫体及污浊稠厚、棕绿色的液体。

（五）诊断

根据流行特点、临诊症状的资料，粪便检查，发现虫卵和死后剖检发现虫体等，进行综合诊断。粪便检查虫卵，可用水洗沉淀法，或锦纶筛集卵法，虫卵易于识别。

（六）防治

1. 预防

根据流行特点，采取综合预防措施。

①定期驱虫。驱虫的时间和次数，可根据流行地区的具体情况而定。在我国北方，一般每年两次驱虫，一次在冬季，另一次在春季。急性病例随时驱虫。驱虫后的粪便应堆积发酵以杀灭虫卵。

②防控和消灭中间宿主——淡水螺。消灭中间宿主可结合水土改造，以破坏螺的生活条件；流行地区应用药物灭螺时，可选用 1∶5 000 的硫酸酮溶液或 0.000 25% 的血防 67 对锥实螺进行浸杀或喷杀。

③加强饲养卫生管理。不喂水草或沟、塘、河边的草；水生植物最好用发酵的方法杀灭囊蚴后再饲喂家兔；饮水最好用自来水、井水或流动的河水，保持水源清洁；从流行区运来的牧草须

经处理后，再喂兔。

2. 治疗

治疗肝片吸虫病时，不仅要进行驱虫，而且应该注意对症治疗。驱虫的药物较多，各地可根据药源和具体情况加以选用。

①硝氯酚（拜耳9015），具有疗效高、毒性小、用量少等特点，肌内注射，每千克体重 1～2mg；口服，每千克体重 3～5mg，3 天后再服 1 次。

②三氯苯唑（肝蛭净），口服，每千克体重每次 10～12mg，对成虫和童虫均有效。对急性肝片吸虫病的治疗，5 周后应重复用药一次。为了扩大抗虫谱，可与左旋咪唑、甲噻吩嘧啶联合应用。

③阿苯达唑（丙硫苯咪唑、丙硫咪唑、抗蠕敏），口服，每千克体重20mg，每天 1 次，连用 3 天。该药为广谱驱虫药，也可用于驱除胃肠道线虫和肺线虫及绦虫，剂型一般有片剂、混悬液、瘤胃控释剂和大丸剂等。

④双酰胺氧醚10% 混悬液，口服，每次每千克体重100mg。

四、肝毛细线虫病

（一）病原及生活史

作为病原的肝毛细线虫属于毛细科，毛线属。成虫虫体非常纤细，白色。雌虫长 53～78mm，尾端呈钝锥形，雄虫长 24～37mm，尾端有 1 突出的交合刺被鞘膜所包裹；食道占体长的 1/2（雄虫）和 1/3（雌虫）。虫卵椭圆形，两端具有塞状物，大小为（63～68）μm×（30～33）μm。成熟的雌虫、雄虫在宿主肝脏内产卵，虫滞留在肝脏中。仅有少数的虫卵可通过损伤的胆管随胆汁进入肠中，随粪便排出。含有虫卵的肝脏被另一动物吞食后，肝脏被消化，虫卵随粪便排出。或者宿主尸体腐烂后，虫卵自肝脏散出。虫卵污染饲料和饮水，被兔等动物吞食，卵壳在肠内被消化，幼虫钻入肠壁，随血流入肝，发育为成虫。

（二）临诊症状

病兔生前无明显的症状，仅表现为消瘦，食欲降低，精神沉郁。

（三）病理变化

病兔死后，可发现肝脏肿大，肝脏表面和实质中有纤维性结缔组织增生，肝脏有黄色条纹状或斑点状结节，有的为绳索状。结节周围、肝脏周围组织可出现坏死灶。

（四）诊断

病兔生前诊断困难，只能通过尸检在肝脏内发现虫卵才能确诊。

（五）防治

消灭老鼠，同时避免老鼠污染饲料和饮水。治疗可用甲苯咪唑，口服，每千克体重 100～200mg，每天 1 次，连用 4 天。或丙硫苯咪唑，口服，每千克体重 15～20mg，每天 1 次，连用 3 天。

第七章

常见营养代谢病防治技术

第一节　矿物质代谢障碍疾病的防治技术

一、佝偻病与软骨病

兔佝偻病是幼龄兔由于维生素 D 及钙、磷缺乏或饲料中钙、磷比例失调所致的一种骨营养不良性代谢病。兔软骨症是成年兔由于钙磷缺乏及二者的比例不当所引起的骨营养不良症，它包括骨质软化症和骨纤维性营养不良症。

（一）发病原因

本病的病因是长期单一饲喂含钙量高的饲料（谷草、红茅草、长期干旱的饲料）或含磷量高的饲料（麸皮、米糠、豆科种子或秸秆），导致一方含量过高而另一方含量不足，钙磷比例严重失调；或饲料中维生素 D 缺乏，幼兔断奶后不及时补充钙磷，可导致本病发生。兔舍内光照不足，运动减少，饲草日照短，是本病重要的诱发因素。

（二）临诊症状

佝偻病病兔表现精神不振，嗜睡，肚腹增大，食欲减少，四肢向外侧斜，身体呈匍匐状，凹背，不愿走动。四肢弯曲，关节肿大。严重发展的前肢呈"X"形或"O"形，后肢外展呈"八"字状，站立困难，以胸着地，前肢呈划水状。肋骨与肋软骨交界处出现"佝偻珠"。死亡率较低；软骨症病兔表现食自身被毛，血清钙含量较少，有的发生抽搐。肋骨和肋软骨连接处增大和骨间变宽等。

兔对饲料中高钙和高磷具有一定的耐受性。饲料中含4.54%钙和0.3%磷，将不影响兔生长发育增重或明显改变其繁殖能力。用高磷低钙（Ca：P = 0.5：1）饲料饲喂兔1年半以上，能使兔的甲状旁腺增生肿大，血清中甲状旁腺激素活性升高。

（三）诊断

根据日粮配制不合理或其他诱发因素，出现肚腹增大，进行性嗜睡，四肢向外侧斜，肋骨与肋软骨交界处出现"佝偻珠"；肋骨和肋软骨连接处增大和骨间变宽等典型症状；检测饲料中的钙、磷；治疗性诊断，及补钙剂疗效明显。

（四）防治

1. 预防　在饲料中添加钙0.22% ~ 0.40%，磷0.22%。改善日粮组成，切忌单一饲喂，供给充足的钙、磷，比例要适当。饲料中按营养标准补充维生素D。加强兔舍通风换气、温度适宜、干燥，有目的地增加兔日照时间，促进维生素D、钙的吸收和转化。

2. 治疗　维生素AD注射液，每次0.5 ~ 1ml，肌内注射，连用3 ~ 5天；维生素D_2胶性钙注射液，每次1 000 ~ 5 000单位，肌内注射，连用5 ~ 7天；鱼肝油1 ~ 2ml，磷酸钙1g，乳酸钙0.5 ~ 2g，骨粉2 ~ 3g，内服，连用7 ~ 10天；10%葡萄糖酸钙注射液，每次0.5 ~ 1.5ml，每天2次，连用5 ~ 7天。

二、异嗜癖

异嗜癖是兔一种顽固性的味觉错乱的新陈代谢障碍疾病。临诊上有毛球病、吞食仔兔癖和食足癖。

（一）毛球病

毛球病是家兔一种比较常见的代谢病，多由食入过多的兔毛，兔毛在胃内与胃内容物缠绕形成毛球混合物，滞留在胃肠内，越积越大，阻塞胃肠道而发病。

（1）发病原因　家兔饲料配比不合理、营养不全，如缺乏粗纤维、矿物质元素（如钙、磷等）及维生素或含硫氨基酸等；或某些体外寄生虫病引起家兔奇痒，相互之间咬食胸部、背部、臀部、尾部等处被毛，造成食毛现象严重；饲养密度过大，兔笼狭小，相邻兔笼隔网孔隙太大、无间距或无隔板等；未能及时清除掉在料盆、水盆中和垫草上的兔毛，被家兔误食。1～3月龄幼兔多发。秋、冬或冬、春季节交替时多发。

（2）临诊症状　病兔表现舔毛、食毛，食毛症状有自食、吃其他兔或互食等几种。而后出现食欲不振，好卧，喜饮水，大便秘结，粪便中带毛。触诊时能感觉到胃内或肠内有块状毛球，胃体积膨大。当毛和饲料纤维缠结在一起、毛球过大时，阻塞肠道，引起肚痛，造成死亡。

（3）病理变化　剖检可见胃内容物混有毛及异物或形成毛球，有时因毛球阻塞而出现肠内空虚现象，或毛球阻塞肠而发生腹痛和阻塞部位前端鼓气。

（4）诊断　根据病因、临诊症状可做出初步诊断，病理变化可最后确诊。

（5）防治

①预防。保证供给全价的日粮，增加矿物质和富含维生素的青饲料，补充含蛋氨酸、胱氨酸较多的饲料。及时治疗家兔皮肤病，经常清理兔笼或兔舍，及时清理掉在饮水盆和垫草上的兔毛，饲养密度要适当，防止发生拥挤，加密相邻兔笼隔网，用双层网隔开2～3cm间距或加隔板。

②治疗。病情轻者，多喂青绿多汁饲料，多运动即可治愈。

病情重者，可灌服植物油或石蜡油 10～20ml，软化毛球，然后让家兔运动，同时用手按摩胃肠；或口服多酶片，每日 1 次，每次 4 片，也可用肥皂水灌肠，每日 3 次，每次 50～100ml，利于毛球排出。毛球排出后，应给予易消化的饲料，口服健胃药如酵母、大黄苏打片等，促进胃肠功能恢复。此外还可口服阿托品 0.1g，同时配合腹外按摩挤压，促进毛团破碎而排泄。对有食毛症的家兔，还要将食毛兔隔离饲养，其饲料中添加 1.5％硫酸钙和 0.2％的胱氨酸＋蛋氨酸（或 1％的毛发粉）。上述治疗措施无效者，应立即进行手术取出阻塞物或淘汰。

（二）吞食仔兔癖

本病是一种新陈代谢紊乱和营养缺乏综合征，表现为一种病态的吞食仔兔恶癖。

（1）发病原因　日粮营养不平衡，饲料中缺乏食盐、钙、磷、蛋白质或 B 族维生素等。母兔产前、产后得不到充足的饮水，口渴难忍。产仔时母兔受到惊扰以及冷的刺激；产箱、垫草或仔兔带有异味，垫草发霉，人汗臭，香脂味，或发生死胎时死仔未及时取出等；初产母兔产道狭窄，产仔时疼痛；产后无乳，仔兔咬损乳头；催产素用量过大，母兔产道受损；人为更换仔兔或仔兔寄养过晚，被母兔认出等，均可诱发母兔吞食仔兔。初产母兔较经产母兔发病率高。

（2）临诊症状　母兔吞食刚产下或产后数天的仔兔。有些将胎儿全部吃掉，仅发现笼底或巢箱内有血迹，有些则吞食仔兔的部分肢体，笼内发现肢体不全的仔兔。

（3）诊断　初产母兔易发。有明显的吞食仔兔行为。

（4）防治

①预防。针对发病原因，加强饲养管理，怀孕期保证充分的营养，给予全价配合日粮，增加蛋白质、矿物质、维生素、微量元素的量，饮水要充足。产箱要事先消毒，垫草、棉花等物切勿

带有异味。产后给予多汁青绿饲料，饮麸皮水、米汤、1%的温淡盐水或温的口服补液盐溶液；及时清理污毛、死胎。保持安静，不打扰其分娩。检查仔兔时，必须洗手后（不能涂擦香水等化妆品）或带上消毒手套进行，避免将异味带入窝内。寄养仔兔要早，并涂擦母兔尿液，催产素用量适当。同时加强产前、产后的护理，定时监视哺乳。

②治疗。目前尚无有效治疗方法。对有吞食仔兔恶癖者，应立即将母仔分开，仔兔人工哺乳或寄养，连续两窝以上出现吞食仔兔的母兔应予以淘汰。据报道，母兔喂适量的熟猪肝或熟猪肉，有一定治疗效果。

（三）食足癖

本病是由于营养失调或其他原因致使病兔经常啃食脚趾皮肉和骨骼的现象。

（1）发病原因　饲料营养不平衡，或患寄生虫病，或内分泌失调。

（2）临诊症状　家兔不断啃食脚趾尤其后脚趾，伤口经久不愈。严重的露出趾节骨，有的感染化脓或坏死。

（3）诊断　青年兔、成年兔多发。体内外寄生虫病、内分泌失调的兔易发。病兔不断啃咬脚趾，流血、化脓，长久不能愈合。

（4）防治

①预防。配制合理的饲料，注意矿物质、维生素的添加。及时治疗体内外寄生虫。

②治疗。目前无有效治疗方法，可对症治疗。发生本病时除改善饲料配合外，可对患部及时进行外科处理。

第二节 维生素与微量元素缺乏症的防治技术

一、维生素 D 缺乏症

维生素 D 缺乏症是由于饲料中缺乏维生素 D 或光照不足引起的，以食欲减退、生长慢、骨发育不良为主要症状的一种营养代谢性疾病。

（一）发病原因

本病多发生在幼龄兔。饲料中维生素 D 含量不足、兔舍内光照差、饲料中钙磷比例不当，幼兔在快速生长期间对维生素 D 的需求量急剧增加而供应不足，蛋白质缺乏及胃肠道疾病，维生素 D 的吸收量减少均可引起本病。

（二）临诊症状

病兔主要表现为食欲和饲料利用率降低，增重缓慢，生产性能下降，后期引起骨营养不良，呈现跛行、运动障碍，站立不稳，甚至长骨弯曲，关节肿大，进一步发展成为佝偻病或软骨病。

（三）诊断

通过病史调查、病因分析，饲料中缺乏维生素 D，呈现跛行、运动障碍等典型症状，病理剖检骨变形、变软或变脆等，可进行综合诊断。

（四）防治

参见佝偻病与骨软症。

二、维生素 A 缺乏症

维生素 A 缺乏症是由维生素 A 或其前体胡萝卜素缺乏或不足所引起的一种营养代谢疾病，临诊上以生长发育受阻、上皮角化、干眼、夜盲症、繁殖机能障碍以及机体免疫力低下等为特征。

（一）发病原因

（1）原发性（外源性）病因　各种青绿饲料包括发酵的青绿饲料在内，特别是青干草、胡萝卜、南瓜、黄玉米等都含有丰富的维生素A原（能转变成维生素A），如不喂给这些饲料，即易患本病；棉籽、亚麻籽、萝卜、干豆、干谷、马铃薯、甜菜根中，几乎不含维生素A原，长期饲喂此类饲料，即造成缺乏；饲料中维生素A和胡萝卜素被破坏，如暴晒、雨淋、发霉变质。生大豆和生豆饼中含的脂氧化酶可使维生素A破坏，即导致缺乏。

（2）继发性（内源性）病因　当幼兔患有慢性胃肠道病、球虫病和肝脏疾病时，均易继发本病；此外，矿物质（无机磷）、维生素（维生素C、维生素E）、矿物质（钴、锰等）缺乏或者不足，都能影响体内胡萝卜素的转化和维生素A的贮存。

（3）诱发因素　饲养管理不良，兔舍污秽不洁、寒冷、潮湿、通风不良，过度拥挤，缺乏运动以及阳光照射不足等因素都可诱导发病。

（二）临诊症状

仔、幼兔生长发育缓慢，严重病兔体重减轻。时间拖长的自发运动减少，最后腿不愿运动。有时出现相似于寄生虫性中耳炎的症状：转圈，头转向一侧或两侧来回摇摆。严重病例，头倒向一侧或后仰，病兔本身没有恢复正常姿势的能力，或头颈缩起，四肢麻痹，偶尔还可看到惊厥。成年兔最早出现眼的病变症状，角膜中央或中央附近出现模糊的白斑或白带，在上下眼睑之间呈平行走向。角膜混浊、粗糙，并显得干燥。眼睛周围积有干燥的痂皮样眼垢。眼球结膜的边缘部分可看到色素沉着，随后即发展为弥漫性角膜炎、虹膜晶状体炎、眼前房积液及永久性盲眼。

母兔缺乏维生素 A 则表现不能受精繁殖，卵子异常，不发生卵裂，在植入前即发生变性，引起繁殖力降低，即使能受精，并植入子宫，也会发生早期胎儿死亡和吸收、流产、死产或产出先天性畸形仔兔。处于维生素 A 缺乏临界状态的无症状母兔，其所产仔兔在出生时可表现正常，但在产后几周内出现脑积水和维生素 A 缺乏的其他症状。

（三）诊断

根据饲料中长期缺乏青饲料或维生素 A 含量不足；有发育、视力、运动、生殖等功能障碍症状；测定血浆中维生素 A 的含量，低于 20~80μg/L 为缺乏。

（四）防治

（1）预防　切忌长期饲喂久贮或变质饲料，并应及时控制球虫病。日粮中应经常补充豆科绿叶、绿色蔬菜、南瓜、胡萝卜和黄玉米等含胡萝卜素丰富的饲料，保证每天供给兔维生素 A 每千克体重 30 单位。配合颗粒饲料中按营养标准补充维生素 A。及时治疗肠道疾病和肝脏疾病。

（2）治疗　停喂贮存较久和变质的饲料，在正常日粮中添加含胡萝卜素丰富的饲料；维生素 A 注射液，每千克体重 440 单位，肌内注射；内服或肌内注射鱼肝油制剂，群体治疗时，可将鱼肝油混入饲料（每千克饲料中添加 2ml）；对症治疗，用麦芽粉、人工盐、陈皮酊等健胃药调整胃肠功能，促进消化吸收；眼有病变的可用 3% 硼酸溶液洗眼，然后滴入环丙沙星眼药水或涂抹红霉素眼药膏；继发肺炎时应及时治疗。同时还应注意：补充维生素 A 不可过量，如果摄入量过高会引起中毒。

三、维生素 E 缺乏症

维生素 E 又称生育酚，为脂溶性维生素，是一种抗氧化剂，在体内维持繁殖，抑制体内不饱和脂肪酸的过氧化，参与新陈代谢的调节，影响腺体和肌肉的活动。维生素E缺乏，可导致营养性肌肉萎缩、繁殖障碍，且往往与硒缺乏症并发。

（一）发病原因

饲料本身维生素E含量不足，加之维生素E化学性质极不稳定，易受到矿物质及不饱和脂肪酸的氧化破坏，使维生素E失去活性。因此，长期喂给含高钙、高铜、高锌饲料和不饱和脂肪酸的饲料，容易引起维生素E缺乏症。由于饲料中硒缺乏，使之对维生素E的需要量也相对增高，出现相对的维生素E缺乏症。特别是大量饲喂含硒量少而不饱和脂肪酸含量多的青绿豆科植物时更易出现。饲料中含过量不饱和脂肪酸（如猪油、豆油等）酸败产生过氧化物，促进维生素E的氧化。患肝脏疾病（如肝球虫病）时，由于维生素E贮存减少，而利用和破坏反而增加，也易发生本病。

（二）临诊症状

患兔先是肌肉僵直，随后进行性肌无力和萎缩，对饲料的消耗减少，体重下降，最后衰竭而死亡。繁殖母兔维生素E缺乏时，受胎率降低、发生流产或死胎增多，或新生仔兔死亡率高。公兔睾丸损伤，精子产生减少。幼兔的临诊过程分为3个时期：第一期表现肌酸尿、采食减少、增重停止；第二期部分病兔表现前肢僵直，头稍回缩；有时保持数小时，但有些兔的表现不明显，此时体重急剧下降，食欲逐渐废绝；第三期病兔食欲完全废绝，营养极度不良，全身衰竭。有的病兔死亡前往往垂死挣扎，迅速撑起脚，企图保持竖直姿势，但终因肌肉无力，全身呈松弛状态，持续1~4天后死亡。有的神经系统受损而出现类似中耳炎的症状，转圈、共济失调、伏卧时头弯向一侧，最后衰竭死亡。

（三）病理变化

剖检可见骨骼肌、心肌、椎旁肌群、咬肌和后躯肌肉萎缩并极度苍白，坏死肌纤维有钙化现象。腰肌群可见小的苍白点、出血条纹和黄色坏死斑，心室壁和乳头肌有局限性灰色斑。肝脏坏死，睾丸变性萎缩。

（四）诊断

病兔出现神经症状、运动障碍、生殖功能下降；脑软化、肌肉变性、渗出性素质；调查饲养管理，饲料中缺乏维生素 E 或缺硒，或长期饲喂腐败变质饲料。根据上述结果综合诊断为维生素 E 缺乏症。

（五）防治

（1）预防

①经常给兔饲喂如大麦芽、苜蓿、胡萝卜等青绿多汁饲料，或补充维生素 E 添加剂。

②避免喂给含不饱和脂肪酸酸败的饲料；对含高矿物质和高不饱和脂肪酸的饲料，要提高维生素 E 的添加量。

③及时治疗兔肝脏疾病，如兔肝球虫病等。

④饲料不能长久贮藏，也是预防本病的有效措施。

（2）治疗　对已发生维生素 E 缺乏症的家兔，按每天每千克体重 0.32 ~ 1.4mg 在饲料中补加维生素 E，自由采食。严重病例，肌内注射维生素 E 制剂，每次 1 000 单位，每天 2 次，连用 2 ~ 3 天。另外，饲料中添加含硒微量元素添加剂，有辅助治疗作用。

四、维生素 K 缺乏症

维生素 K 缺乏症是由于饲料中维生素 K 缺乏引起的营养代谢性疾病。维生素 K 缺乏症以出血、血液凝固不良、流产为主要症状。

（一）发病原因

家兔长期笼养而青饲料供应不足会出现原发性病例。条件性缺乏症病例见于下列情况：饲料中含有颉颃维生素 K 的物质（如霉菌毒素、水杨酸等）；肠道微生物合成维生素 K 的能力受到抑制（如长期大量使用广谱抗生素）；肠道吸收维生素 K 的能力下降（如胆汁分泌不足、球虫病、长期服用矿物油等）。

（二）临诊症状

维生素 K 参与凝血因子 Ⅰ、Ⅶ、Ⅸ 和 Ⅹ 的生物合成，维生素 K 缺乏时，血液中这些凝血因子减少，易发生出血，血液不易凝固。部分妊娠母兔发生流产。

（三）诊断

当饲料中长期缺乏维生素 K，临诊出现典型的出血、凝固不良时，可综合诊断为维生素 K 缺乏症。

（四）防治

（1）预防　应注意不间断地保证青绿饲料的供给；控制磺胺和广谱抗生素的使用时间及用量，及时治疗胃肠道及肝脏疾病，对长期伴有消化紊乱的家兔，应在日粮中适当补充维生素 K。

（2）治疗　可应用维生素 K_3 治疗，剂量为每次 $1 \sim 2mg$，肌内注射，每天 $2 \sim 3$ 次，连用 $3 \sim 5$ 天。或按每千克饲料中添加 $3 \sim 8mg$。当使用维生素 K_3 治疗时，最好同时给予钙剂。对吸收障碍的病例，可口服维生素 K 制剂时，须同时服用胆盐。

五、维生素 B 族缺乏症

B 族维生素缺乏症是饲料中的 B 族维生素不足引起的一种营养代谢病。多见于幼兔。

B 族维生素包括维生素 B_1（硫胺素）、维生素 B_2（核黄素）、维生素 B_3（烟酸）、维生素 B_5（泛酸）、维生素 B_6（吡哆酸)、维生素 B_9 (叶酸)、维生素 B_{12} (钴维生素)、维生素 H (生物素)、维生素 PP (尼克酰胺) 和胆碱等 10 多种水溶性维生素 (临诊上主要有维生素 B_1、维生素 B_2、维生素 B_6 和维生素 B_{12} 等会引起缺乏症)。它们是有着不同结构的化合物,作为酶的辅酶而参与动物体内物质代谢。它们协同作用,调节新陈代谢,维持皮肤和肌肉的健康,增进免疫系统和神经系统的功能,促进细胞生长和分裂 (包括促进红细胞的产生,预防贫血发生)。一旦缺乏某一种会引起某一种机能发生障碍,发病时常呈综合症状。B 族维生素广泛存在于青饲料、酵母、米糠、麸皮以及发芽谷物中。此外,动物肠道中微生物也能合成 B 族维生素,一般不会缺乏。

(一) 发病原因

本病的病因主要是长期单一饲喂缺乏 B 族维生素的饲料。饲料久贮、霉变,B 族维生素受到破坏。天气闷热、应激、磺胺类药物的应用等因素,使 B 族维生素的消耗过大。胃肠炎、消化障碍、吸收不良,使 B 族维生素吸收减少;肝脏疾病,则影响转化、造成利用障碍,从而诱发本病。

(二) 临诊症状

B 族维生素缺乏症的共同症状是消化机能障碍、消瘦、毛乱无光、少毛、脱毛、皮炎、跛脚、神经症状、运动机能失调。

(1) 维生素 B_1 缺乏症　　主要表现为厌食和多发神经性症状。如食欲不振、采食量下降、运动失调、软弱瘫痪、惊厥、昏迷,最后死亡。

(2) 维生素 B_2 缺乏症　　吃草少,生长慢,腹泻,渐进性消瘦,生产力下降。

(3) 维生素 B_6 缺乏症　　耳朵周围出现皮肤增厚和鳞片,鼻端和爪出现疮痂,眼睛发生结膜炎。严重的全身皮肤也会出现增厚及鳞片。患兔骚动不安,瘫痪,最后死亡。甚至引起造血组织血细胞生成减少，轻度贫血，凝血时间延长，尿中黄尿酸量增多。

（4）维生素 B_{12} 缺乏症　厌食，腹泻，贫血，营养不良，肌肉衰弱，生长停止。

（三）诊断

结合病史、典型症状以及饲料检测结果，可进行综合诊断。

（四）防治

（1）预防　除了在饲料中添加青饲料、酵母、米糠、麸皮外，在每吨饲料中添加维生素 B_1 100～300mg，维生素 B_2 1.5～3g，维生素 B_{12} 2～5mg，烟酸10g，叶酸4mg，可有效预防本病发生。

（2）治疗　根据病因不同，有针对性地补充各种维生素。维生素 B_1 0.25～0.5mg/kg；维生素 B_2 2～4mg/kg；维生素 B_{12} 1～2μg/kg；烟酸20～30mg/kg；叶酸25～50μg/kg，肌内注射或内服，每日1次，连用7天。

六、微量元素缺乏症

微量元素缺乏症是指饲料中缺乏铁、镁、铜、锰、锌、碘、硒等微量元素而引起的各种营养性疾病。

（一）发病原因

饲料中某种或多种微量元素添加不足。

（二）临诊症状与病理变化

（1）铁缺乏症　发病兔主要表现为贫血。临诊还表现为生长缓慢、食欲减退、异嗜、嗜睡、可视黏膜变白、呼吸频率加快、抗病力弱。

（2）镁缺乏症　发病症状与兔的年龄和饲料中镁含量有关，年龄越小镁含量越少，发病越严重。表现被毛的光泽失去，背部、四肢和尾巴脱毛。青年兔表现急躁，心动过速，生长停滞，厌食和惊厥，最后心力衰竭而死亡。母兔镁缺乏仍能交配妊娠，不久胎儿死亡、吸收。剖检变化，有的肾脏上有出血斑，其他脏器基本正常。

（3）铜缺乏症　表现为被毛褪色和脱毛、皮肤病，以及低色素性小红细胞性贫血。心脏和肝脏细胞色素氧化酶活性降低，肝含铁量增多。病兔可发生骨骼断裂，桡骨和耻骨弯曲，长骨骨化中心增厚，骨骼后板粗糙不平。心肌出血，广泛性钙化和纤维化。一般饲料中含铜 3～6mg/kg，即能满足生长发育兔的需要。

（4）锰缺乏症　病兔出现生长发育不良，前肢弯曲，骨骼变脆易折，其重量、密度、长度和灰分含量都减少。

（5）锌缺乏症　患病妊娠母兔分娩时间延长、胎盘停滞，仔兔多数难以存活。幼兔饲料中缺锌，生长发育停滞，部分被毛脱落，皮肤出现鳞片。口周围肿胀、溃疡、疼痛，下颌和颈部被毛变湿，被毛黏结。幼兔成年后繁殖能力丧失。

（6）碘缺乏症　缺碘的兔，甲状腺肿大，病兔无行为改变，只是代谢率降低，产热量减少。

（7）硒缺乏症　生长发育停滞，营养不良，贫血，运动障碍，背腰弓起，四肢僵硬，共济失调，心律不齐，呼吸困难，并伴有消化机能紊乱。剖检可见骨骼肌变性、坏死、肝营养不良，以及心、肝纤维变性为主。幼兔 2～5 月龄为发病高峰期。我国西北、西南、东北等地区均为缺硒地区，如不注意添加硒，易发生缺硒症。

（三）诊断

根据病史和典型症状，配合测定饲料或动物组织微量元素的含量进行综合诊断。

（四）防治

1. 预防

加强饲养管理，饲喂富含多种维生素和微量元素的饲料。饲料中的糖和蛋白质含量要适宜，过多或过少者会降低微量元素的利用率。防止并及时治疗影响微量元素吸收的消化道疾病。缺硒、锌、锰等地区，在种植饲料地施撒硒、锰、锌等微量元素制剂，以提高饲料的微量元素含量。

2. 治疗

根据微量元素缺乏的种类不同，有针对性地补充相应的微量元素。发病后要经过确诊后再用药，缺什么及时补充什么。

（1）铁缺乏症　补铁可采用口服铁剂或注射铁剂的方法，可将硫酸亚铁配成 0.2% ~ 1% 水溶液，口服，肌内注射的铁剂有葡聚糖铁或葡聚糖铁钴注射液等。

（2）镁缺乏症　对病兔可肌内注射 10% 硫酸镁 5 ~ 10ml，或内服 5% 硫酸镁 30 ~ 50ml。

（3）铜缺乏症　一般选用硫酸铜口服，视病情轻重，每周 1次，连用 3 ~ 5 周。也可皮下注射甘氨铜。或将硫酸铜按 0.5%比例混于食盐中，使病兔舔食。铜与钴合用，效果更好。

（4）锰缺乏症　在日粮或饮水中添加锰制剂。可在日粮中补充硫酸锰；或饮水补锰，20L 水中加 1g 高锰酸钾，让其自由饮水。

（5）锌缺乏症　补锌既可采取调整日粮中含锌量方法，也可口服硫酸锌或注射碳酸锌制剂。

（6）碘缺乏症　补碘是治疗本病的根本措施。可口服碘化钾、碘化钠，或复碘液（含碘 5%，碘化钾 10%），亦可用含碘盐。

（7）硒缺乏症　饲料中注意加 0.5% 的植物油和硒制剂；内服维生素 E，每千克体重 0.6 ~ 1.0mg，每日 1 次。

第八章

常见中毒病防治技术

第一节 饲料毒物中毒的防治技术

一、硝酸盐和亚硝酸盐中毒

硝酸盐和亚硝酸盐中毒是动物摄入过量含有硝酸盐或亚硝酸盐的植物或饮水，引起的以皮肤、黏膜发绀和呼吸困难为特征的一种中毒病。本病发生于各种动物。

（一）发病原因

白菜、油菜、菠菜、芥菜、韭菜、甜菜叶、牛皮菜、萝卜叶、南瓜藤、苜蓿等青绿植物，是喂兔的好饲料，但又都含有数量不等的硝酸盐。亚硝酸盐为硝酸盐在硝化细菌的作用下，还原为氨的过程中的中间产物。硝化细菌广泛分布于自然界中，适宜的生长温度为 20 ~ 40℃，青绿饲料堆放过久发酵腐熟，硝酸盐可转化为亚硝酸盐，毒性大大提高，从而引起亚硝酸盐中毒。本病一般以饲喂青饲料为主时多发，气候温热的夏秋季多发。也可发生于以工业盐取代食盐添加到饲料时。

（二）临诊症状

患兔剧烈不安，流涎或口吐白沫，腹泻，可视黏膜发绀；严重时，口、鼻、耳均呈现紫色，肌肉震颤，行走不稳，时而抽搐，时而昏睡，呼吸困难，卧地不起。体温正常或降低。重者因窒息而死亡。

（三）病理变化

血液呈深褐色酱油状，凝固不良；肺脏充血，水肿；心外膜有点状出血；胃肠道充血、出血和黏膜脱落。有的肝脏、脾脏和肾脏肿大或充血。

（四）诊断

根据有采食硝酸盐或亚硝酸盐的病史；临诊症状表现采食后发病急，表现剧烈不安、流涎、吐沫、腹泻、呼吸困难、黏膜发绀，体温多降低，采食多的症状严重；解剖血液呈深褐色酱油状，凝固不良，胃肠黏膜出血，肺部水肿；再结合实验室毒物检验，亚硝酸盐检验呈阳性即可确诊。

实验室毒物检验。采集兔采食过的剩余饲料或胃内容物、呕吐物等，加蒸馏水浸泡，过滤，取滤液适量于试管，加入稀硫酸1～2滴使之酸化，再加入10%高锰酸钾1～2滴，如含亚硝酸盐，则高锰酸钾被还原而迅速褪色，反之则为阴性。

（五）防治

（1）预防　本病的预防是要注意喂兔的青绿饲草，收割后应摊开敞放，不要露天堆积、日晒雨淋，如已发热不应再喂。接近收割期曾用硝酸盐化肥和除莠剂的植物和污染的水不要给兔饮食，以免发生中毒。已腐败、变质的饲料不能喂兔，兔在饲喂青绿饲料时，要添加适量碳水化合物。对已经中毒的病兔，应迅速抢救。

（2）治疗　小剂量的美蓝使高铁血红蛋白还原成血红蛋白，故可作为亚硝酸盐中毒的特效解毒药。1%～2%美蓝（亚甲蓝）按每千克体重0.1～0.2ml，肌内注射或静脉注射。也可用甲苯胺蓝，剂量按每千克体重5mg配制成5%溶液静脉注射，也可用肌内注射或腹腔注射。同时，采取强心升压、兴奋呼吸中枢等对症疗法。同时还可给予大剂量维生素C静脉注射和静脉滴注高渗葡萄糖以增强疗效。此外还可以采用放血等疗法。

二、氢氰酸中毒

兔氢氰酸中毒是指兔采食富含氰苷的饲料引起的以呼吸困难、黏膜鲜红、肌肉震颤、全身惊厥等组织性缺氧为特征的一种中毒病。

（一）发病原因

多种饲草饲料均含有较多氰苷，如木薯、高粱及玉米的鲜嫩幼苗（尤其是再生苗）、亚麻子及机榨亚麻子饼（土法榨油时亚麻子经过蒸煮则氰苷含量少），豆类中的海南刀豆、狗爪豆，蔷薇科植物如桃、李、梅、杏、枇杷、樱桃的叶和种子，牧草中的苏丹草、约翰逊草和白三叶草等。当饲喂不当时引起兔中毒。氰苷本身无毒，但当含有氰苷的植物被动物采食后，在有水分和适宜的温度条件，经植物的脂解酶（如β-葡萄糖甙酶和羟腈裂解酶）的作用下，可产生氢氰酸，导致动物中毒的物质是氰离子。本病一般在饲喂青饲料较多，气候温热的夏秋季节多发。

（二）临诊症状

动物通常在采食含氰苷植物的过程中突然发病，或采食后15~20分钟内出现症状。表现腹痛不安，呼吸加快，肌肉震颤，全身痉挛，可视黏膜鲜红，流出白色泡沫状唾液；先兴奋，很快转为抑制，呼出气有苦杏仁味，随后全身极度衰弱无力，行走不稳，突然倒地，体温下降，肌肉痉挛，瞳孔散大，反射减少或消失，心动徐缓，呼吸浅表，很快昏迷而死亡。闪电型病程，一般不超过2小时，最快者3~5分钟死亡。

（三）病理变化

剖检可见血液鲜红色，凝固不良；各组织器官的浆膜和黏膜，特别是心内外膜，有斑点状出血；肺脏淡红色，水肿，气管和支气管内充满大量淡红色泡沫状液体；切开胃后，可闻到苦杏仁味，胃黏膜易于脱落。

（四）诊断

根据采食氰苷植物的病史，起病的突然性，呼吸极度困难且可视黏膜呈鲜红色和神经机能紊乱等典型临诊症状，解剖可见血液鲜红色、凝固不良、肺水肿，胃内容物有苦杏仁味等病理变化，可做出诊断。

（五）防治

（1）预防　预防本病最有效的措施是禁止饲喂玉米和高粱的幼苗，尤其是二茬苗，以及亚麻籽饼、桃、李、杏叶等含氰苷的饲料。如果饲喂，最好放于流水中浸渍 24 小时或漂洗后再加工利用。如果新鲜饲喂，可适量配合干草同喂。

（2）治疗　一旦发生中毒，立即更换饲料，停喂富含氰苷的植物。治疗本病的特效解毒剂是亚硝酸钠和硫代硫酸钠，必须两种药联合应用。发病后立即用 1% 亚硝酸钠，兔 2~3ml，静脉注射；随后再静脉注射 10% 硫代硫酸钠溶液 1~5ml。也可用 1%~2% 美蓝（亚甲蓝）按每千克体重 0.1~0.2ml，肌内注射或静脉注射。强心、兴奋呼吸中枢：10% 安钠咖 1~2ml，肌内注射或静脉注射；回苏灵 2mg，配入适量的糖盐水中，静脉注射。

三、棉籽与棉籽饼粕中毒

棉籽与棉籽饼粕中毒是指动物长期或大量摄入含游离棉酚的棉籽或棉籽饼粕引起以出血性胃肠炎、全身水肿、血红蛋白尿和实质器官变性为特征的一种中毒病。

（一）发病原因

棉籽与棉籽饼粕中含有有毒物质游离棉酚，游离棉酚的含量与棉籽品种、产地、棉籽加工工艺有很大关系，以冷榨取油后的棉籽饼粕含毒量大。家兔采食含游离棉酚的棉籽与棉籽饼粕，即可发生慢性中毒。生长发育快的青年兔和怀孕兔需要蛋白质量大，吸收毒蛋白质多，因而中毒的机会也多。

（二）临诊症状

病初表现精神沉郁，食欲减退，有轻度的震颤。继而出现明显的胃肠功能紊乱，病兔食欲废绝，先便秘后下痢，粪便中常混有黏液或血液。可视黏膜发黄以致失明，体温正常或略升高。脉搏疾速，呼吸迫促，尿频，有时排尿表现疼痛，尿液呈红色。严重者，呻吟，磨牙，抽搐，以头撞地，尖叫，心力衰竭而死亡。母兔表现为屡次配种不孕，流产，胎儿水肿、出血，颤抖，先天性畸形（歪嘴、瞎眼、缺肢等）。公兔精子活力降低。

（三）病理变化

剖检可见胃肠道呈出血性炎症，胃黏膜严重脱落。肝脏花斑状肿大。肾脏肿大、水肿，皮质有点状出血。膀胱积尿。肺脏有出血点。胸腔、腹腔、心包积液。实验室检查，尿蛋白阳性，尿沉渣中可见肾上皮细胞及各种管型。

（四）诊断

根据长期采食棉籽或棉籽饼粕的病史；出血性肠炎、呼吸迫促、尿液呈红色及神经症状的临诊表现；剖检可见实质器官肿大、结缔组织水肿、体腔积液等病理变化，可做出诊断。

（五）防治

（1）预防 平时应严格限量饲喂棉籽与棉籽饼粕，一般不超过饲料总量的4%，孕兔、幼兔不用。有条件时最好进行脱毒处理，可将生棉籽或棉籽饼粕加热（炒、蒸、煮），使棉酚变性失去毒性，也可用0.1%硫酸亚铁溶液浸泡24小时，用清水冲洗干净后再喂。喂全价饲料，当日粮营养全面时，动物对棉酚的耐受力增大，要注意蛋白质、矿物质和维生素的补充，棉籽饼粕最好与豆粕、鱼粉等其他蛋白饲料混合应用，以防中毒。

（2）治疗 治疗应遵循解除病因，排出毒物，补液利尿，防止继发感染的原则。

发生中毒时应立即停喂含有未脱毒的棉籽或棉籽饼粕，改喂其他易消化的优质饲料。尚有食欲者，可口服硫酸钠 2～6g，鞣酸蛋白 0.3～0.5g，饮用多维电解质或口服补液盐溶液。无食欲者，可用 0.1% 高锰酸钾液或 3% 碳酸氢钠液洗胃，然后灌服硫酸亚铁 2～3g。抗菌消炎，保护胃肠黏膜，2% 环丙沙星注射液，每千克体重 0.1ml，肌内注射，每天 2 次；补液利尿，经口内服人工盐 15～20ml，利尿可用双氢氯噻唑，每兔每次 0.01～0.02g，内服，每天 2 次。病情严重者可静脉注射 10% 葡萄糖溶液 20ml，维生素 C 5ml，安钠咖 0.2g；或维生素 A 10 万单位、维生素 D 20 万单位，隔日肌内注射，每天 2 次。

四、菜籽饼粕中毒

菜籽饼粕中毒是指动物长期或大量摄入含有硫葡萄糖苷的分解产物的油菜籽饼粕引起的以急性胃肠炎、肺气肿、肺水肿、肾炎和甲状腺肿大为特征的中毒病。

（一）发病原因

在菜籽饼粕中含有芥子苷、芥酸、芥子酶等成分，含毒量多少因品种、油脂加工工艺及土壤含硫量多少而有较大的差异。芥子苷在兔胃内经芥子酶水解，产生多种有毒降解物质，如异硫氰酸酯、噁唑烷硫酮、腈和芥子碱等。这些物质对黏膜具有较强的刺激和损害作用，可引起胃肠炎、肾炎及支气管炎，甚至肺水肿，还可引起甲状腺肿大、新陈代谢紊乱、血斑，并影响肝脏等器官的功能。一般菜籽饼粕可占家兔日粮的 5%，若采食量过大或未经脱毒处理即可引起中毒。

（二）临诊症状

兔采食后 20～24 小时发作，表现精神委顿，不食，流涎，缺钙，腹泻，腹痛，粪中带有少许血液。尿频，血尿，排尿痛苦，排出尿液很快凝固，肾区疼痛，弓背，后躯不能站立，呈现犬坐姿势，体温高达40.3~40.8℃，可视黏膜苍白，轻度感染，心率加快，呼吸增速。有的发生肺气肿，易引起肺水肿，呼吸困难，两侧鼻孔流出泡沫状鼻液。慢性中毒的兔，均可发生甲状腺肿大，体重下降，幼龄兔表现生长缓慢。妊娠母兔表现妊娠期延长，新生仔兔发育不良，甲状腺肿大，病死率升高。

（三）病理变化

剖检可见黏膜苍白、黄染；肺脏轻度淤血、水肿；胃肠黏膜水肿、充血、出血，呈现卡他性、出血性炎症变化；肝脏淤血、肿大、坏死，表面混浊无光泽，切面结构模糊、湿润；肾脏肿大、暗红色，切面实质出血，皮质增宽，肾盂内就有血液；脾脏轻度淤血，但不见肿大；心脏松软，心腔内积有凝固血液，其他脏器肉眼未见异常变化。

（四）诊断

根据长期采食生菜籽饼粕的病史；有不吃、流涎、腹痛、粪中带血、血尿、心跳加快、精神沉郁、体温升高等临诊典型症状；剖检胃肠黏膜水肿、充血、出血，呈卡他性、出血性炎症，肺脏水肿，肝脏淤血、肿大、坏死，肾脏肿大等病理变化，可做出诊断。

（五）防治

（1）预防　近年来，菜籽饼粕中毒量临诊上较为多见，引起死亡的也不少，故必须加强预防。预防本病的关键是合理使用菜籽饼粕的量，并与其他日粮搭配使用，同时增加维生素和微量元素碘的量。对新购的菜籽饼粕或含有菜籽的配合料，喂后应看是否有不良反应，以利及早发现，及时治疗。有条件时，最好对菜籽饼粕进行去毒处理，最简便的方法是浸泡煮沸法，即将菜籽饼粕粉碎后用热水浸泡12~24小时，弃掉浸泡液再加水煮沸1~2小时，使毒素蒸发掉后再饲喂家兔，也可使用坑埋法、热处理法、化学处理法、微生物降解法和溶剂提取法等。此外，引进和选育双低油菜品种是菜籽饼粕去毒和提高其营养价值的根本途径。

（2）治疗　本病无特效疗法，发现中毒后，首先停喂菜籽饼粕及添加了菜籽饼粕的饲料，改变饲料配方，以碘盐替代食盐饲给。为保护胃肠道黏膜，促进毒物的排出，可用滑石粉 10 ～ 20g，加水适量灌服，加入苏打 5 ～ 10g 或甘草末 2g 效果更佳。也可服盐类泻剂，如硫酸镁 10 ～ 15g、苏打 5g，加水适量，灌服。也可灌服 0.1% 高锰酸钾溶液、浓茶水，也可将茵陈 30g、茯苓 15g、泽泻 15g、当归 10g、白芍 10g、甘草 10g 煎汁，分 2 次灌服。采取强心利尿、改善血液循环、稀释毒素、提高肝脏解毒机能、抗菌消炎等对症疗法。在日粮中加 10% 鲜牛奶和适量鲜青菜，改善饲养管理，增加采食。病重的家兔可静脉注射 10% 葡萄糖溶液 10 ～ 20ml、维生素 C 5ml。

第二节　霉菌毒素中毒的防治技术

兔霉菌毒素中毒是指家兔采食了发霉饲料而引起的中毒性疾病，临诊上以消化障碍和神经机能紊乱为特征。可发生于各种年龄的兔。本病是目前危害养兔生产的一类重要疾病。

（一）发病原因

霉菌广泛分布于自然环境中，作物在生长过程中可能污染多种霉菌，作物收获后由于加工、运输、保管不当也易污染霉菌，污染饲草、饲料的霉菌在适宜的温度（28℃ 左右）和湿度（80% ～100%），就会大量生长繁殖，霉菌在其代谢过程中产生毒素，主要有烟曲霉毒素、黄曲霉毒素、赤霉菌毒素、杂色曲霉毒素、镰刀菌毒素等，家兔采食了被这些霉菌毒素污染的饲草、饲料后，即可引起霉菌毒素中毒。烟曲霉菌的营养菌丝有隔膜；分生孢子梗直立，顶囊形状呈倒烧瓶状，直径为 20 ～30μm，与分生孢子梗一样带绿色。分生孢子呈球形或近球形，淡绿色，表面有细刺，直径为 $2 \sim 3 \mu m$。在察氏培养基上 28℃ 培养，最初为白色绒毛状菌落，形成孢子时呈蓝绿色，进而变成烟绿色。

（二）临诊症状

因霉菌种类不一，其症状也各不相同。

（1）急性中毒　多表现为急性胃肠炎及神经紊乱，食欲废绝，流涎、呕吐，初便秘后下痢，并附有黏液或血液，有的出现腹痛，后肢无力，精神沉郁或兴奋，肌肉痉挛或麻痹（口唇麻痹等），头颈软垂，前肢趴卧不能支撑，后肢瘫痪不能站立。心跳加快，呼吸急促，体温下降，数小时或 $2 \sim 3$ 天内死亡。

（2）慢性中毒　较为多见，由于症状不明显，常不易发觉。表现精神萎靡不振，反应淡漠，食欲渐减，消化机能紊乱，便秘、腹泻交替出现，逐渐瘦弱，口内不洁，舌苔少光，舌底青黄，结膜黄白不洁。仔兔体弱，死亡率高。妊娠母兔常引起流产或死胎。发情母兔不受孕，公兔不配种。

（3）黄曲霉毒素中毒　是一种极为常见的霉饲料中毒病。表现厌食、消瘦、贫血、委顿、流产等。

（三）病理变化

急性中毒病兔剖检可见：肝脏肿胀、弥漫性出血和坏死；肠道黏膜出血，腿部、胸部肌肉出血；肾脏肿大、苍白。慢性中毒，肝脏呈黄色，表面不平，白色点状坏死灶。腹腔内有淡黄色积液，皮下有胶冻样物。肺脏充血、出血，肝变，并有散在米粒大灰白色斑点。盲肠积有大量硬粪，肠壁菲薄，浆膜有的有出血斑点。

（四）诊断

根据采食发霉饲料、饲草的病史，临诊症状有消化障碍、胃肠炎和神经症状，解剖发现肝脏肿大、出血、硬化和变性，肺脏充血、出血，肝变，并有散在米粒大灰白色斑点等病变，实验室真菌培养及毒素检验呈阳性等进行综合诊断。

（五）防治

（1）预防　严禁饲喂发霉变质的饲料，是预防本病的根本措施。在饲料收集、采购、加工、保管等环节上要加以监控。对饲喂霉败饲料的危害性要加强宣传教育工作。为减少损失，在利用轻微霉败的饲料饲喂家兔时，应先在日光下晒干，再经扬净、蒸煮的步骤加工处理，也可用石灰水或 0.1% 漂白粉水浸泡减毒。以上处理过的饲料应与好饲料掺和，其含量最多不超过10%，最好先给一组动物试喂，不要用此饲料饲喂泌乳、妊娠和生长期动物。霉稻草可用 2% 石灰水浸泡 14 小时，然后用清水冲净即可饲喂。可疑饲料也可加入防霉制剂。

（2）治疗　本病尚无特效解毒方法。疑为中毒时，应立即停喂发霉的饲料，饥饿一天，而后更换饲喂优质的饲料和清洁的饮水，同时采取对症治疗。急性中毒，可用 0.1% 高锰酸钾溶液或1% ~2% 碳酸氢钠溶液洗胃、灌肠，然后内服 5% 硫酸钠溶液 50ml 或人工盐 2 ~3g；或稀糖水 50ml，外加维生素 C 2ml；或绿豆汤等；或将大蒜捣烂喂服，每兔每次 2g，每日 2 次。静脉注射 5% 葡萄糖生理盐水 50 ~100ml，肝泰乐 1 ~2ml，每天 1 ~2 次。或氯化胆碱 70mg、维生素 B_{12} 5mg、维生素 E 10mg，1 次口服。如出现肌肉痉挛或全身痉挛，可肌内注射盐酸氯丙嗪，每千克体重 3mg，或静脉注射 5% 的水合氯醛，每千克体重 1ml。也可试用制霉菌素、两性霉素 B 等抗真菌药物治疗。救治无效者，则予以淘汰。

第三节　其他中毒的防治技术

一、有机磷农药中毒

兔有机磷农药中毒是由于家兔接触、吸入某种有机磷农药或误食有机磷农药污染的饲草、饲料或驱虫时用药不当所致，以体内胆碱酯酶钝化、乙酰胆碱积聚和神经生理机能紊乱为主的一种中毒病。临诊以瞳孔缩小、肌纤维震颤和中枢神经系统紊乱为特征。

（一）发病原因

主要是由于家兔误食了喷洒有机磷农药不久的蔬菜、农作物、青草等，或误食了拌过有机磷农药的谷物种子而造成中毒。用有机磷农药如敌百虫等治疗家兔体内外寄生虫病时，不按规定的方法和剂量驱除而引起中毒。

（二）临诊症状

家兔有机磷农药中毒的一个典型症状是中毒兔瞳孔缩小。临诊表现是先兴奋后抑制，全身肌肉痉挛，角弓反张，运动障碍，站立不稳，倒地后四肢呈游泳状划动，迅速死亡。流涎吐沫，腹痛不安，肠音高，连绵不断，粪稀如水，便中带血。高度呼吸困难，张口喘气，肺部听诊有湿罗音。体温正常或偏低，全身出汗，口、鼻、四肢末端发凉，瞳孔缩小，眼球震颤，可视黏膜发绀，脉细弱无力。最后陷于昏迷和呼吸中枢麻痹而死亡。轻度中毒病例只表现流涎和腹泻。

（三）病理变化

剖检可见气管和支气管内积有大量黏液，肺水肿。心脏淤血。肝脏、肾脏肿胀，有小出血点。胃内容物有大蒜味，胃黏膜充血、出血、肿胀，易脱落。膀胱中充满尿液。

（四）诊断

根据采食被有机磷农药污染的饲料、饲草的病史；典型的临诊症状如痉挛，出汗，口鼻四肢末端发凉，口吐白沫，瞳孔缩小等；胆碱酯酶活力在60%以下者，可做出诊断。

（五）防治

（1）预防 认真执行《剧毒农药安全使用规程》等有关规

定，建立和健全有机磷农药的购销、运输、保管和使用制度。不要用喷洒过有机磷农药的农作物、牧草、野草、蔬菜喂兔。用有机磷药物进行体表驱虫时，应掌握好剂量与浓度，并加强护理，严防舐食，并注意用药后的表现。此外，研制高效、低毒、低残的新型有机磷农药。

（2）治疗　有机磷农药中毒后，必须首先立即实施特效解毒方法，其次防止毒物继续吸收，同时还要进行对症治疗。

①实施特效解毒方法。需同时用胆碱脂酶复活剂和乙酰胆碱对抗剂，才有确实疗效。胆碱脂酶复活剂，常用的有解磷定、氯磷定、双解磷、双复磷等。解磷定（或双复磷）每千克体重20~40mg，维生素C 25mg和10%葡萄糖注射液50ml，混合静脉注射，每日2~3次，连用2~3天。乙酰胆碱对抗剂，常用硫酸阿托品，应用0.1%硫酸阿托品，每兔皮下注射或肌内注射1~2ml，经1~2小时症状未见减轻的，可减量重复应用，直到出现所谓"阿托品化"状态（即口腔干燥，出汗停止，瞳孔散大，心跳加快等）；"阿托品化"之后，应每隔3~4小时皮下注射或肌内注射1次一般剂量阿托品。中毒严重时以1/3剂量缓慢静脉注射，2/3剂量皮下注射。此外，山莨菪碱（654-2）的药理作用与阿托品相似，对有机磷农药中毒有一定疗效。

②防止毒物继续吸收。停用可疑饲料和饮水；经皮肤沾污的可用清水、生理盐水、5%石灰水、5%碳酸氢钠溶液、0.5%氢氧化钠溶液、0.1%高锰酸钾水或1%肥皂水洗刷皮肤；经消化道中毒的，可用2%~3%碳酸氢钠溶液或食盐水洗胃，并灌服活性炭。但须注意，敌百虫中毒不能用碱液（肥皂水、碳酸氢钠溶液）洗胃和清洗皮肤，否则会转变成毒性更强的敌敌畏。药物不明时，最好用清水冲洗。经消化道吸收的要洗胃，洗胃液同上。

③对症治疗。治疗过程中特别注意保持患病兔呼吸道的通

畅，防止呼吸衰竭或呼吸麻痹。肺水肿时，应用高渗剂减轻肺水肿，并同时应用兴奋呼吸中枢的药物，如樟脑等。有胃肠炎时应抗菌消炎，保护胃肠黏膜。兴奋不安时，用镇静剂。用三棱针或小宽针，刺入尾尖和耳尖，放血少许，同时用葡萄糖、生理盐水输液。

二、药物中毒

马杜拉霉素、阿维菌素（伊维菌素）是兔生产中广泛使用的防治寄生虫病的药物；磺胺类药物是合成抗菌药，又是兔饲料中广谱抗菌的抗生素饲料添加剂，兼有促进生长发育、提高生产性能的作用。但由于其安全范围小，应用不当，常常会引起中毒。

（一）马杜拉霉素中毒

马杜拉霉素的商品名有杜球、加福、抗球王、杀球王、球杀死等，它是聚醚类抗生素中效力最强的离子载体抗球虫剂，它既能杀死球虫，也可抑制球虫生长，能有效地控制多种球虫的感染，具有用量少、无残留、不易产生耐药性等优点，广泛用于肉鸡球虫病的防治。本药安全范围很小，据有关资料分析，肉鸡的防治剂量为每千克体重 5mg，中毒剂量为每千克体重 6mg，死亡剂量为每千克体重 9mg。家兔等哺乳动物，对马杜拉霉素更敏感，中毒死亡率可达 50% ~ 100% 。

（1）发病原因　主要是由于治疗兔球虫病时，马杜拉霉素添加剂量过大或搅拌不均匀而引起。据报道，对鸡是安全剂量的马杜拉霉素也可能引起家兔中毒。因此，家兔等哺乳动物对马杜拉霉素更敏感，临诊上应慎用。

（2）临诊症状　少数病兔在用药后 8 小时表现急性中毒症状，突然兴奋乱窜、随即尖叫几声后死亡。大多数病兔一般在饲喂 1 ~ 2 天开始发病，表现为精神不振，开始饮水多，以后食欲废绝，感觉迟钝、共济失调或四肢瘫痪，但体温正常。腿向外叉开，趴地，嘴触地，身体前翻。粪球变小，有的口角流涎，有的流出血液。以断奶至 2 月龄兔发病和死亡率最高，怀孕母兔流产，腹部膨胀，严重的引起死亡。

（3）病理变化　剖检可见肝脏肿大、质脆，有坏死灶；胆囊肿大；腹腔有淡黄色积液，有纤维素性渗出物；胃黏膜脱落，幽门处出血；肠黏膜脱落、出血；肾脏肿大，有出血点；膀胱充盈、积满尿液；胸腔有淡黄色渗出液，有纤维素性渗出物；心包积液；肺脏水肿，有出血斑点。

（4）诊断　根据病史调查、病因分析；饲料中的药量检测；出现神经症状和运动障碍等典型症状；解剖后肝脏肿大、质脆、有坏死灶，肺脏水肿有出血斑点，肾脏肿大有出血点等病理变化；实验室取肝脏、肺脏及渗出液涂片，姬姆萨染色，镜检，没发现细菌；用兔肝脏、肾脏进行人"O"型红细胞凝集试验，结果为阴性，排除兔病毒性出血症。据此初步诊断为马杜拉霉素中毒。

（5）防治

①预防。禁止将马杜拉霉素用于家兔。许多抗球虫药的有效成分是马杜拉霉素，用户要加以辨别，避免重复用药。

②治疗。发生中毒时，立即停喂含有马杜拉霉素的饲料，适量添喂适口性良好的青绿饲料。饮水中添加 0.5% 的食盐、水溶性电解质多维、0.1% 的维生素 C、5% 的葡萄糖等进行保肝排毒、减轻症状，增强机体抵抗力；中毒较重者，可肌内注射维生素 C、维生素 B、肝泰乐等，并适当提高日粮蛋白质和能量水平；为防止继发感染，适量应用广谱抗生素，如环丙沙星，每吨饮水中加 200～300g，同时加强饲养管理。

（二）磺胺类药物中毒

磺胺类药物是广谱抑菌剂，主要有磺胺嘧啶、磺胺脒、复方新诺明、磺胺二甲嘧啶、磺胺喹噁啉等，为兽医临诊治疗家兔细菌性疾病和球虫病的常用药物。当用药过量或持续大量用药，就会引起中毒。

（1）发病原因　磺胺类药物用药剂量过大或大剂量长时间连续使用，均可引起中毒。静脉注射磺胺嘧啶钠时，剂量过大或注射速度过快也可引起急性中毒。缺乏饮水时可加重其毒性。其毒害作用主要是损害肾脏，同时能导致黄疸、过敏、酸中毒和免疫抑制等。

（2）临诊症状　急性中毒，以药物性休克为主，中毒家兔表现厌食，腹泻，神经兴奋，共济失调，肌变性无力，痉挛性麻痹，惊厥，以致昏迷死亡。慢性中毒，表现食欲不振，喜饮水，腹泻，消化不良，生长缓慢。溶血性贫血，凝血时间延长，并有程度不同的神经症状。有的在尿道形成结晶，出现结晶尿、血尿、蛋白尿、尿淋沥或尿闭等。

（3）病理变化　剖检可见可视黏膜黄染，皮肤、肌肉和内脏器官出血，胃肠道弥漫性出血。肝脏肿大、质脆，呈黄褐色。肾脏色淡，肾盂及泌尿道常有结石。

（4）诊断　根据使用磺胺类药物过量或长时间大剂量使用；家兔出现药物性休克、神经症状和溶血性贫血等临诊症状；剖检可见肝脏肿大、质脆、呈黄褐色，肾脏色淡，肾盂及泌尿道常有结石等病理变化，可做出诊断。

（5）防治

①预防。应用磺胺类药物，应严格控制用药剂量和用药时间。用药期间给予充足的饮水，并配合使用碳酸氢钠，以减少结晶的形成，加速药物的排泄。静脉注射磺胺类药物时，剂量不宜过大，速度也不宜过快。

②治疗。发现磺胺类药物中毒时，立即停止用药，多给饮水，投服碳酸氢钠 1～2g，补充富含维生素的饲料或维生素制

剂，促进药物的排泄和解毒，并配合其他辅助疗法。

（三）阿维菌素（伊维菌素）中毒

阿维菌素又称阿福丁、虫克星等，对各种胃肠道线虫及体表的虱、蜱、螨及蝇等，都具有较好的驱杀作用。目前，市售的有1%的皮下注射剂、口服粉剂、体表涂擦剂等，因其临诊用量很小，剂量不易掌握，经常发生中毒。伊维菌素为人工半合成阿维菌素衍生物，与阿维菌素的作用相同，尽管其毒性较阿维菌素低，但用量过大也会引起中毒。

（1）发病原因　阿维菌素的使用剂量仅为每千克体重0.1～0.2mg，皮下注射时剂量计算错误而用量过大，或口服给药时用量过大、搅拌不均匀等，都可引起家兔中毒。据报道，口服给药时中毒的机会较多，阿维菌素中毒的机会比伊维菌素多。

（2）临诊症状　家兔中毒后，表现兴奋不安，食欲废绝，口水增多，腹痛，瞳孔散大，肌肉震颤，呼吸促迫，严重者导致失明。后期极度沉郁，昏迷死亡。

（3）防治

①预防。根据家兔体重严格计算用量，一般每隔7～10天用药一次，不宜连续使用。

②治疗。一旦发生中毒，立即停止用药，中毒家兔应用葡萄糖、维生素C、肝泰乐等药物解毒，同时进行对症治疗。阿托品也有一定疗效。

第九章

常见普通病防治技术

第一节　肉兔常见产科病的防治技术

一、妊娠毒血症

肉兔妊娠毒血症是肉兔妊娠末期营养负平衡所致的较为普遍出现的一种代谢性疾病，其临诊特征是神经功能受损，共济失调，虚弱、失明和死亡。妊娠、产后哺乳及假妊娠的母兔都可发生。本病致死率很高。经产兔的发病率约为初产兔的 4 倍，以肥胖母兔发病最为常见。有些品种（如荷兰、波兰和英国兔）发病率特别高。

（一）发病原因

本病的病因是复杂的，目前仍不十分清楚，但妊娠末期营养不足，特别是碳水化合物缺乏易发生本病，尤以怀胎多且饲喂不足的母兔多见。另外，可能与内分泌功能失调、肥胖和子宫肿瘤等因素有关。

（二）临诊症状

初期精神极度不安，常在兔笼内无意识漫游，甚至用头顶撞笼壁。安静时缩成一团，精神沉郁，食欲减退，呼吸困难，尿量减少，呼出气体带有酮味，全身肌肉间歇性震颤，前后肢向两侧伸展。有时呈僵直痉挛。严重病例出现共济失调、惊厥、昏迷，最后死亡。

（三）病理变化

表现严重的肝脏脂肪变性。死亡病兔通常过于肥胖。死亡或被扑杀的病兔，剖检时常发现乳腺分泌机能旺盛（甚至包括假妊娠母兔），卵巢黄体增大，肠系膜脂肪有坏死区。肝脏表面经常出现黄色和红色区。肾脏和心脏的颜色苍白。肾上腺缩小、苍白，常有皮质腺瘤。甲状腺缩小、苍白。垂体增大。

（四）诊断

根据妊娠母兔病死率高，以肥胖母兔发病最为常见的特点，出现呼吸困难、尿量减少、呼出气体带有酮味和神经症状等典型症状，病理表现肝脏脂肪变性，可做出诊断。

（五）防治

（1）预防　合理搭配饲料，妊娠初期，适当控制母兔营养，以防过肥；妊娠末期，必须饲喂营养充足的优质饲料，特别是富含碳水化合物的饲料，以保证母体和胎儿的需要，并避免不良刺激如饲料和环境突然变化等。此外，饲料中添加葡萄糖能预防妊娠毒血症的发生。

（2）治疗　对本病主要是争取稳定病情，使之能够维持到分娩，而后得到康复。治疗的重点是保肝解毒，维护心脏、肾脏功能，提高血糖，降低血脂。发病后，口服丙二醇4ml，每日1次，连用3～5天。还可试用肌醇2ml、10%葡萄糖10ml、维生素C100mg，一次静脉注射，每日1～2次。肌内注射复合维生素B1～2ml，有辅助治疗作用。同时，使用可的松类药物来调节内分泌功能，也可促使本病的好转。

二、乳房炎

兔乳房炎是多种因素引起家兔乳腺组织的一种炎症性疾病，是严重危害繁殖母兔的一种常见疾病。多发生于产后5～25天的哺乳母兔。

（一）发病原因

发病原因主要有以下几方面：乳房在受到机械性损伤后伴有细菌的感染，如仔兔啃咬、抓伤，兔笼和产箱进出口的铁丝刺伤等。创口感染的病原菌主要是金黄色葡萄球菌、链球菌等；母兔妊娠末期饲喂大量的精料，使营养过剩，产仔后乳汁分泌多而稠。或因仔兔少或仔兔弱小不能将乳房中的乳汁吸尽，容易使病原菌入侵；兔舍及兔笼卫生条件差，容易诱发本病。

（二）临诊症状

临诊型乳房炎可分为败血型、普通型和化脓型。

（1）败血型　乳房局部红肿、增温、敏感。继而患部的皮肤呈蓝紫色甚至乌黑色（又称蓝乳房病），并迅速蔓延至所有乳房。病兔拒绝哺乳，神态紧张，弓背不安，从巢箱里跳进跳出，不让乳兔吃奶。病兔的精神沉郁，体温升高至40℃以上，食欲下降，饮欲增加，通常在2～3天内死于败血症。患病母兔如继续哺乳，则仔兔常常整窝的发生急性肠炎，造成死亡。

（2）普通型　一般仅局限于一个或多个乳房发炎，患部红肿充血，乳头焦干，皮肤紧张发亮，有灼热感，触之乳房内有肿块。病兔通常拒绝哺乳。

（3）化脓型　多由普通型转化而来。若乳房内肿块治疗不及时，即变为化脓结节，甚至形成坏疽，并表现明显的全身反应。

（三）诊断

根据发病时间（多发生于产后5～25天）、仔兔相继死亡或仔兔黄尿病、乳房的特征性症状以及治疗性诊断等进行确诊。

（四）防治

1. 预防

①母兔产前应控制饲喂料量，产后应根据产仔数、哺乳仔兔的多少及乳汁情况相应供给精料和控制多汁饲料的饲喂量，以防

引起乳汁分泌的异常（过稠过多或过稀过少）和造成乳汁在乳房中蓄积，从而避免发生乳房炎。

②保持兔笼和运动场的清洁卫生，清除尖锐物，特别要保持兔笼和产箱进出口处的光滑，以免损伤乳头。

③繁殖母兔皮下注射葡萄球菌疫苗 2ml，每年 2 次，可减少本病的发生。

2. 治疗

（1）封闭疗法　青霉素 10 万～20 万单位，0.25% 普鲁卡因注射液 10～20ml，在乳房患部做周边封闭，每日 1 次，连用 3 天。

（2）物理疗法　乳房患部初期，把乳汁挤出后，用冷水冷敷 1 天。24 小时后，可用温水（40～45℃）或 10%～25% 硫酸镁溶液（或 2% 硼酸水或花椒水）热敷，每次 5～10 分钟，每天 3～4 次。

（3）全身疗法　败血型及化脓型病例同时用青霉素、链霉素各 20 万单位进行肌内注射，每天上、下午各 1 次，连续 3～5 天。局部涂抹 5% 鱼石脂软膏或 10% 樟脑油膏。

（4）手术疗法　已形成脓肿者，应切开排脓，挤出乳房内的乳汁，而后用 0.1% 高锰酸钾溶液或 3% 双氧水冲洗后涂魏氏流膏或鱼肝油磺胺乳剂等。经久不愈的应尽早淘汰。

（5）中药疗法　地榆 20g、白菊花 24g、紫花地丁 18g、蒲公英 20g、野菊花 22g，每只兔每天 1 剂，煎汤分两次服，连服 4 天。同时将蒲公英 5g、紫花地丁 5g、菊花 5g、金银花 5g、芙蓉花 5g 五味中药混合均匀捣烂为末，直接涂敷于肿胀的乳房上，每天 1 次，连用 4～5 天；或采集金钱草 100g，洗净捣烂，放入锅内炒热烹入白酒 50g，搅拌后迅速捞出，趁热敷于患处，外用纱布固定，每天 1 次，轻者 1 次即愈，重者可连续用药 2～3 次。

三、产后瘫痪

产后瘫痪又称为生产瘫痪、产后麻痹、产后瘫，也称乳热症，是母兔分娩前后突然发生的一种严重的钙代谢障碍性疾病，其特征是由于低血钙而使知觉丧失及四肢瘫痪。

（一）发病原因

饲料中缺钙磷等矿物质、频繁繁殖，产后缺乏阳光、运动不足和应激是致病的主要原因，尤其是母兔产后遭受到贼风的侵袭时最易发生。此外，分娩前后消化功能障碍及雌激素分泌过多，均可引发本病。另外，兔笼舍长期潮湿、受惊吓、饲料中毒、母兔患疾病（如球虫病、梅毒病、子宫炎、肾炎等）等都会引起本病发生。一般发生于产后 2～3 周，个别母兔发生在临产前 2～4 天。

（二）临诊症状

突然发病，精神沉郁，坐于角落，惊恐胆小，食欲下降甚至废绝，常常便秘，小便减少或不通。轻者跛行、半蹲行或匍匐行进，重者四肢向两侧叉开，不能站立。反射迟钝或消失，全身肌肉无力，严重者全身麻痹，卧地不起。有时同时出现子宫脱出，造成流血过多和杂菌污染而死亡。体温正常或偏低，呼吸慢，泌乳减少或停止。

（三）诊断

根据问诊结果，病兔突然产后发病，饲料中钙、磷含量不足或哺育仔兔过多，钙磷丢失严重，四肢无力或后肢麻痹，出现神经机能障碍等典型症状，治疗性诊断，补钙后症状快速消失等便可确诊。

（四）防治

1. 预防

对怀孕后期或哺乳期母兔，应供给钙、磷比例适宜和维生素

D 充足的日粮。注意兔笼舍卫生，保持干燥，增强运动。

2. 治疗

（1）补钙疗法　10%葡萄糖酸钙溶液 5～10ml、50%葡萄糖溶液 10～20ml，混合 1 次静脉注射，每日 1 次。也可用 10%氯化钙溶液 5～10ml 与等量 10%葡萄糖溶液静脉注射。或维丁胶性钙注射液 1～2ml，肌内注射。有食欲者饲料中加服糖钙片 1 片，每日 2 次，连续 3～6 天。同时调整日粮鱼粉、骨粉和维生素 D 含量。

（2）对症疗法　对患兔按摩麻痹的后肢，使其筋络活通；用直流电疗器电疗，阴极接前脚（拔去脚毛，使金属电线直接接触皮肤），每天电疗 2 次，每次 15～20 分钟，连续 10 天，以后每隔 3 天进行 1 次，继续 5～6 次；每隔 2～3 小时直肠灌注温热的食糖溶液 10～30ml；内服蜂蜜 3～5ml，每天 1 次。经久不愈的应尽早淘汰。

四、少乳、无乳症

母兔产后由于乳腺机能紊乱，泌乳量显著减少或突然无乳。

（一）发病原因

本病多见于初产母兔和老龄母兔。饲料不足，体质瘦弱，全身性疾病（胃肠炎、热性病）、疼痛性疾病等均可引起。乳腺发育不全或内分泌机能紊乱，受到惊吓，仔兔死亡，变更饲养场或饲养员等也可导致乳液减少（隐性乳房炎以乳量减少为明显症状，是引起少乳或无乳的主要疾病）

（二）临诊症状

母兔乳房少乳或无乳，体温升高；整个乳房肿大有硬结，挤奶困难，并拒绝哺乳；子宫内排出黄褐色半透明分泌物；无食欲，精神沉郁，便秘；产后 12～24 小时可观察到乳房肿大，仔兔饥饿。

（三）诊断

产后少乳或无乳，乳房肿大有硬结，仔兔饥饿等便可确诊。

（四）防治

1. 预防

改善饲养管理，给予富含蛋白质的精料、青草、多汁饲料及动物性饲料。轻易不要改变饲养方式、更换饲养员和饲料，给哺乳母兔创造安静舒适的生活环境，减少各种应激因素。

2. 治疗

及早肌内注射青霉素和链霉素合剂，每天 2 次，直到症状消失；肌内注射催产素，每天 4～6 次，注前 1 小时让仔兔离开母兔，注后 10～15 分钟放回仔兔哺乳。还可用以下方法催奶：

（1）鱼催奶　用鱼 50～100g，没有鲜鱼时，干鱼也可（但最好是没有经过盐腌制的），在锅内煮后，取汤或肉拌料喂母兔，连用 3～5 天，喂食后第二天即见母兔腹部周围隆起。

（2）拉毛催奶　在母兔分娩拉毛时，将其拉下的毛取走，母兔发现毛少了，就会继续拉毛，直拉到腹毛光秃。如果初产母兔不会拉毛可人工帮助拉毛，使乳头充分暴露。此法有明显的催奶效果。

（3）红糖水催奶　母兔分娩后，立即用开水冲 1 碗红糖水给母兔喂服，可提高泌乳量。

（4）黄豆、豆浆催奶　将黄豆 20～30 粒用开水浸泡后煮熟拌入饲料中喂兔，也可在豆浆中添加开水，候凉后供母兔饮用，但豆浆要随配随用，喂量不宜过多。

（5）豆饼催奶　将豆饼粉碎后，加水浸泡 9～12 小时，将泡好的水供母兔饮用，剩渣拌入饲料喂兔。

（6）蚯蚓催奶　将新鲜蚯蚓用开水泡至发白后，切碎拌红糖喂母兔，每天喂 2 次，每次喂 1～2 条。也可将蚯蚓晒干、粉碎后，每天 10～15g，连喂 4 天，可增加泌乳量 1.5 倍。

（7）花生米催奶　将花生米 2 ~ 3 粒，用温水浸泡 1 ~ 2 小时，使其充分泡开，拌入饲料内让母兔自行采食，连用 2 ~ 3 次，母兔泌乳就会十分旺盛。

（8）催乳片催奶　内服人用催乳片，对无奶哺乳母兔，可喂催乳片，每天 2 片，连喂 3 ~ 4 天。

五、子宫内膜炎

兔子宫内膜炎是兔子宫黏膜的黏膜性或化脓性炎症，有急性和慢性之分，是造成母兔不孕的主要原因之一。多发生于产后及流产后，病兔常从阴道排出黏液性或脓性渗出物。

（一）发病原因

常因配种、分娩、助产或人工授精时微生物侵入所致。也可由阴道炎、子宫颈炎、子宫复旧不全、剖宫产术、子宫脱出、胎衣不下、流产（胎儿腐败分解）、产后感染等引起。也可继发于结核、沙门氏菌病等传染病。此外，公兔生殖器官的炎症和感染，也可通过性交或精液传给母兔而引起发炎。

（二）临诊症状

1. 急性子宫内膜炎

多发生于产后及流产后，全身症状明显。食欲减退，体温升高，弓背，尿频，时常努责，有时随同子宫的努责而从阴门排出较臭、污秽不洁的红褐色黏液或黏液脓性分泌物。

2. 慢性子宫内膜炎

（1）慢性黏液性子宫内膜炎　其特征是性周期不正常，有时虽有发情，但多次配种而不受孕。阴道检查，可见黏膜充血，并不断排出透明而带絮状物的黏液。

（2）慢性化脓性子宫内膜炎　往往表现全身症状，逐渐消瘦，阴唇肿胀，从阴门流出黄白色或黄色的黏液性或脓性分泌物。

（三）病理变化

阴道流出黏液或黏液脓性分泌物，子宫内积有脓性渗出物或血样暗红色液体，有时子宫内还有死亡或已被吸收的胎儿组织或灰白凝乳块状物，子宫内膜出血，并有坏死或增厚的病灶。部分病兔可见子宫内黏稠的干酪样脓肿。

（四）诊断

母兔性周期不正常，屡次配种不孕；从阴门流出黏液性或脓性分泌物以及子宫内膜的炎性变化即可作出诊断。鉴定是何种原因引起的子宫内膜炎，要依据病史资料、发病特点和渗出物的性状进行综合分析，同时作微生物检查。李氏杆菌感染时，子宫渗出物多为暗红色；沙门氏菌感染时，病兔常伴有顽固性腹泻；继发感染病例，有时可见子宫内黏稠干酪样脓肿。

（五）防治

1. 预防

对怀孕母兔应给予营养丰富的饲料，给以适当的运动，增强体质与抗病能力。助产时应按规范化进行。胎衣不下时要及时处理，在实施人工授精、分娩、阴道检查时，要严格消毒，分娩后兔舍要保持清洁、干燥，预防子宫内膜炎的发生。对屡次配种不孕的母兔要及时检查。发现病兔及时隔离治疗，以防交配时相互传播。

2. 治疗

治疗原则是加强子宫内渗出物的排出，消炎抗菌，促进子宫机能恢复。久治不愈的应尽早淘汰。

（1）冲洗子宫及子宫内用药　冲洗时要在子宫颈开张的情况下进行，而且要根据情况采取不同措施。急性、慢性黏液性子宫内膜炎，可用温热的1%氯化钠溶液500ml，用子宫洗涤器反复冲洗，直到排出液透明为止。然后经腹壁按摩子宫，排出冲洗液，放入抗生素或其他消炎药物，每日洗1次，连续2~4次。

化脓性子宫内膜炎，可用 0.1% 高锰酸钾溶液、0.1% 雷佛奴尔溶液、0.1% 新洁尔灭溶液等冲洗子宫，而后注入 10 万～20 万单位的青霉素。

（2）全身治疗及对症治疗　可应用抗生素疗法及磺胺类药物疗法，同时采取强心、利尿、解毒等对症疗法。

六、流产

流产是由于胎儿或母体异常而导致妊娠的生理过程发生紊乱，或它们之间的正常关系受到破坏而使妊娠中断。它可发生在妊娠的各个阶段，但以妊娠的早期较多见。

（一）发病原因

引起流产的原因很多，主要有以下几个方面。

（1）饲养管理不当　饲料单一或供应不足，长期饥饿，母兔过于瘦弱，使胎儿不能得到充足的营养；长期缺乏维生素 A、维生素 E 及微量元素；母兔过于肥胖；饲喂霉变、腐败、有毒的饲料，造成中毒（如妊娠毒血症、霉饲料中毒、棉酚中毒、有机磷农药中毒、亚硝酸盐中毒等）；夏季缺少防暑降温措施，造成高温气候；公母兔混养、强行配种，以试情法进行妊娠诊断；种兔年龄老化而未淘汰等。

（2）机械性损伤与惊吓　如进行摸胎检查、捕捉、挤压、噪音、动物闯入、陌生人接近、追赶、打架、跳跃、手术等。

（3）用药错误　妊娠期间大量或长期使用药物，如服用泻药、驱虫药、利尿药，误用具有收缩子宫作用的药物（如胆碱类、麦角类、肾上腺皮质激素类药物）或激素（如雌激素、前列腺素等）。

（4）胎膜和胚胎发育不良　由于近亲交配或具有致死、半致死基因重合，使精子或卵子发育不良，受精的合子生活力不强，使胚胎早期死亡被吸收。胎水过多、胎膜水肿、胎盘异常，使胎儿的营养供给障碍，引起胎儿死亡。

（5）生殖器官疾病　如子宫内膜炎、阴道炎、先天性子宫发育不全等。

（6）全身性疾病　母兔的心脏、肺脏、肝脏、肾脏及胃肠道疾病（腹泻、肠炎、便秘等）、某些传染病（如结核病、布氏杆菌病、葡萄球菌病、大肠杆菌病、密螺旋体病、李氏杆菌病等）、寄生虫病、中毒病等，均可并发流产。

（二）临诊症状及防治

根据流产的症状不同，可分为隐性流产、小产、早产及延期流产。

1. 隐性流产

往往发生在胚胎在子宫内附植的前后。变性死亡且很小的胚胎被母体吸收，或在母体再次发情时随尿液排出未被发现，子宫内不残留任何痕迹，临诊上也见不到任何症状，故称隐性流产。生产中有时发现，母兔配种8～10天摸胎，触诊检查已经妊娠，但时隔数日胚胎已摸不到，或一直未见流产和产仔。

对隐性流产的防治重点在于预防。在母兔繁殖期要改善饲养管理条件，满足对维生素、微量元素及蛋白质的要求，保证优良的环境条件，以提高配子质量，使早期胚胎得以正常发育。

2. 小产

小产是排出死亡未经变化的胎儿。本流产最为常见。胎儿死后，它对母体而言已成为外物，引起子宫收缩反应（胎儿干尸化例外），数天之内将死胎及胎膜排出。小产如果胎儿小，排出顺利，预后良好，以后母兔仍能怀孕。否则，胎儿腐败后可引起子宫、阴道的炎症，影响以后受孕，甚至继发败血症。

对小产母兔的防治，应以尽快排出死胎为原则。死胎若不能自行排出，可用前列腺素、催产素等药物催产，亦可人工助产，助产后须冲洗子宫及给足抗菌药。同时注意母兔的体温变化和对症治疗。

3. 早产

早产即排出不足月的活胎儿。这类流产的预兆及过程与正常分娩相似，流产的胎儿也是活的，但未足月，生活力低下，如不采取特殊措施，很难成活。

发现母兔早产，应及时查明原因并加以排除。对有流产先兆的病兔，可用药物进行保胎。常用的药物是黄体酮 15mg，肌内注射，同时肌内注射复合维生素 B 0.5ml。对于流产的母兔应加强护理，为防止继发阴道炎和子宫炎而造成不孕，可投喂磺胺类或抗生素类药物，局部可用 0.1% 高锰酸钾溶液冲洗。让母兔安静休息，补充饲喂高营养饲料，待完全康复后配种。对早产胎儿应特殊护理，如保温、人工协助哺乳。

4. 延期流产

胎儿死亡后，如果子宫阵缩微弱，子宫颈管不开或开放不大，死胎长期滞留于子宫内的现象称为延期流产。依子宫颈是否开放，其结果有以下 2 种。

（1）胎儿干尸化　胎儿死亡后，子宫颈紧闭（黄体持续存在，仍大量分泌孕酮），胎儿未被排出，其胎水及软组织中的水分被母体吸收，变成棕黑色，好像干尸一样，称为胎儿干尸化，亦称木乃伊。兔部分胎儿干尸化，在临诊上难以诊断，需借助 B 超扫描等措施。多胎动物部分胎儿干尸化，若不影响其他胎儿发育则无需处理。若需处理，则用前列腺素疗法，或雌二醇结合催产素法，或用地塞米松、促肾上腺皮质激素、雌激素等单用或合用治疗本病。

（2）胎儿浸溶　怀孕中断后，死亡胎儿的软组织腐败分解，变为液体流出，而骨骼留在子宫内时，称为胎儿浸溶。胎儿浸溶可引起腹膜炎、败血症、脓毒血症等，预后不良。一般引起母体体温升高，不食，精神沉郁，阴门流出难闻的黏稠液体。防治胎儿浸溶的措施，先注射雌激素或前列腺素，待子宫颈开张后，再向子宫内注入0.1%高锰酸钾溶液，再注入适量的润滑剂，在注射催产素后或助产拉出胎儿。必要时进行全身疗法。

七、难产

母兔分娩时，在正常时间内不能顺利地将胎儿分娩出来称为难产。

（一）发病原因

分娩是由产力、产道和胎儿3个因素共同作用完成的，其中一个因素出现异常，均可发生难产。如母兔的子宫阵缩无力，母兔过肥或过瘦，配种过早，骨盆狭隘，骨盆骨折变形；胎儿过大，两个胎儿同时进入产道以及胎儿畸形，胎儿发生气肿、胎儿姿势不正常等，都可成为难产的原因。临诊上各种原因引起胎儿死亡后发生难产的情况较为多见。

（二）临诊症状

难产时，母兔有扯毛、做窝和努责、阵缩等分娩的症状，但迟迟不能将胎儿娩出，有时产出部分胎儿后而发生难产。难产时，母兔常表现鸣叫不安，时起时卧，频频排尿，腹部膨胀，精神高度紧张。有时可见胎儿的部分肢体露出阴门，严重者可导致母兔死亡。

（三）防治

发生难产后，应根据情况选用药物催产、手术助产等办法加以救治。上述方法无效时，可施行剖腹术加以抢救。催产药物常用催产素（脑垂体后叶激素），每兔肌内注射5~10单位。剖腹术应尽量做到无菌操作，术后加强护理。助产应在确定难产的原因后进行。助产前对局部消毒，产道涂润滑剂，助产外拉胎儿时应在母兔努责时进行，否则容易发生子宫脱出。推拉胎儿应防止损伤母兔产道，注意保护胎儿。为防止产后感染，助产后应用

0.1%高锰酸钾溶液或 0.1%雷佛奴尔溶液冲洗产道及子宫，排出冲洗液后放入抗生素或磺胺类药物。平时应针对难产发生的原因加强预防。

八、子宫脱出

子宫脱出是母兔在分娩后很短时间内发生子宫内翻并翻至体外的一种产后疾病。

（一）发病原因

母兔怀孕期间缺乏运动，营养不良，缺钙，衰老，体质虚弱，长期患慢性消耗性疾病，患子宫炎及阴道炎，经产，胎水过多，胎儿头数过多等因素，使子宫过度伸张和子宫肌弛缓；或胎儿过大，母兔强烈努责等原因，都可使子宫脱出。

（二）临诊症状

母兔分娩后很短时间，子宫内翻并从阴道脱出。在阴门外可见到大小不等的柔软而有弹性的形似肠管的两个子宫角。开始色泽鲜红，而后呈青紫色或暗红色。时间稍长，黏膜水肿、变厚，极易破裂出血。外面常粘有兔毛、粪渣及草屑，有的部分黏膜发生溃疡和坏死。病情严重者，可见患兔体温升高，精神沉郁，食欲减少和呼吸增快等明显症状。治疗不及时，可导致家兔失去繁殖能力（子宫炎、阴道炎、屡次配种不孕），甚至发生死亡。

（三）防治

（1）预防　妊娠期间，应满足母兔对蛋白质、钙、磷的需要；要注意适当运动和光照；注意预防寄生虫病和生殖器官疾病。产仔期间，要精心护理母兔，一旦发现子宫脱出，应尽快采取措施。

（2）治疗　对子宫脱出的病例，必须及早实施手术整复。子宫脱出时间越长，整复起来越困难，所受外界刺激越严重，康复后不孕率也越高。

①整复。用温的0.1%高锰酸钾溶液，或0.1%新洁尔灭溶液，或3%明矾水溶液等清洗子宫黏膜上的粪便、被毛、褥草及其他污物。若脱出时间较长，子宫严重淤血、肿胀，可用浓盐水清洗，使其脱水，以便整复。然后在子宫黏膜上撒上少量青霉素粉或链霉素粉或涂碘甘油等。助手提起患兔的两后肢，倒立固定病患兔，为防止疼痛性休克和顺利整复复位，取2%盐酸普鲁卡因注射液0.5ml，经消毒后行百会穴注射，再取0.5%的盐酸普鲁卡因液，于两侧外阴门基部各注射1ml。术者一手轻轻托起脱出的子宫，一手细心地将脱出的子宫从四周缓慢轮换推入腹腔。再提起后肢将病兔左右摇摆几次，拍击病兔臀部，促使子宫复位。另一种方法是：术者用食指或将已消毒的钢笔筒涂上润滑剂，顶在子宫脱出部分的尖端，小心地往回送，待送进2/3时，抽出食指或钢笔筒继续推送，子宫全部送入后再抓住兔的后腿轻轻地抖动几下，以利子宫复位。为防止再次脱出，对阴门作1~2针结节缝合。脱出子宫损伤严重、组织失去活性或不能整复时，可作卵巢子宫的全切除术或淘汰。

②预防复发及护理。促进子宫复位，可肌内注射或皮下注射催产素5~10单位。除局部涂抹抗生素外，全身给予抗生素3~5天，以防感染和败血症的发生。对病兔要注意观察，如发现有努责现象，须检查是否有子宫内翻的情况，如有则立即加以整复。

九、不育

不育是指动物暂时性或永久性地不能繁殖。一般将雌性动物的不育称为不孕症。雄性动物达到配种年龄不能正常交配，或精液品质不良，不能使雌性动物受孕则称为不育。

（一）母兔不孕症

母兔不孕症是指母兔在体成熟之后，或在分娩之后超过正常时限仍不能发情配种受孕，或虽经过数次发情配种后仍不能怀孕的一种病理状态。

1. 发病原因

造成不孕的原因是多方面的。

（1）先天性的不孕　是由于生殖器官发育异常，常见的有幼稚病（即达到配种年龄而生殖器官发育不全，或者缺乏繁殖能力）、两性畸形（即同时具有雌雄两种性腺，或虽具有一种性腺，但其他生殖器官却像另一种性别）、生殖道异常（即生殖道的某一部分异常，如子宫无管腔、子宫颈闭锁、阴道及阴门过于狭窄或闭锁、缺少子宫角或子宫颈等）

（2）后天性不孕

①营养性不孕。即营养缺乏或营养过剩所致，如母兔过于肥胖，卵巢表面脂肪沉积，使卵泡发育受阻或使成熟的卵泡不能破裂排卵，过度肥胖还造成内脏器官蓄积脂肪，输卵管壁增厚，口径变窄，使精卵结合受阻。母兔过瘦，常见的有日粮单调、劣质或缺乏必要氨基酸、无机盐和维生素等。如缺乏维生素 A，可引起子宫内膜的上皮细胞、卵细胞及卵泡上皮细胞变性、卵泡闭锁或形成囊肿。缺乏维生素 E，可引起妊娠中断、死胎或隐性流产。缺乏维生素 B_1，可使子宫收缩机能减弱，卵细胞的生产和排卵遭到破坏，使母兔长期不发情。缺乏维生素 D，可引起体内无机盐（特别是钙、磷）代谢紊乱，从而可间接引起不孕。此外，钙、磷、硒、钴、锌等缺乏，亦可导致母兔的不孕。

②疾病性不孕。即家兔生殖器官和其他器官的疾病或机能异常引起的。如卵巢机能障碍（卵巢囊肿、持久黄体以及卵巢萎缩硬化等），往往由于不正确的使用激素制剂（多是用量过大）或大量食入含有类激素样物质，使体内激素水平失调而导致不孕。生殖器官和其他器官疾病或其他疾病，如卵巢炎、输卵管炎、子宫内膜炎、阴道炎、子宫肿瘤、密螺旋体病、李氏杆菌

病、沙门氏杆菌病等。

③技术性不孕。配种质量不良，配种时机掌握不当，人工授精技术不良，精液处理不当和输精技术不当，滥用药物，衰老及突然改变饲养环境等，也会造成不孕。

2. 临诊症状

母兔在性成熟后或分娩后一段时间内不发情或发情不正常（无发情表现、微弱发情、持续性发情等），或母兔经屡次配种或多次人工授精不受胎。

3. 防治

（1）预防　加强饲养管理，供给全价的日粮，保持种兔八成膘情，防止过肥、过瘦。光照充足。掌握发情规律，适时配种。及时治疗或淘汰患生殖器官疾病的种兔。对屡次配种不孕者应检查子宫状况，有针对性地采取相应措施。

（2）治疗　对于过肥的兔，可通过降低饲料营养水平或控制饲喂量降低膘情；过瘦的种兔，采取增加饲料营养水平或饲喂量，恢复体况。若因卵巢功能降低而不孕，可试用激素治疗。皮下注射或肌内注射促卵泡素（FSH），每次0.6mg，用4ml生理盐水溶解，每日2次，连用3天，多于第四天早晨母兔发情后，再耳缘静脉注射2.5mg促黄体素（LH），之后马上配种。注射用量一定要准，量过大反而效果不佳。

（二）公兔不育症

公兔不育症是指公兔无性欲，或交配后精子不能正常与卵子结合的现象。

（1）发病原因　造成公兔不育的原因也是很复杂的。除了生殖器官异常（如隐睾、小睾、发育不全或畸形）、内分泌失调、营养不良（主要缺乏维生素A、维生素E等）或营养过剩，以及疾病（如睾丸炎、尿道炎、密螺旋体病等）之外，环境温度过高是生产中公兔不育的主要原因。当环境温度超过30℃时，公兔睾丸生精上皮受到威胁，将逐渐失去生精能力，其精液品质急剧下降。有的精液的精子活力下降到 0.1 以下，甚至全部是死精子或出现无精症。而改善环境，重新形成有活力的精子至少需要 40~50 天，有的长达 3 个月之久。故在我国南方有"夏季不育"之说。此外，公兔配种过度或长期不配种、年老体弱、滥用药物等，也会造成不育。

（2）临诊症状　公兔的主要表现是无性欲，见发情母兔不能勃起（即阳痿），或勃起后不能射精。检查精液品质不良。

（3）防治　对存在生殖器官疾病和全身性疾病的，要针对原发病进行相应的治疗。对于生殖器官异常、年老体弱所引起的不育，一般无治疗价值，除非珍贵品种外，一般作淘汰处理。对饲养管理造成的不育，可改善饲养管理，加强运动，供给充足、平衡的食物。对精液品质不良、阳痿等引起的不育，除加强饲养管理和针对病因采取相应措施外，尚可根据病情试用丙酸睾丸素、孕马血清促性腺激素或人绒毛膜促性腺激素等治疗。高温环境引起的应采取降温措施。

十、假孕

假孕也称伪妊娠。是母兔常见的现象，是指母兔发情后在未交配或交配后没有受孕的情况下，全身状况和行为出现妊娠所特有的变化，是一种综合征。假孕虽然并不会引起生殖道的疾病，但会影响母兔的正常繁殖。

（一）发病原因

造成母兔假孕的原因是排卵后没有受精。如子宫炎、阴道炎、公兔精液不良、配种后短期高温或营养过剩（尤其是高能量），母兔发情后没有及时配种而造成公兔对母兔进行爬跨刺激，母兔间的互相爬跨，以及母兔爬跨仔兔，甚至人对母兔的抚摸、梳理等，都可能引起母兔的排卵。假孕在一些兔场并不少见，个别兔场假孕率可达 30% 左右，尤以秋季多发。

（二）临诊症状

兔假孕和真怀孕一样，卵巢形成黄体，分泌激素，抑制卵细胞成熟，子宫上皮细胞增殖，子宫增大，乳腺激活，乳房胀大，不发情，不接受交配等。在正常妊娠时，妊娠第 16 天后，黄体得到胎盘分泌的激素支持而继续存在，抑制母兔发情，维持妊娠安全。但假孕时，由于没有胎盘，在 16 天左右黄体退化，于是母兔假孕结束，表现临产行为，如衔草、拉毛营巢，乳腺甚至分泌出一点乳汁。假孕一般持续 16 ~ 18 天。假孕结束时，配种极易受胎。

（三）防治

1. 预防

（1）建立系谱档案　对作繁殖用的种兔，应建立系谱，分组编号。公兔、母兔分别建立繁殖卡片，使交配、产仔有记录，做到近亲不配，未发育成熟不配，换毛高峰期和风雨雪炎热天气不配。

（2）配种前消炎　配种前，应检查母兔的生殖系统有无炎症，如有炎症，应及时治疗，可内服抗生素类药；对外部炎症可用 0.1% 的新洁尔灭溶液洗涤，待痊愈后再配种。

（3）采用二次配种技术　一般种兔场采用重复配种法，即在第 1 次配种 5 ~ 6 小时再用同一只种公兔，进行第二次交配。商品兔场可采用双重配种法，即在第 1 只公兔交配后过 15 分钟再用另一只种公兔交配 1 次。若是采用长期没进行交配的种公兔，必须在配种 6 ~ 8 小时内进行复配。

（4）加强饲养管理　搞好清洁卫生和消毒工作，对种兔增加运动时间，防止过度肥胖。不要随意捕捉、抚摸母兔。除促使母兔发情外，一般不让试情的公兔随意追逐爬跨母兔。种母兔应分笼饲养，保持 1 兔 1 笼，防止有的母兔在发情后而爬跨其他母兔。

（5）及时补配　母兔在交配后的 10 ~ 12 天进行摸胎检查，发现不孕母兔要及时补配。

2. 治疗

当发现假孕后，将其立即放进公兔笼内进行配种，一般即可准胎。

十一、初生仔兔死亡

初生仔兔在 1 周内死亡比例很高，据统计，可占到 12 周龄以内死亡总数的 1/3 以上。

（一）发病原因与临诊症状

引起初生仔兔死亡的原因很多，但主要是由于母兔拒绝哺乳、仔兔饥饿、仔兔受冷和仔兔疾病所致。

（1）母兔拒绝哺乳　有的初产母兔由于神经过敏常表现不安，不给仔兔喂奶，部分或整窝仔兔死于饥饿；有的经产母兔由于母性不好或受到外界惊扰，也拒绝哺乳；有些母兔因发生乳房炎或子宫炎、呼吸道疾病、体外寄生虫、肠炎等全身性疾病，乳汁不足也不哺乳。

（2）仔兔饥饿　有的母兔，最初还能满足仔兔对乳汁的需要，但随着仔兔的迅速生长，乳汁供不应求；有的产仔过多，乳汁不能满足供应，体弱的常因吃不上奶而死亡；有的母兔泌乳正常，母性也好，但因仔兔过于体弱或早产，或仔兔发生腭裂、下颌畸形等先天性缺损而不能吮乳。饥饿的仔兔吵闹不安，触摸时全身冰凉，并被推出窝外，被毛竖立，表现呆滞，行动不活泼，由濒死到死亡。

（3）仔兔受冷　初生仔兔对寒冷很敏感。由于兔舍温度太低；兔舍、兔笼有穿堂风、贼风；产仔箱垫料不够，或保暖性太差。尤其冬季的夜间最易受冷，头天看仔兔好好的，第二天清晨发现全窝仔兔发抖，有的已冻僵，甚至冻死。

（4）仔兔疾病　仔兔呼吸道疾病、黄尿病、脓毒败血症等而引起死亡。

（二）病理变化

饥饿的仔兔剖检后见到尸体消瘦，脱水。胃内空虚或仅有少数乳块。肠道空虚，可能还有胎粪存在。受冷的仔兔肺脏表现充血，浆膜腔有多量渗出液，胃中有乳块存在，尸体不脱水。

（三）防治

提高初生仔兔的成活率，必须根据具体情况进行防治。

①检查仔兔吃奶情况。仔兔出生后 12 小时内要检查仔兔吃奶情况，如果母兔乳头为苍白色，说明仔兔没吃到初乳。此时要及时的让母兔哺乳，对于不喂奶的母兔要强制哺乳，将母兔四肢和头颈人工保定好，让仔兔自由吮乳。每日 1 次，一般经 3~4 次后，母兔可自行哺乳。如果检查母兔乳头有红点，而且仔兔安睡不动，呼吸均匀，腹部鼓胀红润，表明仔兔已吃到初乳。

②对母兔产后无乳、少乳，或产仔过多，或因母兔有病而不能哺乳，可将仔兔或部分仔兔转给产期相近的母兔带乳。仔兔混群之前，先将母兔移开笼数小时后再行哺乳。如无适当的带乳母兔，可用人工哺乳，在牛乳中加入适量酪酸钙。第 1 周龄，每千克鲜乳加 37.5g 酪酸钙，第 2 周龄，每千克鲜乳加 42.0g 酪酸钙，第 3、第 4 周龄，每千克鲜乳加 48.5g 酪酸钙。每日喂 1 次即可。

③为了解决初生仔兔受冷问题，最好使兔舍内夜间的温度保持在 10℃以上，产箱内放置足够保暖性能好的垫料，或将产仔箱，集中放于保暖的小房间。如发现尚未冻死的仔兔，及时进行抢救。

④黄尿病致死的仔兔救治。黄尿病的仔兔是因吃了患有乳房炎的母兔的乳汁而致。母兔分娩后服用复方新诺明半片，每天 1

次，连用 3 天，可预防母兔分娩后因泌乳过多、乳汁过稠而导致的乳房炎；对于已患乳房炎的母兔，禁止其哺乳，可把仔兔分到其他的窝内；已患病的仔兔可滴服庆大霉素，每日 2 次，每次 3 ~ 5 滴，连用 3 ~ 5 天。

第二节　肉兔常见内科病的防治技术

一、口腔炎

口腔炎是口腔黏膜炎症的总称，是口腔黏膜表层和深层组织的炎症，又称口疮。临诊上以流涎及口腔黏膜潮红、肿胀、水泡为特征。

（一）发病原因

机械性刺激是口腔炎发生的重要原因。如硬质和棘刺饲料，尖锐牙齿、异物（钉子、铁丝等）都能直接损伤口腔黏膜，继而引起炎症反应。其次是化学因素，如采食霉败饲料，误食生石灰、氨水等，均可引起口腔炎。另外，口腔炎还可继发于舌伤、咽炎、喉炎、急性胃卡他等邻近器官的炎症。

（二）临诊症状

如果口腔炎是由粗硬饲料损伤所致，则兔群体中有许多只发病。口腔黏膜发炎疼痛，食欲减退。有的家兔虽处于饥饿状态，主动奔向饲料放置处，但当咀嚼出现疼痛时，便立即退缩回去。病兔大量流涎，并常黏附在被毛上。口腔黏膜潮红、肿胀，甚至损伤或溃疡。若为水泡性口炎，口腔黏膜可出现散在的细小水泡，水泡破溃后可发生糜烂和坏死，此时流出不洁净并有臭味的唾液，有时混有血液。

（三）防治

（1）预防　平时要防止口腔黏膜的机械损伤，禁止饲喂粗硬带刺的或变质的饲料，注意及时清除口腔异物，修整锐齿。经口投药，避免用刺激性的药物，同时还要避免其他化学因素的刺激。加强饲养管理，饲养人员要仔细观察，提高警惕。

（2）治疗　根据炎症的变化，选用适当的药液冲洗口腔。一般用 1% 食盐水或 2% 硼酸溶液或 0.1% 雷佛奴尔溶液或 1% 双氧水或 5% 明矾水或 1% 的高锰酸钾溶液冲洗，每天冲洗 2～3 次。冲洗时，兔的头部要放低，便于洗涤药液流出，如果头部抬得过高，冲洗药液容易误入气管，而引起异物性肺炎。口腔黏膜溃烂或溃疡时，口腔洗涤后溃烂面涂 10% 磺胺甘油乳剂或 1：9 碘甘油，每日 2 次。出现全身症状的病兔，应及时应用抗生素，如青霉素每千克体重 1 万单位、链霉素每千克体重 2 万单位，每 8～12 小时肌内注射 1 次。也可采用内服磺胺类药物治疗。可用青黛、黄连、黄檗、薄荷、桔梗、儿茶各等份，磨粉过 80 目筛后，喷洒于口腔内。给病兔饲喂营养丰富、容易消化的柔软饲料，以减少对口腔的刺激，同时给予清洁的饮水。

二、便秘

便秘是由于各种原因引起的肠内容物停滞、变干、变硬，致使排粪困难，严重时可造成肠阻塞的一种腹痛性疾病。以幼兔、老龄兔多见。

（一）发病原因

主要是饲养管理不当所致。喂料过多而又缺乏饮水，缺乏运动，特别是饱食后运动不足，青饲料占比例太少或缺乏，饲草质量低劣，饲草中含过多泥沙，精料过多及热性病等，都会使胃肠蠕动机能减弱，胃肠分泌液减少，粪便在肠道内停留过久而变得干硬，进而阻塞。毛球病等也可使肠道发生阻塞性便秘。

（二）临诊症状

食欲减少，排粪困难，粪球小、干硬，粪粒两头尖，甚至有的频做排粪姿势，但无粪排出，触诊腹部，内容物坚硬似腊肠或念珠状。

（三）病理变化

剖检死兔可见盲肠和结肠内充满干硬颗粒状粪便。

（四）防治

（1）预防　加强饲养管理，合理搭配饲料，定时定量，防止饥饱不均，供给充足的饮水，适当运动，积极治疗原发病的热性病，同时配合饲喂青绿多汁饲料，可有效防止本病发生。

（2）治疗　对病兔治疗期间要绝食，但要给予充足的饮水。成年兔用人工盐 10～15g 或硫酸钠（硫酸镁）2～8g，加温水适量 1 次灌服，幼兔可减半灌服。或用液体石蜡或食用油，成年兔 10～20ml，幼兔 5～10ml，加等量温水 1 次灌服，必要时可用温水或温的口服补液盐（ORS，其配方为：氯化钠 3.5g、碳酸氢钠 2.5g、氯化钾 1.5g、葡萄糖 20g，凉开水 1 000ml）灌肠，促进粪便排出；先让兔子侧卧，固定好位置，用一根细橡皮管（如人用的导尿管），前端涂上凡士林，缓缓插入肛门，连接上盛有药物的注射器，注入直肠内。也可用温肥皂水 30～40ml 灌肠。

三、积食

积食又称胃扩张。一般 2～6 月龄的幼兔容易发生。

（一）发病原因

多由于饲养管理不当，没有定时、定量饲喂，换料过快或突然给予多汁、适口性好的饲料，饲喂含露水的豆科饲料，饲喂较难消化的玉米、小麦等，喂以腐败和冰冻饲料均可发生本病。

（二）临诊症状

病兔表现伏卧不动或不安、胃膨大、流涎、呼吸困难、表现痛苦、眼半闭或睁大、磨牙、四肢集于腹下、时常改变蹲伏位置。触诊腹部，可以感到胃的体积明显膨大，如果胃的体积继续扩张，最后导致胃破裂死亡。

（三）防治

（1）预防　饲喂要定时定量，切勿饥饱不均。幼兔断奶不宜过早。更换干、青饲料时要逐渐过渡。禁止饲喂雨淋、带露水的饲料。禁止饲喂腐败、冰冻饲料，少喂难消化的饲料。

（2）治疗　立即停止饲喂饲草，灌服石蜡油或植物油 10～20ml，萝卜汁 10～20ml，食醋 10～20ml，服药后，人工按摩病兔腹部，增加运动，使内容物软化后移。必要时可皮下注射新斯的明 0.1～0.25mg（注意怀孕母兔慎用）。

四、胃肠炎

胃肠炎是胃肠表层黏膜及其深层组织炎症过程。不同年龄的兔，均可发生，但幼兔发病后死亡率高。

（一）发病原因

原发性胃肠炎主要是由于饲养管理不当，饲草不洁的情况下发生。特别是梅雨季节，兔笼舍潮湿，饲草被泥土沾污，饲草水分过多，往往引起胃肠炎的发生。断奶不久的幼兔，往往体质较差，常因贪食过多而引起胃肠炎的发生。此外，采食腐败的饲料、有毒植物、沾污有农药的饲草，以及饲料异常分解产物的刺激，在机体抵抗力降低的条件下，加上某些非特异性病原微生物的参与，破坏胃壁肠壁深层组织，出现全身症状和自体中毒现象，引起中毒性胃肠炎。继发性胃肠炎见于积食、肠鼓气、出血性败血症、沙门氏菌病、大肠杆菌病及球虫病等。

（二）临诊症状

病初，仅表现食欲减退，消化不良及粪便带黏液。随着炎症的加剧，出现胃肠炎的主要症状——腹泻。先便秘，后腹泻，肠音增强，粪便恶臭混有黏液、组织碎片及未消化的饲料，有时混有血液。肛门沾有污粪，尿呈酸性、乳白色。当严重脱水时，病兔被毛逆立无光泽，腹痛、不安，出现全身肌肉抽搐、痉挛或昏迷等神经症状。若不及时治疗则很快死亡。

（三）防治

（1）预防　加强饲养管理，保证供给全价的日粮，严禁饲喂腐败变质的饲料。根据气候情况，合理饲喂青绿饲料，保持兔笼舍清洁干燥。对断奶不久的仔兔，一方面要定时定量给予优质饲料，饲料中添加复合酶等助消化药物，饮水中加入微生态制剂对本病有良好的预防效果。另一方面还可适当给予抗生素等药物进行预防。注意抗生素不能与微生态制剂同时应用。

（2）治疗　通过口服补液盐补充肠炎引起的脱水。内服链霉素粉（每千克体重 10～20mg）或新霉素（每千克体重 25mg）。投服药用炭悬浮液或内服磺胺脒和小苏打，每次各 0.25～1.0g，每日 3 次。或内服土霉素粉，每次 0.1～0.25g，每天 3 次；或内服黄连素 0.05g，每天 2 次。或大蒜酊（制法：是把 20g 大蒜捣汁浸泡在 100ml 酒中，泡 7 天，服前用 4 倍水稀释）5ml，一次内服。严重者耳缘静脉注射或腹腔注射糖盐水 50～100ml，并配合四环素 0.125g，皮下注射维生素 C，增强病兔抵抗力，防止脱水。另外中药方剂有郁金散或白头翁汤等有较好的治疗效果。使用微生态制剂饮水也有较好效果。

五、胃肠臌胀

胃肠臌胀俗称胀肚，是家兔常见的一种疾病，多发生于断奶后至 6 月龄，特别是刚断奶的幼兔最易发病，并易造成死亡。

（一）发病原因

主要因采食了多量容易发酵的饲料，冰冻的饲料，有露水、雨水的青草，以及品质不良的青贮饲料等，使胃肠道内食物或食糜异常发酵、产气而引起臌胀；突然更换饲料，贪食某种草料，过食了大量精料或吸水性强的干粒料，在胃肠道吸水后急剧膨胀，造成积食性臌胀；也可继发于毛球病、便秘等阻塞病例。寒冷、潮湿、阳光不足、饮冰水等是本病的诱因。

（二）临诊症状

肉兔表现食欲废绝，腹部渐渐膨大，有的形似圆球状，像绷紧的鼓皮，叩诊呈鼓音。行走困难，少动或不动。触诊，腹内有大量气体，积食性膨胀则感到胃及肠道内有大量充实的食物；有的腹痛，鸣叫，呻吟，呼吸困难，心搏加快，可视黏膜潮红，继而发绀，严重者死亡。

（三）病理变化

剖检可见胃内有大量食物或气体，肠道内有大量气体积聚。

（四）防治

（1）预防　加强饲养管理，不喂过多的易发酵、易膨胀的饲料，不饲喂霉败变质或冰冻饲料；更换饲料要有过渡，限制精料喂量，干粒精料可拌湿后饲喂，带露水、雨水的青草要适当晾干后饲喂。控制肠便秘等阻塞疾病的发生。

（2）治疗　病兔停止饲喂。先穿刺放气，后灌服大黄苏打片 2 ~ 4 片，制霉菌素 5 万单位预防霉菌性肠炎的发生，每天 3 次，连用 2 ~ 3 天。病情较稳定病兔，可内服适量植物油或液体石蜡 10 ~ 20ml，应用止酵药，大蒜（捣烂）6 ~ 10g，醋 15 ~ 30ml，一次内服，既能疏通肠道，又对泡沫性臌气有效。或醋 20 ~ 30ml 内服；或姜酊 2ml，大黄酊 1ml，加温水适量内服。对轻微病例可辅助性按摩腹壁，兴奋胃肠活动，必要时可皮下注射新斯的明 0.1 ~ 0.2mg，排出气体。便秘性臌气，可用硫酸镁 5 ~ 10g，液体石蜡 10ml，一次灌服。治疗时为缓解心肺功能障碍，可肌内注射 10% 安钠咖注射液 0.5ml，为防止本病复发，患兔还需隔一段时间喂料，可先喂易消化的干草，再逐步过渡到正常饲料。

六、消化不良

消化不良是消化机能障碍的统称，可发生于各年龄段的家兔，是家兔的常见病之一。

（一）发病原因

消化不良常因突然更换适口性强的饲料，一次贪食过量引起。饲草潮湿和饲料品种低劣也可引发本病。仔兔消化功能还不健全，易发生消化不良。妊娠母兔饲养不良，产后缺乏优质饲料，或母兔患有乳房炎等慢性疾病时，严重影响乳汁的质量和数量，仔兔未能及时吃到初乳，影响仔兔的胃肠黏膜活动。幼兔的饲养管理及护理不当也可引起消化不良。

（二）临诊症状

病兔表现精神不振，消瘦，皮肤干燥，被毛蓬乱，眼球下陷，尾根、肛门部被粪便污染，粪便成条形或成锥状，有难闻的酸臭味。病仔兔不喜运动，腹泻，有时肛门和尾部沾满稀薄粪便，粪中混有未消化的凝乳块或饲料碎片。长期消化不良，严重的站立不稳，出现神经症状，最后导致死亡。

（三）防治

（1）预防　饲喂要定时定量，切忌喂给霉变变质饲料和饲草，改善兔舍环境。对妊娠母兔，特别是妊娠后期，应该喂富含蛋白、脂肪、矿物质及维生素的优质饲料。新生仔兔尽早吮食初乳，兔笼舍保持干燥、清洁，定期消毒，防止幼兔感冒，仔兔饲料中添加复合酶等助消化药物可减少消化不良的发生。发现病兔禁食一天，但不限饮水。

（2）治疗　对病兔先禁食24小时，给予充足饮水。可选用大黄苏打片或龙胆苏打片内服，每次1～1.5片，每天2～3次；或鸡内金半片，每天2～3次。饲料中添加复合酶等助消化药物，也可内服酵母片、麦芽粉等。注意麦芽粉有回乳作用，泌乳母兔

240

慎用。对于幼、仔兔，重症者可内服缓泻剂，如芒硝 2～3g。饲喂适口性好、提味的饲料。大黄末内服或拌在饲料中。为防止肠内容物发酵，可用磺胺类药和抗生素。防止机体脱水，可静脉注射生理盐水 10～15ml。

七、腹泻

腹泻不是一种独立性疾病，是泛指临诊上具有腹泻症状的疾病。主要表现是粪便不成球，稀软，呈粥状或水样。

（一）发病原因

引起腹泻的原因很多，主要有以下几种。

①以消化障碍为主的疾病如消化不良、胃肠炎等。

②某些传染病。如轮状病毒病、大肠杆菌病、魏氏梭菌病、沙门氏菌病、泰泽氏菌病、肠结核等。

③一些寄生虫病如球虫病、线虫病等。

④中毒性疾病如有机磷中毒等。

后三种情况除腹泻症状之外，还有各自疾病的固有症状。这里只介绍引起腹泻的胃肠道疾病。

与饲料品质不良和饲养管理不当有关的腹泻，归纳起来有以下几个方面：饲料配方不合理，如精料比例过高；饲料不清洁，混有泥沙、污物等，或饲料发霉、腐败变质；饲料含水量过多，或吃了大量的冰冻饲料；饮水不卫生，或夏季不经常清洗饲槽、不及时清理饮水管内污物，不及时清除料槽内残存饲料，以至酸败而致病；突然更换饲料，家兔不适应，特别是断乳的幼兔更易发病。兔笼舍潮湿，温度低，家兔腹部着凉；口腔及牙齿疾病，也可引起消化障碍而发生腹泻。

（二）临诊症状

病兔表现精神不振，常蹲于角落，食欲不振，甚至废绝。粪便较软或稀薄，严重者成稀糊状或水样，有臭味，有的带有气泡及黏液，重者可出现血便。有时腹部臌气，腹围增大。随腹泻程度不同出现程度不同的消瘦，被毛粗乱无光泽，黏膜发绀或黄染，腹泻严重者出现脱水，眼球下陷，皮肤弹性差，拉起后不易恢复原形，喜饮水，处理不当会引起迅速衰竭死亡。

（三）防治

（1）预防　加强饲养管理，定时定量饲喂，注意饲料品质，不喂霉变、冰冻饲料，饮水要清洁。变换饲料要逐步进行。兔笼舍要保温、通风、干燥和卫生。做到定期驱虫。及早治疗原发病。

（2）治疗　发现病兔应及时祛除病因，移至干燥处护理，少喂或停喂，供给充足的清洁温水，必要时可饮0.9%生理盐水或5%葡萄糖氯化钠溶液；投喂抗菌药物，如磺胺脒（口服，每千克体重首次量0.3g，维持量0.1~0.2g；或磺胺二甲基嘧啶，每千克体重0.05~0.08g，每天3次，连用3~5天）、环丙沙星（每兔1~2g，每天2次，连用3~5天）、链霉素（肌内注射，每千克体重2万单位；内服每兔0.1~0.5g，每天2~3次，连用3~5天）等。腹泻严重者可投服鞣酸蛋白0.25g、小苏打0.5g；脱水严重时可腹腔注射或静脉注射5%葡萄糖氯化钠注射液或林格氏液及其他支持性药物，或让病兔自由饮用口服补液盐等；恢复期可使用健胃助消化药，如人工盐0.5g、酵母片1~2片、大黄苏打片1片，投服或拌料。幼兔用量可减半。

八、感冒

感冒是以发热和上呼吸道卡他性炎症为主的一种全身性疾病。易继发气管炎和肺炎，是家兔"吹鼻子"的主要原因。

（一）发病原因

本病多发于早春、晚秋季节及冬季。多因气候骤变，气温突然降低、昼夜温差过大等原因造成。兔笼舍保温不好、潮湿、通风不良、氨气浓度过大、贼风侵袭、过度拥挤、剪毛后受凉而发生感冒。

（二）临诊症状

本病以发病急、发热为主要特征。病兔病初表现精神不振，食欲下降或不食，不爱运动，眼半闭，常卧在某一角落，流泪，眼结膜潮红。有时咳嗽，打喷嚏，流出水样鼻液。严重病例食欲废绝，体弱无力，呼吸迫促，体温明显升高达40℃以上。体质好的家兔3～5天能自愈。若不及时诊治，部分可转化为支气管肺炎等。

（三）防治

（1）预防　加强饲养管理，在气候寒冷和气温变化明显的季节，加强防寒保暖工作。冬季兔笼舍特别注意保暖，防止贼风侵袭。剪毛要选择天气晴朗温和时进行。保持兔舍清洁、干燥、通风。在感冒流行时间，注意药物预防。

（2）治疗　对肉兔应加强护理与保暖，同时做以下治疗。青霉素、链霉素各10万～20万单位、安痛定注射液1～2ml，肌内注射，每日2次，连用3天。或柴胡注射液1～2ml，庆大霉素注射液4万单位，肌内注射，每日2次，连用3天。或庆大霉素注射液4万单位、20%磺胺嘧啶钠注射液2ml、安痛定注射液1～2ml，肌内注射，每日1次，连用2～3天。或卡那霉素20万单位，肌内注射，每天2次，连用2～3天。病轻者可内服阿司匹林片，每日3次，每次成年兔0.5～1片，幼兔酌减；或内服安乃近片，每次半片，每天2次，同时，用药物"滴鼻净"滴鼻。还可选用中药桑菊感冒片或银翘解毒片。如果感冒由病毒引起，带有流感性质，应迅速隔离、消毒，防止蔓延全场，立即采取最佳治疗方案，减少损失。

九、肺炎

肺炎是肺实质的炎症，常伴有细支气管的炎症。临诊上可分为小叶性肺炎（也叫支气管肺炎或卡他性肺炎）、大叶性肺炎（又名纤维素性肺炎或格鲁布性肺炎）、吸入性肺炎（也叫异物性肺炎，严重的称之为坏疽性肺炎或肺坏疽）和霉菌性肺炎。本病的发生没有年龄限制，常见于老龄兔和幼兔，多发生于早春和晚秋天气骤变时节。

（一）发病原因

本病多由病原菌感染引起，常由于感冒、气管炎或鼻炎继发引起。常见的病原菌有多杀性巴氏杆菌、支气管败血波氏杆菌、金黄色葡萄球菌、溶血性链球菌、肺炎双球菌、绿脓杆菌、肺炎克雷伯氏菌和大肠杆菌等。家兔感冒或抵抗力低下时感染，引发肺炎。仔兔吮奶时，奶汁呛入肺内、误咽或灌药时误入气管，可引起异物性肺炎。兔笼舍寒冷、潮湿、光照不足、通风不良，经常蓄积有害的气体（如氨气、硫化氢等）、密集管理、兔笼舍过热，受贼风侵袭，导致肺炎发生。采食霉败饲料有时可引起霉菌性肺炎。

（二）临诊症状

急性肺炎病兔常表现为精神萎靡，食欲减退，废绝。结膜充血，后发绀，体温升高，心律不齐。呼吸困难，呈腹式呼吸。病初干咳，后变为湿咳，由于支气管黏膜充血肿胀，分泌增加，使管腔变窄，呼吸极度困难。鼻液初期是浆液性的，后变为黏稠脓性。胸部听诊肺部呼吸音强，有干、湿罗音。胸部叩诊呈浊音。常呈败血症经过而突然死亡。慢性肺炎病兔主要表现为连续长时间咳嗽，在运动采食或气温较低时（早、晚、夜）尤其严重。如同时有其他呼吸道疾病存在，则症状复杂而严重。

（三）病理变化

病理变化主要见于肺的前下部。根据病程及严重程度的不同而表现为肺实变、肺膨胀不全、灰白色小结节、肺脓肿等。肺实质可能出现出血性变化，胸膜、肺脏、心包膜上有纤维素絮片。也有的病兔胸腔内充满混浊的胸水。严重时，可见由纤维组织包围的脓肿。病程的后期常表现为脓肿或整个肺叶的空洞。

（四）防治

（1）预防　平时加强兔舍的保暖，在保温的同时要注意通风换气，保持舍内阳光充足，空气清新，防止受寒及贼风侵袭。加强饲养管理，饲喂营养丰富、易消化、适口性好的饲料，增强机体体质和抗病力。灌药时小心，防止发生异物性肺炎。不饲喂霉败饲料，防止发生霉菌性肺炎。及时防治感冒。

（2）治疗　可内服阿司匹林片（或复方阿司匹林）或氨基比林片，每日 2 次，每次成年兔 0.5～1 片，幼兔酌减。同时配合肌内注射青霉素和链霉素、庆大霉素、卡那霉素或磺胺类药物，用法用量同感冒。或内服磺胺噻唑 0.2～0.3g，每天 3 次，最好与等量小苏打同服。还可用 0.1% 高锰酸钾溶液或 2%～3% 硼酸水洗鼻腔。持续咳嗽且分泌物少，可选用镇痛止咳剂，如内服咳必清，每次 12～22mg，每日 3 次，连用 3 天。对于特别严重的无治疗价值的就淘汰。

十、肾炎

肾炎是指肾小球、肾小管或肾间质组织发生炎症性病理变化的统称。主要临诊特征是肾区敏感和疼痛，尿少，尿液含有病理产物等综合症状。以急性肾炎、慢性肾炎及间质肾炎多发。

（一）发病原因

本病主要继发于感染和中毒，原发性急性肾炎少见。如多继发于某些传染病（如兔瘟、巴氏杆菌病、大肠杆菌病和沙门氏菌病等）或是由于变态反应所致。内源性中毒如胃肠炎、代谢疾病、大面积烧伤或烫伤时所产生的毒素、代谢产物或组织分解产物；外源性中毒如摄入有毒植物、大量霉败饲料，或是人为地错误应用具有强烈刺激性的药物或化学物质。有毒物质经肾排出时产生剧烈的刺激而发病。邻近器官炎症（肾盂肾炎、阴道炎）

的转移蔓延也可引起。机体受风、寒、湿的作用，营养不良等均为肾炎的诱因。慢性肾炎的病因与急性肾炎基本相同，只是刺激作用轻微，持续的时间较长。此外，如家兔患急性肾炎治疗不及时或不当，或未彻底治愈，也可转化为慢性肾炎。间质性肾炎主要与某些慢性传染病和慢性中毒有关。

（二）临诊症状

（1）急性肾炎　病兔初期精神沉郁，食欲下降，体温升高，肾区敏感疼痛，患兔不愿活动，常蹲伏，因炎症反应性刺激，常频频排尿，尿量少，甚至无尿，尿相对密度增高，且有血尿，体重下降，瘦弱。

（2）慢性肾炎　多由急性肾炎转化而来，患兔全身无力，食欲不定，消瘦，后期可见眼睑、胸腹下或四周末端出现水肿，严重时出现水肿和体腔积水，尿量不定，相对密度增高，出现管型尿且有少量红细胞和白细胞，严重病例可引起尿毒症，与此同时，心血管系统机能障碍。

（3）间质性肾炎　初期尿量增多，后期减少，尿沉渣中有少量红细胞、白细胞、肾上皮细胞以及少量蛋白。按压肾区病兔无疼痛表现，心脏肥大，皮下水肿，最后因肾功能障碍导致尿毒症而死。

（三）防治

（1）预防　供给家兔富含维生素 A 和蛋白质的饲料，充分饮水，防止家兔受寒受潮，及时治疗某些原发性疾病，禁止饲喂霉败变质饲料，兔笼舍保持干燥、温暖。

（2）治疗　首先应祛除各致病因素，治疗原发性疾病，并对尿路进行利尿消炎等。消除感染可用青霉素、链霉素、卡那霉素等，也可用醋酸可的松、强的松抑制免疫反应、抗炎。双氢克尿噻0.01g，口服，每天 1～2 次；乌洛托品 1g，口服，每天 1 次。病兔应限制食盐供应。无诊疗价值的病兔应尽早淘汰。

十一、尿道炎

尿道炎指尿道黏膜的炎症。

（一）发病原因

本病多因尿道细菌感染引起。如各种尿道损伤、尿结石的机械刺激及化学药物刺激损伤尿道黏膜，均可发生细菌感染。另外，邻近器官炎症如膀胱炎、阴道炎及子宫内膜炎时，炎症蔓延而发病。人工输精器械消毒不严、造成损伤也可引发。

（二）临诊症状

病兔频频排尿，排尿时，由于炎性疼痛导致尿液呈断续状流出。公兔阴茎频频勃起，母兔阴唇不断开张，严重时可见到黏性、脓性分泌物从尿道口流出。尿液混浊，其中含有黏液、血液或脓液，甚至混有坏死、脱落的尿道黏膜。最严重的病兔由于炎性肿胀而尿闭，频作排尿姿势而无尿液排出，此时腹围增大，腹部触诊，可触到积尿的膀胱，久者可造成膀胱破裂。触诊尿道时病兔疼痛不安，并抗拒或躲避检查。

（三）防治

（1）预防 消除致病因素，及时治疗原发病。人工采精或人工输精时，应严格遵守操作规程和无菌原则。

（2）治疗 可用青霉素5万~10万单位，肌内注射，每天2~3次；也可用磺胺类药物治疗；乌洛托品1g，口服，每天1次；膀胱积尿者，可用按摩法促使膀胱排空；无法排空时，可用膀胱穿刺法排出积尿，防止膀胱破裂。对病兔加强饲养管理，饲喂无刺激性且营养丰富易消化的优质饲料，给予清洁饮水。限制高蛋白及酸性饲料。

十二、应激

应激是家兔对某些过度刺激产生的一种过度性反应。

（一）发病原因

引起家兔应激的因素有剧痛、出血、创伤、烧伤、缺氧、急性感染、过冷、过热、电离辐射、饥饿、长途运输等。还有追捕、驱赶、混群、拥挤、斗架、关闭饲养、强化培育、预防注射、环境污染，以及手术保定、药物麻醉等都是应激原。频繁更换饲料是养兔的一大禁忌，称作换料应激，是应激最常见的因素。

（二）临诊症状

病兔全身反应明显，精神沉郁，肌肉松弛，心跳加快，心肌收缩力加强。有的家兔在遭受应激原刺激后突然死亡。慢性应激能够形成累积效应，使家兔生产性能降低，机体抵抗力下降，引发各种疾病。如热应激可使家兔消化机能障碍，产毛量下降、营养不良，种公兔表现为性欲降低、精液品质下降、精液稀薄、精子活力低、少精或无精而不育。换料应激主要表现消化机能紊乱，消化不良、肠炎或腹泻。

（三）病理变化

病死兔胃肠黏膜出血、坏死、溃疡。

（四）防治

（1）预防

①改善饲养管理，兔舍、兔笼应通风，防止拥挤；注意原有兔群体组合，避免任意混群，保持兔笼舍安静，免受惊吓和噪声干扰。

②注意气候变化，防止忽冷忽热；炎热夏季做好防暑降温工作，寒冷冬季做好防冻保温工作，保持兔笼清洁，给予含维生素丰富的饲料。

③长途运输避免过分刺激，防止应激反应发生。

④加强疫病的预防；依照应激原的性质和家兔的反应情况，选择抗应激的药物。

⑤引种时，不能突然更换饲料，要逐渐进行；要随引进兔带来一些原养殖场的饲料，并根据营养标准和当地饲料资源情况，配制本场饲料，采取三步到位法：前3天，原养殖场饲料占2/3，本场饲料占1/3；再3天，本场饲料占2/3，原养殖场饲料占1/3，之后全部饲喂本场饲料；在季节交替时，饲料原料的过渡同样应采取由少到多、逐渐过渡的方法，比如，春季到来之后，青草、青菜和树叶相继供应，如果突然给兔子一次提供大量的青绿饲料，会导致腹泻。

（2）治疗　对换料所引起的应激，应按照胃肠炎的治疗方法对病兔进行治疗，并配以抗应激药物。对其他因素引起的应激，主要应用镇静剂和皮质激素以及抗过敏药物，如延胡索酸、氯化铵等。静脉注射5%碳酸氢钠注射液或饮水中添加0.1%～0.2%碳酸氢钠，能减少热应激损失，有健胃作用。治疗期间应给予营养丰富且易消化的青绿饲料，增加蛋白质、维生素的量，让家兔充分饮水，也可在水中添加2%食盐，补充体液盐分的消耗，防暑解渴。

十三、中暑

中暑包括日射病和热射病。是家兔受烈日暴晒或高热所致的急性中枢神经系统功能紊乱的一种疾病。本病夏季炎热的天气多发。家兔汗腺不发达，体表散热慢，极易发生本病。

（一）发病原因
气温持续升高，兔笼舍通风不良，兔笼内密度过大、散热慢，是引起本病的重要原因。炎热季节进行车船长途运输，装载过于拥挤，中途又缺乏饮水，也易发生本病。露天兔笼舍，遮光设备不完善，长时间受烈日暴晒，易引起中暑。

（二）临诊症状
病初病兔表现精神不振，食欲减少甚至废绝，体温升高。用手触摸全身有灼热感。呼吸加快，口腔、鼻腔和眼结膜充血。步态不稳，摇晃不定。病情严重时，出现呼吸困难，黏膜发绀，从口腔和鼻中流出带血色的液体。病兔常伸腿伏卧，头伸展、下颌触地，四肢呈间歇性震颤或抽搐，直至死亡。有时病兔则突然虚脱、昏倒，呈现痉挛而迅速死亡。

（三）病理变化

对病死兔剖检，可见心肌淤血，肺脏周缘充血，喉头黏膜充血，胸膜淋巴结淤血，肾脏轻微肿胀，尿液多混浊。

（四）防治

（1）预防

①炎热季节要做好兔笼舍的通风降温，使空气新鲜、凉爽。

②温度过高可洒水降温，供给充足的饮水，露天兔笼舍和运动场应加设荫棚，不要使兔受到强烈的阳光照射，适当减少兔的饲养密度，避免在高温天气长途运输。

③夏季瓜果丰富，西瓜皮、苦瓜、黄瓜、冬瓜等营养丰富，且具有药用价值，均属家兔夏季消暑的佳品，有条件可适当供应。

（2）治疗　发现中暑病兔，应立即采取急救措施。首先将病兔置于阴凉通风处，采取物理降温方法，可用电风扇微风降温，或在头部、体躯上敷以冷水浸湿的毛巾或冰块，每隔数分钟更换1次，加速体热散发。其次进行药物治疗，口服十滴水或藿香正气水2～3滴或口服人丹2～4粒，加温水灌服。耳缘静脉放血，防止脑部和肺部充血；用20%甘露醇注射液或25%山梨醇注射液，1次10～30ml静脉注射；或静脉注射樟脑磺酸钠注射液0.5～1ml，山苍子根5g，研为细末，加入少量食盐，温水冲服；对于有抽搐症状的病兔，肌内注射2.5%盐酸氯丙嗪注射液，每千克体重0.5～1ml。

十四、癫痫

癫痫多突然发生，迅速恢复，反复发作，呈现运动、感觉和意识障碍等临诊症状。

（一）发病原因

原发性癫痫可能由于脑组织代谢障碍，大脑皮层或皮层下中枢受到过度的刺激，以致兴奋与抑制过程间相互关系紊乱而引起。有的和遗传有关。继发性癫痫的病因主要有两个方面：一是脑内因素，如脑炎、脑内寄生虫、脑肿瘤等；另一个是脑外因素，主要见于心血管疾病、代谢性疾病、出血性败血症以及各种化学物质中毒。此外，外周部位受损、肠道寄生虫、过敏性反应等也能反射性地引起癫痫发作。极度兴奋、恐惧、摔倒、饱食、过饮等任何一种强烈的刺激都能促进癫痫的发作。

（二）临诊症状

病兔表现突然倒地，意识丧失，肢体强直性痉挛，瞳孔散大并失去对光的反射。牙关紧闭，口鼻吐白沫，呼吸短暂停止，而后呼吸急促、困难。排尿、排粪失禁。一般持续半分钟或数分钟后，症状自行缓解，病兔可自行站立。本病病程长，发生频率不断增多。发作时间逐渐延长的病例，预后不良。

（三）防治

（1）预防 加强饲养管理，保持环境安静，治疗原发病。病兔不宜留作种用。

（2）治疗 用巴比妥或三溴合剂（溴化钠、溴化钾、溴化铵）经口灌服或静脉注射。无诊疗价值的应尽早淘汰。

十五、瘫软症

肉兔瘫软症多发生于高温高湿的夏季，以泌乳母兔为主要发病对象，以浑身瘫软为主要症状。

（一）发病原因

高温高湿季节，霉菌和真菌易于繁殖和生长，大量的霉菌菌丝会产生一种称为真菌毒素的小分子量天然有机化合物。当家兔食用这种霉变饲料时，极易发病，出现瘫软症，尤以泌乳期母兔最敏感。

（二）临诊症状

病兔大多表现食欲减退或废绝，粪便不正常，有时便秘，有时腹泻，有的粪球外表沾有黏液，有的走路蹒跚，浑身颤抖，往前冲撞至倒下。此后四肢无力，浑身瘫软如泥，头下垂不能抬起，口触地，鼻孔和嘴端潮湿，但多数患兔两眼圆瞪。有的耳壳或其他皮下有出血点。病兔体温升高，呼吸急促，心跳加快，心律不齐。一般2~4天渐进性死亡。有的死前挣扎、四肢划动等动作。

（三）病理变化

剖检可见肝脏肿大，质脆易破，有多处灰褐色坏死灶，胆囊充盈。肾脏有多处坏死点。多数腹腔和胸腔积液，膀胱积尿，尿液混浊，呈茶褐色或淡红色。心包积液，心肌出血。气管环和喉头淤血或出血。胃肠黏膜脱落，胃和肠道有出血斑或出血点。肺脏有出血点，肺部出现黄白色、粟粒状或较大的小结节，质地柔软有弹性。

（四）防治

（1）预防

①严格饲养管理，禁用发霉饲料。

②科学贮藏，防止饲料发霉。

③在高温高湿季节，饲料中添加防霉剂，如丙酸及其盐类化合物（丙酸，每吨饲料中添加0.5~4.0kg；丙酸钙或丙酸钠，每吨饲料中添加0.65~5.0kg）、山梨酸（添加量为0.05%~0.15%）、苯甲酸（添加量为0.05%~0.10%）、苯甲酸钠（添

加量为 0.1%～0.3%）和柠檬酸、乳酸、乳酸钙等，均有较好
的防霉效果。

（2）治疗　对价值高的种兔，可静脉注射 25% 葡萄糖注射
液 20～40ml，每天 2 次，直至痊愈。也可经口灌服 10% 的糖水
50～60ml。皮下注射安钠咖 0.5～1ml，以增强心脏功能。可用
淀粉 20g，加水煮成糊状，加硫酸钠 5～6g 灌服，以保护肠黏
膜，减少毒物的吸收、增加排出。注射维生素 C，配合一定的保
肝药，如肝泰乐（葡萄糖醛酸内酯）、三磷酸腺苷、辅酶 A 等。
投喂制霉菌素、克霉素、大蒜素、两性霉素 B 等。

第三节　肉兔常见外科病的防治技术

一、创伤

家兔创伤是指兔体受到外力作用与打击，使局部皮肤、皮下
组织或深层肌肉及器官完整性受到破坏的一种开放性损伤。兔创
伤是兔经常发生的一种外科常见病。

（一）发病原因

多因兔笼、兔箱、产仔箱上的尖锐物体（如金属丝、铁皮、
圆钉、竹刺、木刺等）刺（或划）伤，或剪毛不慎造成的剪伤，
或互相咬斗的咬伤、抓伤等。另外，还有被犬、猫、老鼠等动物
的咬伤等。还有的是哺乳母兔由于无乳或缺乳被仔兔咬伤或母兔
咬伤吃奶仔兔。

（二）临诊症状

受伤部位因致伤原因和程度而呈现不同程度的被毛缺损、肿
胀、疼痛、皮肤破裂及深部组织损伤，并有不同程度的出血与渗
出。轻者，可见皮肤裂口或缺损。重者可见皮开肉绽，大量出
血。如被犬、猫、鼠咬伤，局部出现红肿、溃烂。有时兔的耳朵

被咬伤或撕裂，臀部损伤严重。有的睾丸下垂流血，如果损伤导致大动脉出血，可引起兔的死亡。

（三）防治

（1）预防

①兔笼、兔箱、产仔箱及用具等要避免有尖锐物体，紧固铁丝尖端要隐藏，新的竹片底网要磨光，以防毛刺扎伤。

②兔笼内养兔密度不宜过大，青年兔、成年兔分开饲养，防止咬斗，互相咬斗的兔子要及时分开，剪毛时一定要小心防止剪伤。

③防止犬、猫、鼠等动物的骚扰。

④母兔产仔后给予充足饮水，保持兔笼舍周围安静，防止母兔咬伤奶仔兔；根据母兔的泌乳能力适当调整仔兔的数量，防止因母兔无乳或缺乳而被仔兔咬伤。

（2）治疗　必须立即排除造成创伤的原因。

①一般轻度创伤，可不治自愈，或涂擦2% ~3%碘酊、5%龙胆紫液。

②重度较大而深的创伤，充分止血后用3%双氧水，或无菌生理盐水，或0.1%高锰酸钾溶液，或0.1%新洁尔灭溶液，或0.1%雷佛奴尔溶液清洗创腔，而后涂布磺胺粉或其他消炎药物，必要时进行皮肤及有关组织的缝合。

③较深的刺伤、破裂伤等，应皮下注射1 000单位破伤风抗毒素，以防发生破伤风。治疗破裂伤期间，笼舍内及创伤部位都应保持清洁、干燥。

④对已感染化脓的创口，要用3%双氧水，或0.1%高锰酸钾溶液将脓汁洗净，而后再涂布2% ~3%的碘酊，或用雷佛奴尔溶液引流。

⑤严重者，可肌内注射青霉素等抗生素或磺胺类药物来预防全身性感染。

二、脓肿

兔脓肿是指在兔的组织或器官内形成的外有脓肿膜包囊，内有脓汁潴留的局限性脓腔。

（一）发病原因

由各种化脓菌（葡萄球菌、化脓性链球菌、大肠杆菌、绿脓杆菌和腐败性细菌）通过家兔损伤的皮肤或黏膜进入体内而发病。常见的原因是肌内注射或皮下注射时没有遵守无菌操作规程，各种局限性损伤（如刺创、咬创、蜂窝织炎等）以及各种外伤处理不及时或消毒不严，尖锐物体的刺伤或手术时局部污染所致。某些传染病也可以引起家兔发病。

（二）临诊症状

脓肿有深浅之分。浅在性热性脓肿常发生于皮下结缔组织、筋膜下及表层肌肉组织内。初期局部肿胀无明显的界限而稍高出于皮肤表面，大小不一，有的如黄豆大小，有的如鹌鹑蛋大小，还有的如鸡蛋大小。触诊时局部温度增高，坚实，有剧烈的疼痛反应。以后肿胀的界限逐渐清晰，中间开始转化并出现波动。有时可自溃排脓。但常因皮肤溃口过小，脓液不易排尽。浅在性冷性脓肿一般发生缓慢，即虽有明显的肿胀和波动感，但缺乏温热和疼痛反应或非常轻微。深在性脓肿常发生于深层肌肉、肌间及内脏器官，局部肿胀增温的症状常常见不到，但常出现皮肤及皮下结缔组织的炎性水肿。触诊时有疼痛反应并常有指压痕。如脓肿在内脏，破溃后会引起全身症状，如脓毒症、脓毒败血症等。小的脓肿，脓液可被吸收、钙化而自愈。大的脓肿破溃后会使脓汁浸入表层组织，甚至引起新的脓肿和蜂窝织炎。

（三）防治

（1）预防　经常观察兔群，发现兔的皮肤和黏膜有外伤时，应及时处理。对兔笼、兔箱、产仔箱及用具等易造成兔皮肤损伤的因素均应除去，可防止本病发生。给兔打针时，对注射针头、皮肤均应进行彻底消毒，才能防止感染。

（2）治疗　本病如能及时治疗，一般愈合良好。在脓肿的早期，对硬固性的肿胀，可应用冷疗法（如用复方醋酸铅溶液、鱼石脂酒精、栀子酒精冷敷）或局部涂擦樟脑软膏等，以促进炎症的消散，并配合全身的抗菌药物治疗。在脓肿的中期，可用10%鱼石脂软膏、5%碘软膏或5%碘酊，涂抹患部，每日1次，连用2～3天，或用温热疗法（如热敷、红外线等），以促进脓肿成熟。当出现波动感时，即表明脓肿已成熟，应及时在脓肿波动最明显的部位切开，彻底排除脓液，再用3%双氧水溶液或0.1%高锰酸钾溶液冲洗干净，然后安放纱布引流条或进行开放疗法，必要时配合抗生素全身治疗。对于关节部脓肿膜形成良好的小脓肿，可采取脓液抽出法，即利用消毒注射器将脓肿腔内的脓液抽出，然后用生理盐水反复冲洗脓腔。抽净腔中的液体，最后灌注混有青霉素的溶液（每毫升液体中含青霉素10万～20万单位）。

三、直肠脱垂

直肠脱垂是直肠由肛门脱出体外，家兔偶尔发生。

（一）发病原因

肉兔直肠脱垂的主要原因是由于饲养管理不当，体质虚弱，肛门及直肠韧带松弛，并且长期腹泻。高产母兔妊娠后期腹腔压力大，加之分娩时子宫过分努责，及消耗过多的体能，也可导致本病的发生。

（二）临诊症状

直肠一侧部分肠壁或者部分肠管，甚至大部分肠管脱出肛门外，肠壁黏膜向外。刚脱出时外露正常的肠管壁，随着时间的延长，肠壁血管淤血，随之水肿，颜色发暗，甚至出现坏死，呈紫褐色或青紫色。

（三）防治

（1）预防　加强饲养管理，尤其是妊娠母兔的饲养管理。维持家兔正常的营养水平及体质，及时治疗腹泻等疾病。

（2）治疗　发现家兔直肠脱垂时，应及时手术整复与固定。脱出时间短、淤血和水肿轻者，先用温热的 0.25% 高锰酸钾溶液或 1% 盐水或 1% 明矾溶液或花椒水清洗脱出的肠壁，除去污物或坏死黏膜，然后提起兔的两后肢，使其头朝下，用手指谨慎地将脱出的肠管还纳肛门即可；对脱出时间较长、水肿和淤血较重者，用 0.1% 温高锰酸钾溶液清洗后，用小宽针或 9# 针头多点穿刺水肿的直肠黏膜，挤压出部分水肿液，涂上青霉素粉或碘甘油等，然后用手指慢慢挤压推送回肛门。送回后不再脱出时可不用固定处理，如送回后有再脱出可能时，要用荷包缝合法缝合肛门，但要留有适当空隙，使能排出粪便而又不再脱出为宜，如此维持 3～5 天即可拆除缝线。也可用 95% 酒精在肛门周围分 3～4 点注射，每点 0.2ml，使局部组织肿胀，能有效地防止直肠再度脱出。

四、湿性皮炎

湿性皮炎是肉兔常见的皮肤慢性进行性疾病，严重影响兔皮经济价值。

（一）发病原因

本病多因潮湿或有损伤而继发细菌感染所致，水管滴水或尿液长时间浸渍等可引发。本病多见铜绿假单胞菌的感染，坏死杆菌感染也较广泛。

（二）临诊症状

皮肤发炎，局部掉毛，甚至发生溃疡和坏死，如有铜绿假单胞菌感染，毛色变绿。

（三）防治

（1）预防　消除使兔的皮肤潮湿的原因。保持兔舍、兔笼干燥、清洁卫生，经常消毒杀菌，将饮水器安放到家兔蹲卧不到的高度并及时修理漏水的饮水器。

（2）治疗　先剪去病变部位的被毛，用0.1%高锰酸钾溶液冲洗皮肤，涂擦3%～5%碘酊，每天1次，连用3天。或涂擦抗生素软膏，治疗原发病。

五、溃疡性脚皮炎

兔的溃疡性脚皮炎是指家兔跖骨部的底面以及掌骨指骨部的侧面所发生的损伤性溃疡性皮炎。家兔极易发生。

（一）发病原因

兔笼底板粗糙、高低不平，金属底网铁丝太细、凸凹不平，兔笼舍过度潮湿等均易引发本病。神经过敏、脚毛不丰厚的成年兔、大型兔种较易发病。体重较大兔，脚部在兔笼铁丝网上，因承受的压力太大而造成局部皮肤压迫性坏死，葡萄球菌是主要病原菌。

（二）临诊症状

病兔食欲下降，体重减轻，拱背，呈踩高跷步样，四肢频频交换支持体重，时而卧伏，不愿活动。跖骨部底面或掌骨部侧面皮肤上覆盖干燥的硬痂或大小不等的局限性溃疡。溃疡部可继发细菌感染，有时在痂皮下发生脓肿。

（三）防治

（1）预防

①兔笼底以竹板、木条制作为好，笼底要平整，竹板、木条上无钉头外露，笼内无锐利物等，防止机械损伤，减少感染机会。

②保持兔舍、兔笼、产仔箱内的清洁、卫生、干燥，勤换垫

草，定期检查和消毒。

③选择脚底毛丰厚的作种兔，淘汰有脚皮炎习惯性倾向的种兔。

（2）治疗 先将病兔放在铺有干燥、柔软的垫草或木板的笼内。治疗方法有以下几种：

①用橡皮膏围绕病灶重复缠绕（尽量放松缠绕），然后用手轻握压，压实重叠橡皮膏，20～30天可自愈。但对四肢发病者治愈不良。

②先用0.2%醋酸铝溶液冲洗患部，清除坏死组织，再涂擦15%氧化锌软膏或土霉素软膏等。当溃疡面开始愈合时，可涂擦5%龙胆紫溶液。

③如病变部形成脓肿，应按外科手术排脓后用抗生素进行治疗。

④发病初期，还可用磺胺、大蒜疗法，即用磺胺噻唑软膏2份、大蒜泥1份，混合均匀涂患部。

⑤石灰疗法，即用生石灰1份，水2份，混合2小时后，用石灰水涂患部，隔4～5天再涂一次；让病兔脚踏生石灰，也有治疗作用。

六、结膜炎

结膜炎是眼睑结膜和眼球结膜的表层或深层炎症，临诊上呈急性或慢性经过。是家兔最常见的一种眼病。

（一）发病原因

各种机械性损伤；外界异物（如灰尘、泥沙、谷皮、花粉、被毛等）进入眼内；化学药物、气体的刺激（如石灰、氨水、火碱、烟雾、沼气及某些刺激性消毒药等）；维生素A缺乏或紫外线、放射线等的刺激而引起。也可继发于某些疾病（如感冒、传染性鼻炎等）。寒冷季节，舍内粪尿清理不及时，氨气含量过高，通风不良等，是诱发结膜炎的主要因素。

（二）临诊症状

结膜炎的共同症状是羞明、流泪、结膜充血、浮肿、眼睑痉挛、渗出物及白细胞浸润。根据眼分泌物性质，可分为黏液性结膜炎和化脓性结膜炎。

（1）黏液性结膜炎 结膜轻度潮红，眼睑稍肿，分泌物较少为浆液性的，随病程发展分泌物为黏液性的，眼睑闭合，眼分泌物外流于颊部。

（2）化脓性结膜炎 眼睑严重充血、肿胀，疼痛剧烈，结膜囊内蓄积黄色脓性分泌物，并从眼角流出，眼睑闭合，炎症侵害角膜，则角膜混浊，形成溃疡，整个眼球发炎，甚至失明。

（三）防治

（1）预防

①加强饲养管理，保持笼舍清洁卫生，加强通风，防止尘埃、污物、异物侵入兔眼。

②夏季防止日光的强烈照射，消毒时应注意消毒药的浓度和消毒时间，日粮中经常配合富含维生素 A 的饲料，如胡萝卜、南瓜、黄玉米和青草等。

③及时防治可引起结膜炎的某些传染病、内科病和寄生虫病，避免机械损伤。

（2）治疗 除去病因，消炎镇痛，防止光线刺激。以局部用药为主，必要时可辅助全身用药。

①除去原因。确定原发疾病，以治疗原发疾病为主。

②清洗患眼。用 2%～3% 硼酸水，或 0.9% 氯化钠注射液、0.01% 新洁尔灭液、0.1% 雷佛奴尔溶液等彻底洗眼，每天 1～2 次，洗除异物和分泌物。蒲公英 50g 水煎，头煎内服，二煎洗眼。

③消炎镇痛。选用青霉素、四环素、金霉素、黄连素、环丙

沙星、氧氟沙星等抗生素眼药水点眼或眼药膏涂抹，每日2～4次，镇痛用1%～3%盐酸普鲁卡因液点眼。分泌物过多可用0.3%硫酸锌液、1%～2%明矾溶液或1%硫酸铜溶液洗眼。慢性结膜炎可用0.5%～1%硝酸银溶液点眼，而后用生理盐水冲洗，再行温敷。

④全身药物治疗。严重感染者，可根据情况全身使用抗生素，或磺胺类药物进行治疗。

七、骨折

骨的完整性或连续性因外力作用遭受部分中断或完全破坏时称为骨折。骨折的同时常伴有周围软组织不同程度的损伤。各种动物均可发生，以四肢长骨发生较为常见。

（一）发病原因

肉兔受外力打击、砸压、笼门夹挤、笼网或底板网孔或夹缝的夹扭，以及粗暴的捕捉和保定等，都有可能使骨骼折断，特别是腿部长骨最易发生。受惊乱窜或从高处跌落等也可造成骨折。患佝偻病的病兔也易发生骨折，运输途中过度拥挤也能引起骨折。

（二）临诊症状

病兔有受伤的经过，且骨折部位成假关节样，出现功能障碍，肿胀明显，触之剧痛，有骨摩擦音，可触到骨骼断端或碎骨片。四肢骨折时远心端游动，出现跛行或拖曳前进。非开放性骨折，在骨折部位皮肤无破口，软组织损伤较轻；开放性骨折伴有皮肤的破伤与出血，或患部骨折断端外露，创口内有血块、碎骨片或异物等，软组织损伤严重。脊椎骨骨折，可出现后躯完全或部分麻痹，皮肤和肌肉感觉消失，病兔拖着后肢行走。如果同时脊髓受损严重，肛门和膀胱括约肌失控，大小便失禁，臀部被粪尿污染。骨折程度较轻，脊髓轻微受损，仅骨折部位出现肿胀，暂时不能站立，随着运动机能的恢复，患兔也可于较短期内恢复。

（三）诊断

确诊骨折损伤的具体程度，需要进行 X 射线检查。

（四）防治

1. 预防

①兔笼设计要合理，下面要装底板，笼底板应光滑，笼底板条缝隙或网眼大小要适当，以不使兔的腿陷落而又能使粪球掉下为宜。一般每片宽度在 2~2.5cm，每片间空隙在 1~1.1cm。

②捕捉方法要正确，切忌抓腰部或提后肢，避免在捕捉或保定时家兔挣扎而致骨折或脊椎损伤。

③开关笼门要小心，防止兔掉下。避免外力打击。

④保持舍内安静，防止生人、其他动物（如犬、猫等）进入兔舍。

⑤加强饲养管理，防止佝偻病的发生；运输车辆装载密度要合适，防止过度挤压。

2. 治疗

①长骨非开放性骨折。首先应复位后固定。用消毒液洗净受伤部位周围的皮肤，涂以碘酒，以防细菌感染。整复骨折部分，使断端接合良好。用纱布棉花衬垫于骨折处的上下关节包裹，然后用小木（竹）条（或板）或用硬纸剪成长条，宽度根据骨折部的粗细，在腿的四面（前、后、内、外）各放一条，然后用绷带紧紧缠住包扎固定，经 3~4 周后拆除，一般预后良好。

②长骨开放性骨折。如果皮肤创口较小，肿胀轻，易恢复，可及时清创，除去异物，用 0.1% 新洁尔灭溶液，对创口内、创口外进行消毒，伤口敷以抗生素等外科常规处理后，再对骨折部位进行整复固定，并结合全身应用抗生素 3~5 天，以防感染。

③对较大而严重的开放性骨折不易恢复时，可根据兔自身的

经济价值，进行截肢术或淘汰；对已感染化脓的则应予以淘汰；脊椎骨骨折造成脊髓严重损伤的予以淘汰。

④因佝偻病等引起骨质疏松的长骨骨折，经上述处理后，并给予富含钙、磷和维生素 A、维生素 D 的饲料；或者肌内注射维生素 A、维生素 D 注射液或维丁胶性钙注射液，内服磷酸钙 1g、乳酸钙 0.5～2.0g 或骨粉 2～3g。

八、冻伤

在气候寒冷地区，家兔容易发生冻伤。

（一）发病原因

在冬季，天气寒冷，兔舍、兔笼内无保温取暖设备，产箱内垫草少且质量差从而使保暖不好，并且湿度较大时，易发生冻伤。有的品种耐寒性差，再加上饥饿、活动量不足、机体衰弱等易导致本病的发生。仔兔、幼兔也易发生。冬季露天喂养的兔更易发生本病。

（二）临诊症状

青年兔、成年兔冻伤常发生于耳朵及足部机体末梢、被毛较少以及皮肤薄嫩处。由于受冻伤程度不同，暴露于外部皮肤呈现不同症状。一度冻伤表现为局部肿胀、发红、稍热、有疼痛；二度冻伤表现为局部出现充满透明液体的水疱，数日后水疱破溃，形成疼痛的经久不愈的溃疡，愈合后留有瘢痕；三度冻伤局部组织表现为坏死、干枯、皱缩，以后组织坏死分离脱落。严重者，全身冻伤可致死。哺乳仔兔在产箱外受冻后全身皮肤发红、发绀，很快死亡。

（三）防治

（1）预防

①在寒冷季节，注意加强兔笼舍的保温措施，可用草帘、草席或棉帘挡门或遮盖兔笼，兔笼、产箱内多加些干软垫草，必要

时舍内可配备其他取暖设备（如火炉、电炉、暖气等）。

②加强饲养管理，增加光照和运动，兔笼舍应保持清洁干燥，及时治疗消化系统疾病，增强机体体质。

（2）治疗　发现冻伤时，先把冻伤兔转移到温暖的地方。

①对轻度冻伤的兔，可不作处理，能自行痊愈，或对冻伤部位进行局部加温，从低温开始。局部干燥时，涂擦油脂。为缓和肿胀，促进消散，可涂擦1%碘酊、碘甘油，或3%樟脑软膏或冻疮软膏。

②对二度冻伤的兔，应先排出水疱内的液体，再局部涂擦水杨酸氧化锌软膏、抗生素软膏，预防和消除感染，早期可使用抗生素。

③对三度冻伤的兔，先清除坏死组织，然后用2%～3%硼酸溶液或0.1%高锰酸钾溶液进行冲洗，再撒布青霉素粉、或磺胺粉、或碘仿磺胺粉，或涂擦碘甘油或抗生素软膏。全身可静脉注射葡萄糖、维生素C和复合维生素B等，提高机体抵抗力和组织修复能力。无诊疗价值的应尽早淘汰。

④对尚未冻死的仔兔，可把冻僵仔兔放在人的怀里，以体温复苏或浸在35～37℃温水中轻晃（口、鼻露出水面），待兔蠕动或发出叫声后，用干软毛巾轻轻擦干被毛，迅速放回产箱的仔兔中间。如果冻伤的仔兔较多，可用250瓦红外线灯照射。将兔放于30～35℃环境中，约1小时即可复苏。切忌用口哈气温暖仔兔，因为寒冷环境中，哈出气体中水分会迅速由仔兔体表散发，进一步带走仔兔体热，促使仔兔体温更快下降，结果适得其反。复温时决不可用火烤，火烤会使局部代谢增加，而血管又不能相应地扩张，反而加重局部损害。

九、肿瘤

肿瘤是动物机体中某一部分正常组织细胞，在某些内外因素的长期作用下，形成的一种异常的增生肿块。动物肿瘤的发生有一定的普遍性，涉及各种家畜、家禽和野生动物，几乎遍布于与人类关系密切的各种动物。

（一）发病原因

主要分为内因和外因两大类。内因主要是受免疫状态、神经系统、内分泌系统、遗传因素、胚胎残存组织、品种、年龄、性别以及营养因素等影响。例如，老龄、雌性、免疫缺陷的兔容易发生肿瘤。外因主要有物理因素、化学因素和生物因素。例如，机械性的长期刺激，紫外线、电离辐射；3,4-苯并芘、1,2,5,6-二苯蒽，偶氮化合物，亚硝胺类的二甲基亚硝胺、二乙基亚硝胺等均有致癌作用；病毒、霉菌及其毒素、寄生虫的寄生等均可引起肿瘤发生。

（二）临诊症状

临诊上根据肿瘤对动物的危害程度不同，通常分为良性肿瘤和恶性肿瘤。

（1）良性肿瘤 多呈膨胀性缓慢生长，有时可停止生长，形成包膜；肿瘤呈球形、椭圆形、结节或乳头状，表面光滑整齐，界限明显，一般不破溃；无痛，不易出血，质地软硬，均匀一致，有弹性和压缩性；不转移，不复发；除局部的压迫作用外，一般无全身反应。但位于重要器官的良性肿瘤也可威胁生命；少数肿瘤也可发生恶变。

（2）恶性肿瘤 多呈侵袭性或浸润性迅速生长，很少停止生长，不形成包膜；呈多种形态，表面不整齐，界限不明显，常形成溃疡；有痛，易出血，质地软硬不均，无弹性和压缩性；易转移复发；浸润性生长的恶性肿瘤可从其原发部位通过血管、淋巴管或浆膜腔转移到其他部位继续生长，形成新的肿瘤。

良性和早期恶性肿瘤，一般无明显全身症状，或有贫血、低热、消瘦、无力等非特异性的全身症状。如肿瘤影响营养摄入或并发出血与感染时，可出现明显的全身症状。恶病质是恶性肿瘤晚期全身衰竭的主要表现，肿瘤发生部位不同则恶病质出现迟早各异。有些部位的肿瘤可能出现相应的功能亢进或低下，继发全身性改变。

肉兔的肿瘤常见于腹腔内部器官，肾脏、子宫多发。肉兔常见的肿瘤有：肾母细胞瘤、子宫腺癌、消化道及生殖道的平滑肌瘤和平滑肌肉瘤、阴道鳞状细胞癌、乳头状瘤病、肝脏肿瘤、乳腺肿瘤、淋巴肉瘤病。

（三）防治

对于肿瘤应早期发现，早期诊断，早期治疗。早期可采用手术摘除、切除或结扎。手术时，要注意止血，摘除彻底，防止复发和转移。还可用化学药物进行治疗，皮肤肿瘤可用硝酸银、浓硫酸、氢氧化钠或氢氧化钾等进行烧灼、腐蚀。50%尿素液、鸦胆子油等对乳头状瘤有效。还有烷化剂的氮芥类如马利兰、甘露醇氮芥类如环磷酰胺（癌得星）、噻替哌等药物；植物类抗癌药物如长春新碱和长春花碱等；抗代谢药物如氨甲喋呤、6-硫基嘌呤等均有一定疗效。抗生素药物如平阳霉素、阿霉素、博来霉素等能抑制肿瘤生长。中药如清热解毒药龙葵、半枝莲、山豆根、银花、凤尾草、青黛、草河车、鱼腥草等；活血化淤药石贝穿、八角莲、莪术、大黄、地鳖虫等；化淤散结药海藻、夏枯草、猫爪草、黄药子、南星、皂刺、僵蚕、牡蛎等；扶正补虚药薏苡仁、龟板、天冬、沙参、石斛、女贞、黄芪、党参、山楂、谷芽、麦芽、白术、冬虫夏草、桑寄生等也可选择使用。

十、中耳炎

中耳炎是指鼓室及耳咽管的炎症。各种动物均可发生，但以猪、犬和兔多发。

（一）发病原因

常继发于上呼吸道感染，如流行性感冒、一般感冒、传染性鼻炎和化脓性结膜炎等，其炎症蔓延至耳咽管，再蔓延至中耳而引起。此外，外耳炎、鼓膜穿孔也可引起中耳炎。多杀性巴氏杆菌、链球菌和葡萄球菌是中耳炎常见的病原菌，其他病原如假单胞菌、变形杆菌、马拉色霉菌、念珠菌也可引起。有报道认为血源性扩散如败血症也可引起。多发生于青年兔及成年兔，仔兔少见。

（二）临诊症状

单侧性中耳炎时，病兔将头颈倾向患侧，使患耳朝下，有时出现回转、滚转运动，故又称"斜颈病"。两侧性中耳炎时，病兔低头伸颈，以鼻触地。化脓性中耳炎时，病兔体温升高，食欲不振，精神沉郁，有时横卧或出现阵发性痉挛等症状。炎症蔓延至内耳时，病兔表现耳聋和平衡失调、转圈、头颈倾斜而倒地，鼓室内壁充血变红，积有奶油状的白色脓性渗出物，若鼓膜破裂，脓性渗出物可流出外耳道。中耳炎症侵害面神经和副交感神经时，则引起面部麻痹、角膜和鼻黏膜干燥、张口疼痛等。若炎症继续发展，波及脑膜，则出现脑膜炎，或引起小脑脓肿而死亡。本病的病程多取慢性经过，可长达1年以上。

（三）防治

（1）预防　加强饲养管理，增强机体抵抗力，减少或及时治疗原发性疾病，如流感、鼻炎、结膜炎等；及时治疗外耳道的炎症；建立无多杀性巴氏杆菌病的兔群。

（2）治疗　首先用消毒剂充分清洗外耳，并用干棉球擦干，然后滴入抗菌素药水，并配合全身应用抗菌素，以使药物进入中耳腔。用药前，应对耳分泌物作细菌培养和药敏试验，抗菌素治疗至少连用7～10天。对重症顽固难治的病兔应淘汰，以减少巴氏杆菌的传播机会。

十一、睾丸炎

睾丸炎是睾丸实质的炎症，各种家畜均可发生。由于睾丸和附睾紧密相连，易引起附睾炎，两者常同时发生或互相继发。根据病程和病性，临诊上可分为急性与慢性，非化脓性与化脓性。

（一）发病原因

睾丸炎常因直接损伤或由泌尿生殖道的化脓性感染蔓延而引起。直接损伤如打击、挤压，尖锐硬物的刺创，或撕裂创和咬伤等，发病以一侧性为多。化脓性感染可由睾丸或附睾附近组织或鞘膜的炎症蔓延而来，病原菌常为葡萄球菌、链球菌、化脓棒状杆菌、大肠杆菌等。某些传染病，如布氏杆菌病、结核病、沙门氏杆菌病、密螺旋体病等，亦可继发睾丸炎和附睾炎，以两侧性为多。

（二）临诊症状

（1）急性睾丸炎　病兔的一侧或两侧睾丸呈现不同程度的肿大、疼痛。站立时拱背，拒绝配种。有时肿胀很大，以致同侧的后肢外展。运步时两后肢开张前进，步态强拘，以避免碰触病睾。触诊睾丸体积增大、发热，疼痛明显。外伤性睾丸炎，常并发睾丸周围炎，引起睾丸与总鞘膜或阴囊的黏连，睾丸失去可动性。由结核病引起的，睾丸硬固隆起，通常以附睾最常患病，继而发展到睾丸形成冷性脓肿；布氏杆菌和沙门氏杆菌引起的睾丸炎，睾丸和附睾常肿得很大，触诊硬固，鞘膜腔内有大量的炎性渗出液，其后，部分或全部睾丸实质坏死、化脓，并破溃形成瘘管或转变为慢性。由传染病引起的睾丸炎，除上述局部症状外，尚有其原发病所特有的临诊症状。

（2）慢性睾丸炎　病兔的睾丸萎缩，发生纤维变性，坚实而缺乏弹性，无热痛症状。阴囊与睾丸组织黏连，不育。

（三）防治

（1）预防 加强饲养管理，兔笼结构要合理，避免直接损伤，搞好卫生与消毒，可防止本病的发生。

（2）治疗 对急性睾丸炎，应局部冷敷配合全身应用广谱抗生素和消炎止痛药。无使用价值的，可在抗菌消炎的同时，或炎症有所缓解后摘除发炎的睾丸。对慢性睾丸炎，最有效的方法是将发炎的睾丸摘除。由传染病引起的睾丸炎应先治疗原发病，再进行上述治疗，可收到预期效果。

第十章

肉兔的类症鉴别

第一节　肉兔突然死亡的鉴别

一、急性传染病

病程短，症状一般不典型，病理变化不明显，早期诊断多数需要借助实验室检查。除进行微生物学检查确定病原外，尚有以下特征。

（一）兔病毒性出血症

最急性病例无任何症状，突然倒地抽搐，尖叫数声，数分钟内死亡。鼻流血样液体，主要侵害青壮年兔。

（二）巴氏杆菌病

败血症型病兔在24小时内死亡，个别的不显症状而突然倒毙。主要侵害幼兔。

（三）大肠杆菌病

急性病兔在1~2天内死亡。死前剧烈腹泻，粪便呈水样且带有大量黏液。主要侵害1~3月龄幼兔。

（四）A型魏氏梭菌病

最急性型病例常突然发病，几乎不显任何症状，在2~3小时内死亡。病程较长者呈现剧烈水泻，粪便呈黑褐色腥臭。体质强壮、肥胖的兔发病率高，常在1~3天内死亡。

270

（五）泰泽氏病

急性病例在 10 ~ 18 小时内死亡。主要症状表现为剧烈水泻和脱水。

（六）野兔热

急性病例不显现任何症状迅速死亡。主要症状表现为鼻炎、发热、浅表淋巴结肿大和化脓。尸体剖检可见淋巴结、肝脏和肾脏有灰白色针尖大至粟粒大的坏死灶。

（七）沙门氏菌病

个别兔不显现症状突然死亡。以发热、腹泻和母兔流产为主要症状。主要侵害幼兔和怀孕母兔。

二、中毒性疾病

有误食染毒饲料或用药错误的病史，群发，体温不高。残剩饲料和胃内容物中可检测出相应的毒物。

（一）亚硝酸盐中毒

大多在采食后 20 分钟到数小时发病。以呼吸困难和耳鼻青紫为特征，常在 30 分钟到数小时内死亡。

（二）食盐中毒

常在采食后 45 分钟左右发病。以兴奋不安、前冲后退、肌肉痉挛和意识紊乱为特征。在数小时至 1 天内死亡。

（三）肉毒梭菌毒素中毒

饲料中有变质鱼粉。急性者在数小时内死亡。死前可见肌肉弛缓，瘫痪，呼吸困难。

（四）农药中毒

死亡时间以食入的农药量为转移。有机磷农药中毒以流涎、腹痛、腹泻和神经症状为主要症状；有机氯农药中毒以精神兴奋、共济失调、麻痹为主要症状；菊酯类农药中毒先发生后肢麻痹，继而出现四肢全部瘫痪。

三、其他疾病

（一）中暑

在炎热环境中，以呼吸困难、口鼻流血样带泡沫液体和神经症状为主要症状，迅速死亡。

（二）仔兔冻死

在寒冷的冬春季节，兔笼舍气温过低，仔兔因吊乳离窝而死。

（三）妊娠毒血症

发生于妊娠后期的母兔，多散发。以呼吸困难和神经症状为主要症状。

（四）胃破裂

散发，多在 12 小时内死亡。尸检可见胃大弯处有破裂口。

（五）胃肠臌胀

散发，有特征的腹胀和呼吸困难症状。

第二节　肉兔腹泻的鉴别

一、传染病

以腹泻为主要症状的传染病，除采用微生物学检查确定病原和致病性以外，各种传染病尚有其自身的特征。

（一）埃希氏大肠杆菌病

剧烈的水样腹泻，粪便呈黄色或棕色，内含大量黏液。流涎，迅速脱水，眼球凹陷，皮肤弹性降低。主要侵害 1～3 月龄幼兔，病程短，死亡率高。死亡率随年龄增大而降低。

（二）A 型魏氏梭菌病

突然发生剧烈水泻，粪便呈暗红色或黑褐色，内含气泡，有特殊的腥臭味。病兔多在发生腹泻当日或次日死亡。尸体剖检可见盲肠充气，内容物呈黑色水样，盲肠浆膜出血。发病前有饲养管理失误或应激因素的影响。

（三）沙门氏菌病

幼兔以腹泻为主要症状，粪便呈暗绿色或灰白色水样。成年母兔流产。尸体剖检可见大肠黏膜上有粟粒大、浅灰白色小结节，被覆一层糠麸样伪膜，肝脏有散在灰白色小坏死斑。

（四）泰泽氏病

发病急，严重水泻，迅速发生脱水，多数在发生腹泻后12～18小时内死亡。尸检可见肝脏肿大，有1～2mm大的灰色或黄色病灶。心肌有灰白色坏死灶。盲肠和结肠水肿、出血。主要侵害6～12周龄的幼兔。

（五）肠型结核病

呈慢性经过。腹泻呈间歇性，伴有咳嗽、结膜苍白和呼吸困难。结核菌素试验呈阳性反应。尸体剖检可见肠系膜淋巴结肿大，有干酪样坏死灶。肠管或其他内脏器官有粟粒样灰白色或黄白色结核结节。

（六）仔兔黄尿病

仔兔吮吸了患有乳房炎母兔的乳汁而发病，一般全窝发生，在2～3天内死亡。死亡率高达95%。尸体剖检可见肠黏膜充血和出血，膀胱内充满黄色尿液。有的皮下和内脏器官有大小不等的肿块。

（七）轮状病毒感染

粪便呈水样，无恶臭。单纯的轮状病毒感染多在2～3天内停止腹泻。主要发生于幼兔。

（八）伪结核病

逐渐消瘦，常无明显临诊症状。部分病兔先发热，便秘，而后出现腹泻。尸体剖检可见内脏器官和淋巴结有粟粒到黄豆大或串状干酪结节。

（九）巴氏杆菌病

早期有鼻液，歪颈，呼吸困难，仅在后期出现腹泻。

（十）绿脓杆菌病

急性病例表现发热、流鼻液、流泪和呼吸困难为主要症状。亚急性病例可出现腹泻或皮肤脓肿。

（十一）链球菌病

以发热和呼吸困难为主要症状，呈间歇性腹泻。

（十二）克雷伯氏菌病

主要侵害仔兔。粪便呈水样，流鼻液，打喷嚏，发热，呼吸困难。尸体剖检可见肺淤血和水肿，肠黏膜充血和出血。

（十三）坏死杆菌病

有特征的坏死性溃疡病灶，带恶臭。仅有部分兔发生腹泻。

（十四）兔痘

以发热、结膜炎和皮肤痘疮为主要症状。仅有部分兔发生腹泻。

（十五）衣原体病

主要侵害断乳仔兔。消瘦，粪便呈水样，迅速死亡。成年兔逐渐消瘦，母兔流产或早产。

二、寄生虫病

（一）球虫病

粪便多呈稀粥样，带有黏液和血液。部分兔还有共济失调等神经症状。粪便检查发现大量球虫卵囊。

（二）线虫病

主要侵害幼兔。消化不良，腹痛，腹泻。粪便检查发现大量线虫虫卵。

（三）肝片吸虫病

贫血，下颌间隙和胸腹下水肿，便秘与腹泻交替发生。

（四）兔脑炎微孢子虫病

早期有歪颈等神经症状，后期出现腹泻。

三、中毒性疾病

（一）发霉饲料中毒

有采食发霉饲料病史，伴有流涎、结膜发绀、呼吸困难、后躯瘫痪、母兔流产等症状。

（二）有机磷农药中毒

有误食喷洒农药或拌药饲料的病史或外用有机磷农药的病史，全身症状严重，死亡率高。

四、其他疾病

（一）胃肠卡他

多数有饲养管理失误的病史。粪便呈糊状或水样，含未消化完全的饲料残渣。没有全身症状或全身症状轻微。

（二）硒缺乏症

兔表现水样腹泻，心律不齐，濒死期出现奔马律，后躯瘫痪。尸体剖检以心肌、骨骼肌变性、坏死为特征。发病地区的饲料含硒量低于 0.02mg/kg。

（三）菌群失调症

多数兔由于长期持续使用抗生素引起。起初粪便呈褐色糊状，而后发生剧烈水泻。病兔极度消瘦。

第三节　肉兔流鼻液的鉴别

（一）感冒

流浆性、黏性或脓性鼻液。全身症状轻微。

（二）巴氏杆菌病

除流鼻液外，还有咳嗽、打喷嚏、鼻塞音，呼吸困难。尸体剖检以纤维素性肺炎和胸腔积脓为特征。

（三）支气管败血波氏杆菌病

仔兔和幼兔呈急性经过，全身症状严重，死亡率高。成年兔多呈慢性经过。尸体剖检以肺部形成脓疱为特征。

（四）肺炎双球菌感染

成年怀孕兔多发。发热，呼吸困难，结膜发绀。尸体剖检可见肺脓肿和大片出血，肝脂肪变性，阴道和子宫出血。

（五）克雷伯氏菌病

主要侵害仔兔。除了流鼻液外，尚有发热、腹泻、打喷嚏等症状。

（六）绿脓杆菌感染

伴有发热、流泪、昏睡、呼吸困难、腹泻等症状，死亡率高。尸体剖检可见肠黏膜出血，肺脓肿（脓液稀薄，呈黄绿色）。

（七）支原体病

以流鼻液、打喷嚏、呼吸困难为特征。尸体剖检可见肺气肿、水肿和肝变。病变主要在心叶、尖叶、中间叶和膈叶前缘。

（八）李氏杆菌病

幼兔以鼻炎型经过，全身症状严重，发热，在几小时到两天内死亡。尸体剖检实质脏器有针尖大黄白色或灰白色坏死灶，有大量胸水和腹水，心包积液。

（九）沙门氏菌病

以腹泻和流产为主要症状。仅有部分病兔流鼻液。

（十）弓形虫病

先出现发热、流鼻涕和流泪，几天后出现共济失调、后躯瘫痪等神经症状。尸体剖检可见实质脏器、肠系膜淋巴结有弥漫性白色粟粒状坏死灶，有大量胸水和腹水。

（十一）兔痘

先出现流鼻液、结膜炎和发热，而后皮肤上出现痘疮变化。

（十二）葡萄球菌病

以皮下、肌肉和内脏器官形成脓肿为特征。仅有个别病兔出现流鼻液。

（十三）溃疡性齿龈炎

病变主要发生在齿龈，后期流出乳白色带恶臭的鼻液。

（十四）血样鼻液

（1）兔病毒性出血症　鼻液呈红色泡沫状，有高度传染性，发病率和死亡率都高。主要侵害2月龄以上的青壮年兔。注射过疫苗的兔不发病。

（2）敌鼠钠盐中毒　有误食毒饵史。鼻液如血样，伴有血尿，粪便中带血，血凝时间延长。残剩饲料和胃内容物中可查出敌鼠钠盐。

（3）安妥中毒　有误食毒饵史。呼吸困难，呕吐，咳嗽，流带血的泡沫样鼻液，因窒息迅速死亡。残剩饲料和胃内容物中可查出安妥。

（4）中暑　炎热季节受日光直射或兔笼舍闷热（33℃以上）。病兔体温和皮温增高，呼吸困难，结膜发绀。从口和鼻中流出带红色液体，四肢肌肉间歇性震颤，或做游泳样划动。

（5）鼻出血　多为单侧鼻孔流出鲜红色或暗红色血液。病兔惊恐不安。

第四节　肉兔流涎的鉴别

（一）溃疡性齿龈炎

发病突然，病变局限于齿龈，有红肿、糜烂、溃疡、伪膜等变化，口臭，用甲硝哒唑治疗有特效。

（二）齿病

想吃又无法进食，口腔内可见畸形齿。齿槽炎时，局部肿胀、疼痛，甚至流出脓液，有腐败性口臭。

（三）传染性水疱性口炎

流涎程度重。唇、舌、硬腭和其他口腔黏膜潮红，有水疱、糜烂和溃疡。有唇、舌坏死的具恶臭。主要发生于 1～3 月龄幼兔，死亡率达 50% 或 50% 以上。

（四）发霉饲料中毒

口腔内无明显病变。有腹泻、呼吸困难、黏膜发绀、流产、死胎、神经症状等其他中毒表现，以及采食发霉饲料的病史。

（五）有机磷农药中毒

口腔内无明显病变。全身症状严重，伴有抽搐、角弓反张等神经症状，以及腹胀、腹泻、结膜发炎等临诊表现。有误食喷洒过农药的青绿饲料或拌过农药的种子的病史。

（六）埃希氏大肠杆菌病

伴有剧烈腹泻，粪便中有大量黏液、迅速脱水等症状。主要侵害 1～3 月龄幼兔，死亡率高。

（七）坏死杆菌病

口腔黏膜有坚硬肿块，溃疡和坏死，流出恶臭脓液。躯体其他部位也有类似的坏死灶。

（八）狂犬病

口腔内无明显病变。有明显的神经症状以及被犬或黄鼠狼的咬伤史。

第五节　肉兔流产的鉴别

（一）机械性流产

有粗暴捕捉或摸胎不当的病史。流产常在粗暴行为后不久发生，无其他症状。

（二）药物性流产

妊娠期使用缩宫药或大量泻药，或采食大量含有雌激素作用物质的植物性饲料，如苜蓿、三叶草等。通常无其他症状。

（三）维生素 A 缺乏症

以幼兔生长发育迟滞、母兔繁殖力下降以及眼病为主要症状。

（四）妊娠毒血症

妊娠母兔在产前 4 ~ 5 天发病。以肌肉痉挛、共济失调、呼吸困难为主要症状。死亡前发生流产。

（五）维生素 E 缺乏症

以肌肉无力和萎缩为主要症状。

（六）中毒病

有误食毒物或染毒饲料的病史及各种毒物中毒的特征症状。

（七）外生殖器感染

阴户周围皮肤和阴道黏膜溃烂，有菜花样溃疡面，或大小不一的脓肿，阴道内流出黄白色黏稠脓液。

（八）密螺旋体病

母兔阴唇、肛门皮肤红肿，有小结节、溃疡和痂皮，偶发流产。

（九）沙门氏菌病

伴有发热、腹泻，阴户流出黏脓性分泌物等症状。尸体剖检以肝脏灰白色坏死和结肠糠麸样伪膜为特征。

（十）李氏杆菌病

有明显的神经症状，如歪颈、斜眼、翻滚运动和共济失调等。血液中单核细胞比例增至30%以上。

（十一）习惯性流产

找不出任何原因，妊娠后即发生流产。也无其他临诊症状。

第六节　肉兔腹胀的鉴别

（一）胃扩张

前腹部膨大，叩诊呈鼓音。触诊胃壁紧张而有弹性，结膜发绀，呼吸困难。

（二）胃积食

前腹部膨大，腹部触诊，胃体积增大，似豆形或马蹄形，呈捏粉样硬度或肝样硬度。

（三）毛球病

有消化不良的病史。在前腹部可摸到一个或数个毛球，呈圆形、椭圆形或不规则的长条形。粪便中有毛，将粪球串在一起。

（四）肠臌气

腹部膨大，腹壁紧张，难以摸到其他腹腔脏器。结膜发绀，呼吸困难。

（五）盲肠和结肠阻塞

排粪减少或停止。腹部触诊可摸到充满粪便的盲肠和结肠，呈捏粉样硬度或坚实。

（六）腹腔肿瘤

腹部触诊可摸到肿瘤团块。腹胀程度视肿瘤大小而定。一般无明显的消化紊乱症状。

（七）妊娠

母兔有交配史，腹部逐渐增大，母兔的营养状况改善。腹部触诊可摸到多个胎儿。

（八）腹水

腹部冲击触诊有击水声。腹腔穿刺有大量腹水流出。常见于心脏和肝脏疾病、李氏杆菌病和弓形体病。

第七节 肉兔后躯瘫痪的鉴别

（一）机械性损伤

在捕捉保定或外力打击后立即发生，各种治疗方法效果不佳。

（二）产后瘫痪

母兔产仔后逐渐发生，先后肢跛行，行动缓慢，继而发生后躯瘫痪。补充钙剂，加强饲养即可治愈。

（三）硒缺乏症

以腹泻、心力衰竭和瘫痪为特征。病区的饲料含硒量低于0.02mg/kg。

（四）球虫病

多发于幼兔，伴有腹泻和消瘦。仅有个别病兔发生瘫痪。

（五）弓形虫病

以发热、流鼻液、流泪、共济失调和后躯瘫痪为主要症状。急性病例常在2～8天内死亡。慢性病例以肠系膜淋巴结和内脏器官明显肿大及坏死为特征。

（六）狂犬病

有犬或黄鼠狼咬伤史。流涎，先兴奋后麻痹。

第八节　肉兔痉挛的鉴别

（一）脑膜脑炎

表现高热，喷射性呕吐，颈部强直或角弓反张，在持续强直性痉挛状态下死亡。

（二）中暑

炎热夏季，处于高温环境中或受烈日照射。以体温上升、呼吸困难、结膜发绀、流血样鼻液和四肢痉挛为主要症状。

（三）钙缺乏症

幼兔胸骨、脊柱和四肢骨畸形。母兔产后瘫痪。

（四）镁缺乏症

尚有心动过速、生长缓慢、脱毛等症状。

（五）维生素 A 缺乏症

除眼病变外，部分病兔出现共济失调、肌肉痉挛等症状。

（六）有机磷农药中毒

除误食染毒饲料病史和其他中毒症状外，先发生肌肉痉挛、共济失调，而后引起麻痹，最后死亡。

（七）痢特灵中毒

有给予过量痢特灵的病史。伴有流涎、四肢无力、全身肌肉阵发性痉挛等症状，迅速死亡。

（八）食盐中毒

有饲喂咸菜、酱渣等含大量盐分饲料的病史。病兔表现流涎、兴奋不安、前冲后退、肌肉痉挛、角弓反张、四肢呈游泳样划动等表现。

（九）急性巴氏杆菌病

突然发病，体温升高到41℃以上，全身颤抖，四肢肌肉痉挛，在1~2天内死亡。

（十）　脓毒败血型葡萄球菌病

高热，全身痉挛，皮下、肌肉和内脏器官脓肿。

（十一）　兔病毒性出血症

病程短，死亡快。一般为倒地，全身颤抖，抽搐，尖叫而死。鼻孔流带色的泡沫鼻液。尸体剖检以内脏器官的出血和淤血为特征。

（十二）　李氏杆菌病

亚急性病兔有咬肌痉挛、全身震颤、歪颈、转圈、共济失调等神经症状。

（十三）　球虫病

仅有部分出现神经症状的病兔发生肌肉痉挛。

（十四）　遗传病

具有家族性。伴有痉挛的遗传病包括麻痹性震颤、致死性肌挛缩、脊髓空洞症、震颤症、共济失调症等。

第九节　肉兔脱（秃）毛的鉴别

（一）　疥螨病

局部脱毛，奇痒，皮肤破损，增厚，结痂，主要侵害头部和掌部短毛部。皮屑检查发现疥螨（兔疥螨和足螨）。

（二）　痒螨病

皮肤病变与疥螨病相似，主要侵害耳部。皮屑检查可查出痒螨。

（三）　虱病

局部脱毛，有擦伤，体表发现兔虱。

（四）　秃毛癣

脱毛区呈圆形，被覆灰白色或黄褐色痂皮，全身有不规则的断毛。病理变化主要发生于头部及其附近。毛干镜检发现真菌菌丝和孢子。

（五）营养性脱毛

以成年兔和老年兔多发。皮肤无异常，大腿和肩胛部有断毛，毛茬整齐，似剪刀剪去一样。病料作真菌和螨虫检查呈阴性。

（六）锌缺乏症

不明原因的脱（秃）毛，或有皮炎和湿疹样病变。日粮中锌含量不足（正常需要量为每千克饲料 30～40mg）或铜含量过高。

（七）镁缺乏症

生长缓慢，病兔过度兴奋，肌肉痉挛。日粮中镁含量不足（正常需要量为每千克饲料 2.5～4.0g）。

（八）B 族维生素缺乏症

维生素 B_6、泛酸、烟酸、生物素缺乏都有皮肤粗糙及鳞屑、皮炎和脱毛症状。

（九）脚皮炎

趾部脱毛或有溃疡、痂皮。

（十）湿疹

因流涎、流泪和流鼻液，使其皮肤发炎或脱毛。皮肤湿润，被毛缠结，多发于头部、下颌、颈部和前胸部。

（十一）发霉饲料中毒

除中毒症状外，耳后和颈部脱毛。

（十二）遗传性脱毛

毛稀少，尤其是头部，死亡率高，有家族性。

（十三）季节性换毛

仅发生于成年兔，在春、秋两季发生，皮肤无病变。

（十四）妊娠母兔拉毛

母兔分娩前 7～8 小时及分娩后 1～2 天有拉毛做窝现象。

第十节　肉兔斜颈的鉴别

（一）巴氏杆菌性中耳炎

触压耳部敏感，外耳道有脓液。尸体剖检鼓室内充满脓液。

（二）兔脑炎微孢子虫病

触压耳根不敏感，有翻滚等异常运动。尸体剖检脑实质内有肉芽肿，脑和肾脏中可发现兔脑炎微孢子虫。

（三）葡萄球菌病

以全身皮下、肌肉或内脏器官形成脓肿为特征，并有全身症状。

（四）绿脓杆菌感染

伴有流鼻液、打喷嚏、流泪、呼吸困难、耳下垂和共济失调等症状。尸检鼓室中有黄绿色脓液，靠近耳根的脑实质有脓疱。

（五）耳螨病

外耳及耳道局部脱毛、结痂、奇痒。皮屑中查出痒螨。

（六）维生素 A 缺乏症

以羞明、流泪、角膜混浊和溃疡为特征，仅有部分病兔出现歪颈、共济失调等神经症状。

（七）维生素 E 缺乏症

以肌肉无力和萎缩为主要症状。后期出现歪颈、转圈、共济失调等症状。

（八）李氏杆菌病

幼兔发热，流鼻液。母兔流产，伴有歪颈、斜眼、共济失调等症状。血液中单核细胞比例升高。

（九）链霉素中毒

用链霉素剂量过大或使用时间过长。病兔有听力丧失、歪颈、失明等症状。

主要参考文献

［1］李家瑞.2002. 特种经济动物养殖［M］.北京：中国农业出版社.

［2］丁轲，薛帮群.2013. 兔场卫生防疫［M］.郑州：河南科学技术出版社.

［3］肖冠华，肖羿同.2014. 投资养兔你准备好了吗［M］.北京：化学工业出版社.

［4］姜金庆，魏刚才.2013. 规模化兔场兽医手册［M］.北京：化学工业出版社.

［5］谷子林，任克良.2010. 中国家兔产业化［M］.北京：金盾出版社.

［6］任文社，董仲生.2010. 家兔生产与疾病防治［M］.北京：中国农业出版社.

［7］谷子林，孙惠军.2011. 肉兔日程管理及应急技巧［M］.北京：中国农业出版社.

［8］中国兽医协会.2014.2014 年执业兽医资格考试应试指南（兽医全科类）［M］.北京：中国农业出版社.

［9］张玉.2010. 獭兔养殖大全（第二版）［M］.北京：中国农业出版社.

［10］单永利，张宝庆，王双同.2004. 现代养兔新技术［M］.北京：中国农业出版社.

［11］阎继业.2003. 畜禽药物手册（第二版）［M］.北京：

金盾出版社.

　[12]　宋晓春，刘佩玉，等.1997.兽药经营管理与真伪鉴别［M］.上海：上海科学技术出版社.

　[13]　王海荣.2014.兔常见病诊断与防治［M］.北京：金盾出版社.

　[14]　刘汉中.2011.獭兔日程管理及应急技巧［M］.北京：中国农业出版社.

巴氏杆菌病
病兔气管黏膜充血、出血

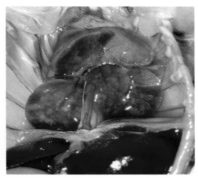

巴氏杆菌病
兔的肺脏充血、出血、水肿

附红细胞体病兔排的黄尿

肝脏型球虫病兔的肝表面及实质
有数量和大小不等的白色或
淡黄色结节性病灶

弓形虫病兔的胸腔液增多

磺胺类药物中毒家兔表现共济失调,
肌变性无力、痉挛性麻痹,
惊厥,以致昏迷死亡

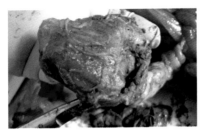

马杜拉霉素中毒病兔剖检
可见胃黏膜脱落

霉菌毒素急性中毒病兔
表现头颈软垂，前肢趴卧不能
支撑，后肢瘫痪不能站立

皮肤真菌病病兔

肝豆状绦虫蚴虫的穿孔道

兔的结膜炎

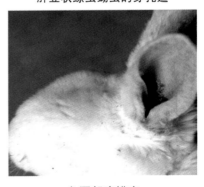

兔耳部痒螨病

兔脚掌部痒螨病

兔疥螨病
病兔脚爪出现灰白色的痂皮

兔流行性腹胀，病兔的盲肠内容物
较多，部分干硬成块状，如马粪

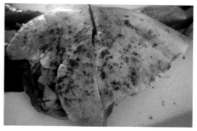

兔瘟病
肺脏有数量不等的粟粒至
绿豆大小的出血斑点

兔瘟病
兔的气管和支气管内有泡沫状血液

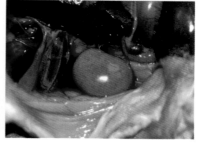

兔瘟病
兔的肾皮质有散在的针尖状出血点

腿部脓肿内脓汁

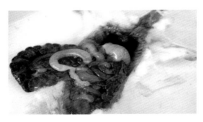

胃肠臌胀病
兔的胃肠内有大量气体

维生素 D 缺乏症的病兔呈现
跛行、运动障碍，站立不稳

魏氏梭菌病
兔盲肠黏膜出血

中暑兔肺脏周缘充血

嘴、鼻孔和眼部的疥螨病